파이썬과 OpenCV4를 활용한

컴퓨터 비전과 머신러닝

김찬수, 김형오 지음

光文閣
www.kwangmoonkag.co.kr

머리말

2006년 캐나다 토론토대학교의 Geoffrey Hinton교수와 제자 Ruslan Salakhutdinov가 《Science》지에 Deep Belief Networks에 관한 논문을 발표한 이래로 학계와 산업계의 인공지능 기술 개발 관련 투자가 대규모로 이루어지면서 딥러닝(Deep Learning)은 우리 실생활에 밀접하게 다가오고 있다. 특히 영상 분야에 대한 머신러닝, 딥러닝의 활용은 간단한 사진 촬영에서부터 여러 대의 CCTV에서 범죄자를 찾는 수준까지 발전을 하고 있다.

본서에서는 다양한 프로젝트에 적용되며 많은 프로그래머에게 사랑받아 왔으며 최근 인공지능 관련 라이브러리들과 함께 사용되며 인기가 급증하고 있는 파이썬 언어를 소개하고 파이썬을 기반하여 영상 처리, 머신러닝, 딥러닝을 이야기하고자 한다. I장은 파이썬 언어 설치, 통합 개발 환경인 Pycharm 설치와 OpenCV 설치 및 연동으로 본 단원은 구성되었으며 사전에 프로그래밍 언어에 대한 지식이 없더라도 파이썬 언어를 익히기에 무리가 없음으로 예제를 하나씩 따라 실행해 보면 손쉽게 프로그래밍 지식이 쌓일 것이다. II장에서는 일반적으로 많이 다루는 이진 및 그레이 영상, 컬러 영상에 대하여 알아보고, 기본적인 영상 처리 방법들을 다룬다. 영상 처리 기법의 개념적인 이론과 원리를 설명함으로써, 여기서 다루지 않는 기법들에 대해서도 이해할 수 있는 기초를 다지도록 하였다. OpenCV에서 제공하는 함수를 기반으로 최소한의 프로그래밍으로 구현된 관련 예제들을 다루었으며, 이를 통하여 영상 처리를 위한 프로그래밍 기초를 다질 수 있을 것이다. III장에서는 영상에서 원하는 대상을 찾기 위한 기초적인 접근법과 이를 활용한 응용 기술들을 설명하여, 머신러닝을 다양하게 활용할 수 있는 기초를 쌓을 수 있도록 하였다. OpenCV에서 제공하는 함수를 기반으로 유용한 예제를 다루어 독자들이 흥미를 가질 수 있도록 하였다. 또한, 예제 코드에 대한 이해를 돕기 위하여, 본문에서 코드에 대한 전반적인 설명을 하였다. IV장에서는 인공지능과 딥러닝의 관계를 알아보고,

딥러닝을 이해하기 위해 필요한 인공 신경망에 대한 기초적인 개념과 이를 학습시키는 방법을 설명하였다. 손글씨 인식에 예제를 통하여, 인공 신경망을 학습시키고 추론하기 위한 프로그래밍을 다루었으며, 이 예제를 활용하여 다양한 응용에 적용해 볼 수 있을 것이다.

책 한 권을 쓰는 것이 머릿속의 구상과 자료만 있으면 금방 이루어질 줄 알았는데 얼마나 힘이 드는가를 새삼 느낀다. 여전히 부족한 책이지만 이젠 출판하며 미비점은 후판에 반영하기로 한다. 마지막으로 필자를 끝까지 믿고, 집필이 완성되기까지 기다려준 광문각의 박정태 회장님을 비롯한 많은 관계자 여러분께 깊은 감사의 뜻을 전한다.

그리고 저자들은 머신러닝과 딥러닝이 인공지능 기술의 확산을 통해 새로운 산업혁명을 일으킬 것이라 믿으며 여러분이 이 책을 시작으로 딥러닝 기술을 익히고 정보 혁명의 중심에 서시길 진심으로 희망한다.

저자 일동

목차

I. 파이썬과 OpenCV 기초 11

1. 파이썬 기초 14

1.1 파이썬 개요 14

1.2 파이썬 설치 15

1.3 PyCharm 설치 17

2. 파이썬 변수, 문자열 25

2.1 변수 25

2.2 문자열, 리스트 28

3. 조건문, 반복문 38

3.1 if(조건문) 38

3.2 while(반복문) 41

3.3 for(반복문) 42

4. 함수 58

4.1 함수 기초 58

4.2 지역변수와 전역변수 60

4.3 함수 응용 62

4.4 리스트 포인터, 딕셔너리 포인터 63

5. 리스트, 튜플, 딕셔너리 67

5.1 리스트 67

5.2 튜플 69

5.3 딕셔너리 70

6. 클래스 **73**

6.1 객체(Object) 73

6.2 클래스(Class) 73

6.3 클래스의 상속(Class inheritance) 75

6.4 프라퍼티(Property) 활용 76

7. 파일 입출력 **79**

7.1 파일 79

7.2 파일 입출력 79

7.3 피클링(Picking)과 언피클링(Unpickling) 81

8. 소켓 프로그래밍 **88**

8.1 소켓(Socket) 88

9. OpenCV 기초 **91**

9.1 OpenCV 개요 91

9.2 OpenCV 설치 91

9.3 OpenCV 응용 프로젝트 만들기 92

9.4 OpenCV 기본 자료형 94

10. OpenCV 응용 **97**

10.1 동영상 파일 활용하기 97

10.2 마우스 이벤트 활용하기 99

10.3 카메라 영상에 시간 출력 100

10.4 TrackBar 예제 102

10.5 아날로그 시계 예제 104

10.6 자유 낙하 운동 108

10.7 포물선 운동 110

10.8 피보나치 수열 그래픽 112

II. 컴퓨터 비전 115

1. 영상 종류 118

1.1 이진 및 그레이 영상 118

1.2 컬러 영상 123

2. 영상 처리 기본 연산 128

2.1 산술 및 논리 연산 128

2.2 영상 밝기 조절 136

2.3 영상 명암비 조절 138

3. 히스토그램 분석 144

3.1 히스토그램 계산 144

3.2 히스토그램 평활화 147

3.3 히스토그램 역투영 152

4. 필터링 155

4.1 블러링 155

4.2 샤프닝 161

4.3 미디언 필터링 164

5. 기하학 변환 169

5.1 이동 및 크기 변환 169

5.2 회전 변환 173

5.3 투시 변환 177

5.4 모폴로지 연산 180

6. 에지 검출 190

6.1 미분 연산 기반의 에지 검출 190

6.2 케니 에지 193

6.3 허프 변환 직선 및 원 검출 195

III. 머신러닝 201

1. 객체 검출 ··· 204

1.1 템플릿 매칭 ··· 204

1.2 코너점 검출 ··· 209

1.3 하라이크 특징 ··· 214

1.4 HOG 특징 ··· 217

1.5 LBP 특징 ··· 224

2. 특징 추출 및 기술자 ··· 227

2.1 특징 및 기술자 ··· 227

2.2 OpenCV의 특징 및 기술자 ··· 228

2.3 특징점 매칭 ··· 232

3. 영상 분할 및 합성 ··· 240

3.1 전경-배경 분할 ··· 240

3.2 영역 군집화(k-means clustering) ··· 247

3.3 영상 합성과 스티칭 ··· 251

4. 비디오 분석 ··· 255

4.1 광류 ··· 255

4.2 객체 추적 ··· 263

IV. 딥러닝 271

1. 인공지능과 딥러닝 274

1.1 인공지능과 딥러닝 274

1.2 딥러닝 작동 원리 280

2. 딥러닝 학습 282

2.1 네트워크 구조와 주요 성분 282

2.2 네트워크 동작 및 설계 방안 284

2.3 네트워크 학습 288

3. 대표적 네트워크 294

3.1 합성곱 신경망(CNN) 294

3.2 순환 신경망(RNN) 301

3.3 생성적 적대 신경망(GAN) 310

4. 딥러닝 활용 317

4.1 Colab(Colaboratory) 318

4.2 케라스(Keras) 320

4.3 학습 및 평가 데이터 지원 365

4.4 실제 활용 예제 368

I 파이썬과 OpenCV 기초

01. 파이썬 기초

02. 파이썬 변수, 문자열

03. 조건문, 반복문

04. 함수

05. 리스트, 튜플, 딕셔너리

06. 클래스

07. 파일 입출력

08. 소켓 프로그래밍

09. OpenCV 기초

10. OpenCV 응용

1. 파이썬과 OpenCV 기초

단원 소개

파이썬 언어는 1991년에 플랫폼에 독립적이며 인터프리터식, 객체 지향적, 동적 타이핑 (dynamically typed) 기능을 장점으로 발표되었다. 이후 다양한 프로젝트에 적용되며 많은 프로그래머들에게 사랑받아 왔으며 최근 인공지능 관련 라이브러리들과 함께 사용되며 인기가 급증하고 있다. 당연히 OpenCV 라이브러리 및 영상 처리 분야에서도 파이썬의 활용이 높아지고 있기에 본 교재에서는 파이썬을 기반하여 이후 영상 처리, 머신러닝, 딥러닝을 이야기하고자 한다. 파이썬 언어 설치, 통합 개발 환경인 Pycharm 설치와 OpenCV 설치 및 연동으로 본 단원은 구성되었으며 사전에 프로그래밍 언어에 대한 지식이 없더라도 파이썬 언어를 익히기에 무리가 없으므로 예제를 하나씩 따라 실행해 보면 손쉽게 프로그래밍 지식이 쌓일 것이다.

01 파이썬 기초

1.1 파이썬 개요

1991년 프로그래머인 귀도 반 로섬(Guido van Rossum)이 플랫폼에 독립적이며 인터프리터식, 객체 지향적, 동적 타이핑(dynamically typed) 대화형 언어인 파이썬(Python)을 발표하였다. 파이썬은 비영리의 파이썬 소프트웨어 재단이 관리하는 개방형, 공동체 기반 개발 모델을 가지고 있다. C언어로 구현된 C파이썬 구현이 사실상의 표준이다. 파이썬은 초보자부터 전문가까지 사용자층을 보유하고 있다. 동적 타이핑(dynamic typing) 범용 프로그래밍 언어로, 펄 및 루비와 자주 비교된다. 다양한 플랫폼에서 쓸 수 있고, 라이브러리(모듈)가 풍부하여 대학을 비롯한 여러 교육기관, 연구기관 및 산업계에서 이용이 증가하고 있다. 또 파이썬은 순수한 프로그래밍 언어로서의 기능 외에도 다른 언어로 쓰인 모듈들을 연결하는 풀 언어(glue language)로써 자주 이용된다. 실제 파이썬은 많은 상용 응용 프로그램에서 스크립트 언어로 채용되고 있다. 도움말 문서도 정리가 잘 되어 있으며, 유니코드 문자열을 지원해서 다양한 언어의 문자 처리에도 능하다.

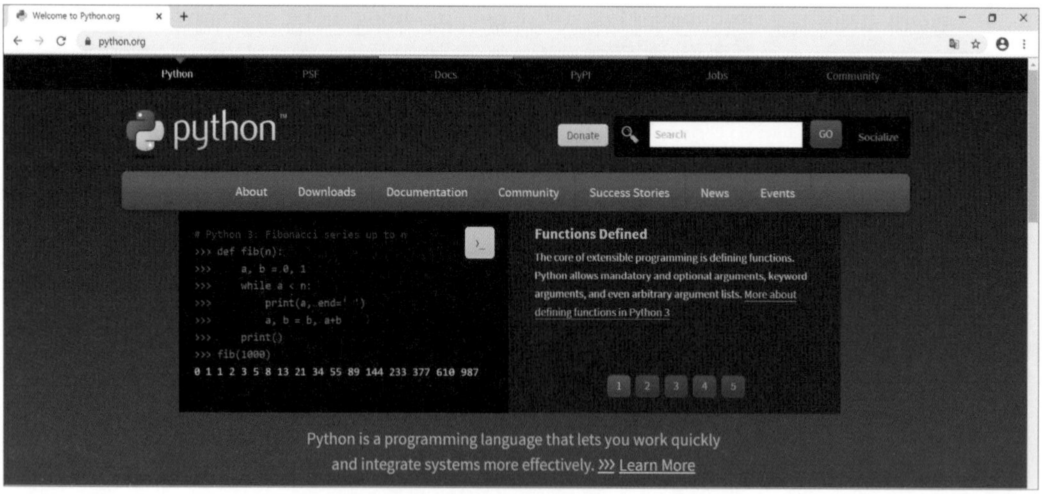

[그림 1-1] 파이썬 홈페이지(http://python.org)

1.2 파이썬 설치

파이썬 소프트웨어 재단은 파이썬 홈페이지(http://python.org)를 통해 파이썬 언어를 배포하고 있으며 이곳에서 도움말, 강좌 등을 제공하여 파이썬 보급에 노력하고 있다. 홈페이지의 상단 메뉴 중 "Downloads" -> "Windows"를 누르면 최신 윈도우즈 OS용 배포판 파일을 다운로드 받을 수 있다. 본서에서는 파이썬 3.9.1 버전을 기준으로 하고 있다.

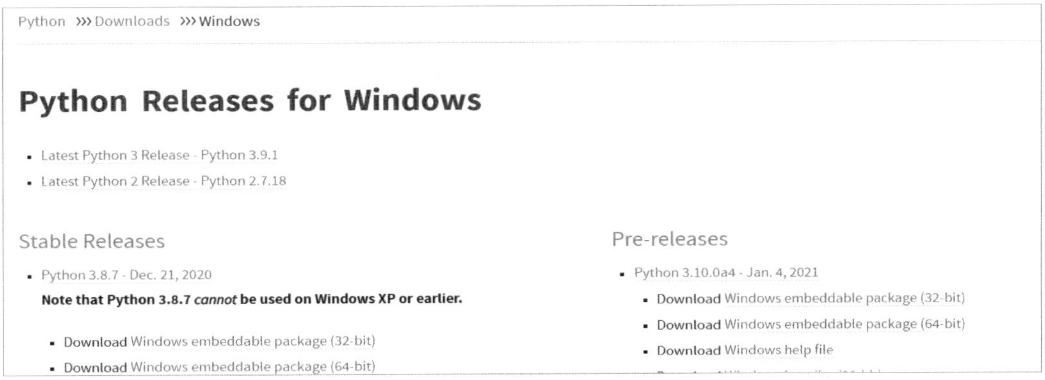

[그림 1-2] 윈도우즈용 배포판 파일

[그림 1-3] 파이썬 설치 대화상자

파이썬 설치 대화상자가 팝업되면 "Install Now"를 클릭하여 설치를 진행한다. 파이썬 설치가 완료되면 아래와 같이 메시지창이 출력된다.

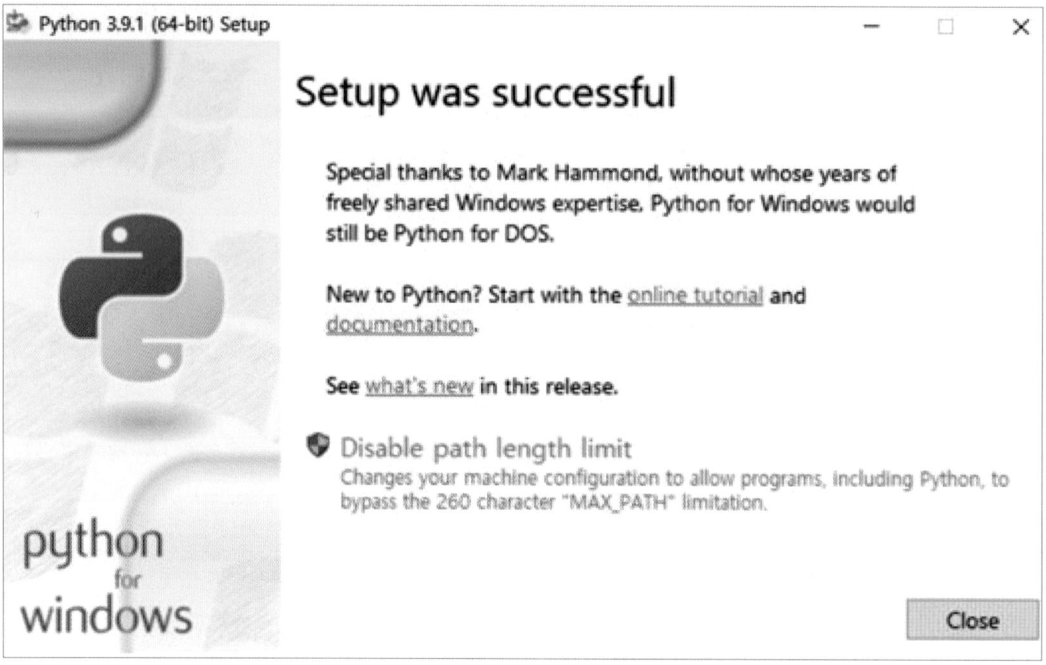

[그림 1-4] 파이썬 설치 완료 팝업창

윈도우즈의 시작 메뉴에서 [시작] - [Python 3.8]에서 "Python 3.9 (64bit)"를 실행한다.

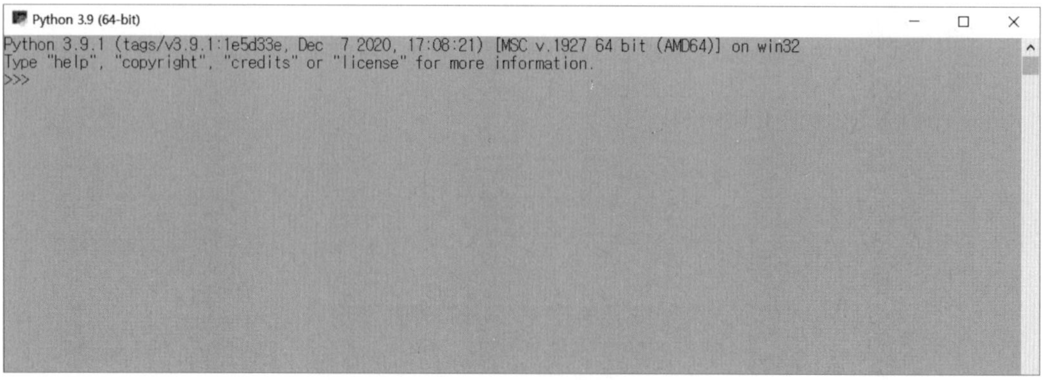

[그림 1-5] 파이썬 콘솔 실행창

파이썬은 인터프리터 언어 기능을 가지기 때문에 아래 화면과 같이 콘솔창에서 명령을 입력하면 즉각적으로 번역 및 실행을 겸하고 있다. 아래 명령을 입력해 보고 실행 결과를 확인해 보자.

```
str = 'Hello Python'
print(str)
```

[그림 1-6] 파이썬 인터프리터 기능

1.3 PyCharm 설치

파이썬 컴파일러를 활용해서 소프트웨어를 개발하기 위해서는 코드 편집기, 디버거, 컴파일러, 인터프리터 등을 포함하는 통합 개발 환경(IDE, Integrated Development Environment)이 필요하다. 파이썬 언어를 위한 대표적인 통합 개발 환경은 Jetbrains에서 개발한 파이참이 있다.

파이참은 프로페셔널 버전과 커뮤니티 버전 2가지가 있다. 프로페셔널은 Web 개발 및 데이터 과학 쪽 기능이 강화된 버전이다. 일반적인 경우는 커뮤니티 버전을 무료로 사용해도 충분하다. 파이참 설치를 위해 Jetbrains 홈페이지(https://www.jetbrains.com/pycharm/)에 방문하여 Community 버전을 다운로드 후 실행한다.

[그림 1-7] Jetbrains 홈페이지

설치가 완료되면 윈도우즈 [시작] - [Jetbrains] - "Jetbrains PyCharm Community Edition 2020.2.3"을 클릭하여 실행한다.

Pycharm을 실행하면 아래와 같이 신규 프로젝트를 생성할지 아니면 기존 프로젝트를 열지를 묻는 팝업이 열린다. "Create New Project"를 선택하여 신규 프로젝트를 생성한다.

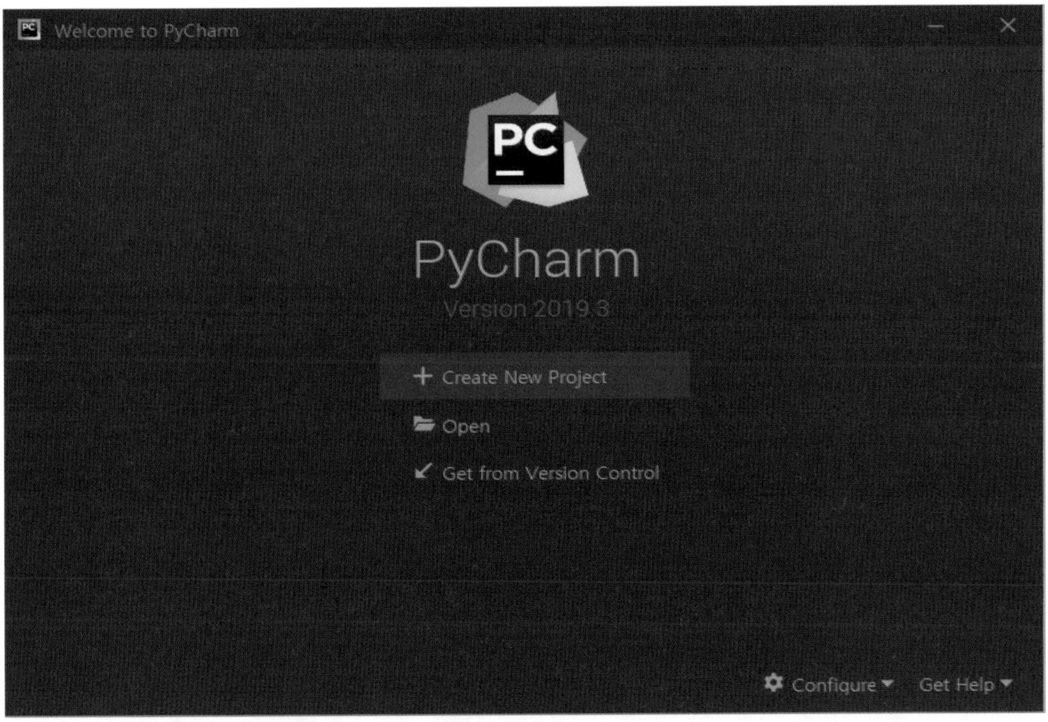

[그림 1-8] PyCharm 실행 시 신규 프로젝트 생성 및 기존 프로젝트 열기 화면

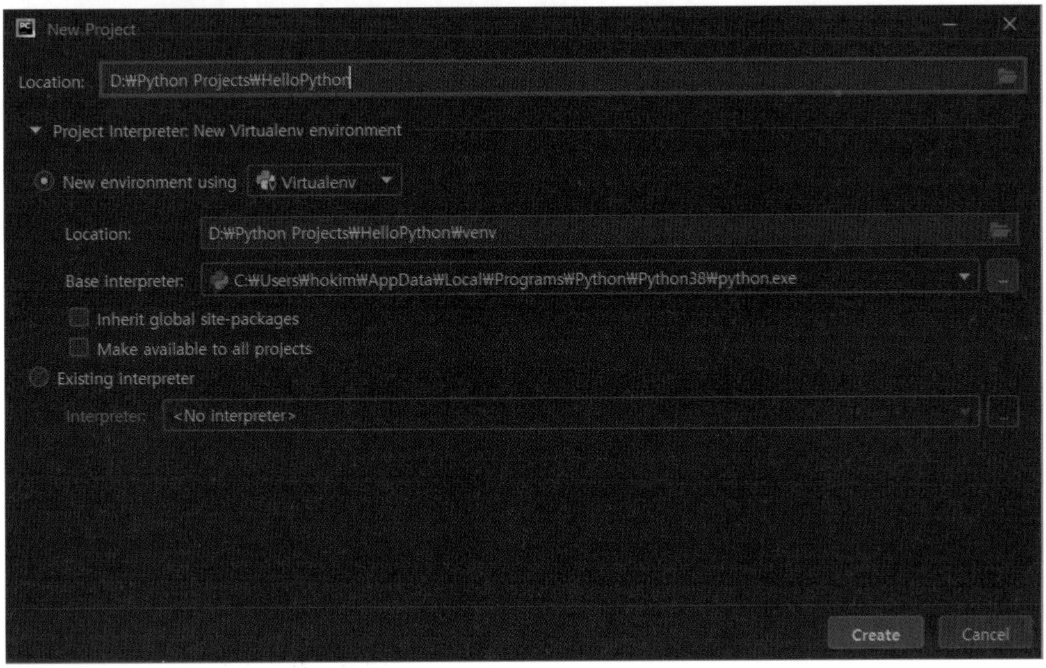

[그림 1-9] 신규 프로젝트 생성창

신규 프로젝트가 생성될 폴더 위치를 “Location :”에 지정해 주고 “Project Interpreter :” 메뉴에 파이썬이 설치된 위치를 지정해 준다. 생성된 프로젝트창에서 프로젝트명에 커서를 위치하고 마우스 오른쪽 버튼을 클릭하고 [New] - [Python File]을 클릭한다.

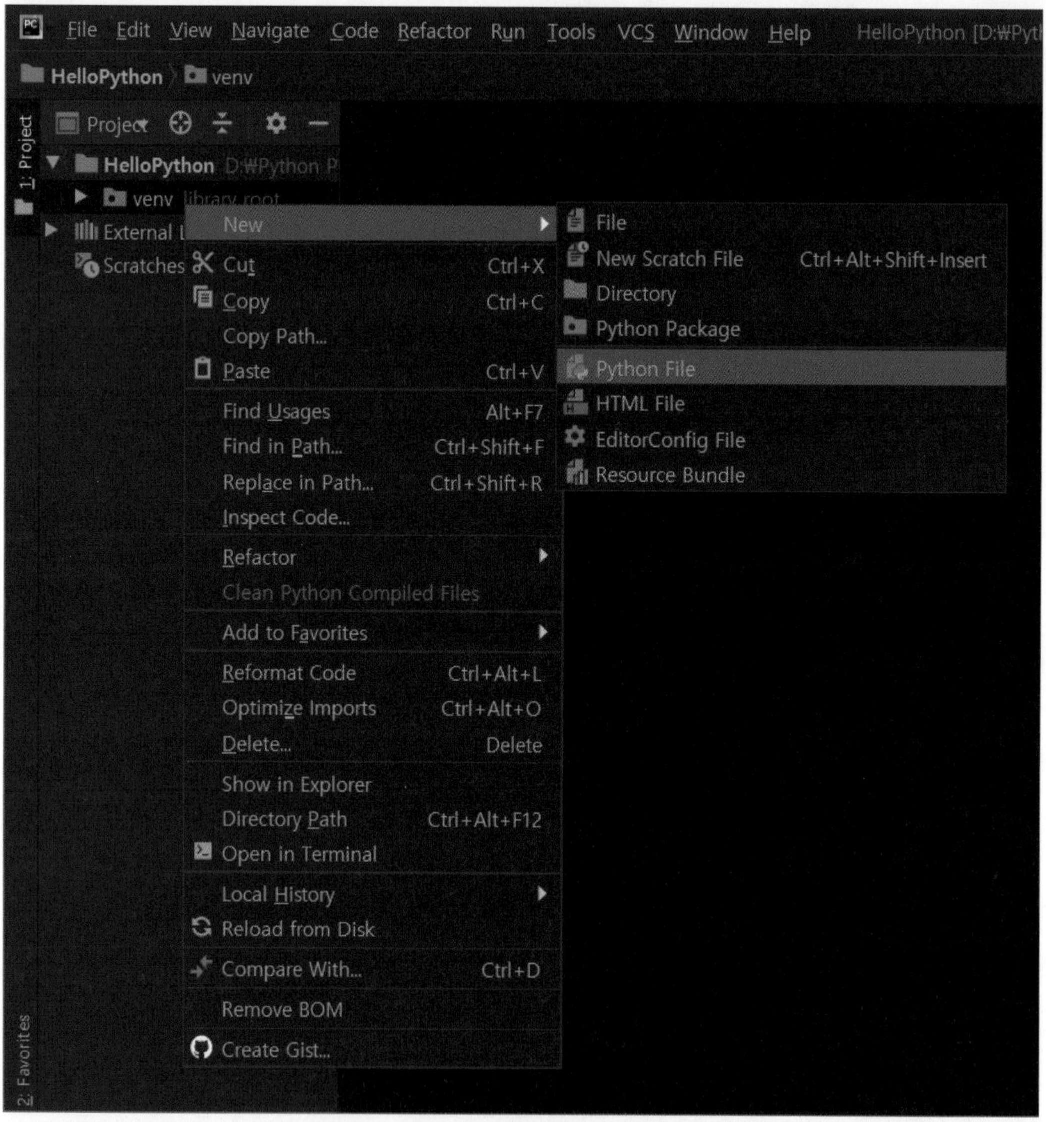

[그림 1-10] 신규 파이썬 File을 생성

신규 Python File명을 지정하는 팝업 메뉴가 열리면 “HelloPython”을 입력한다.

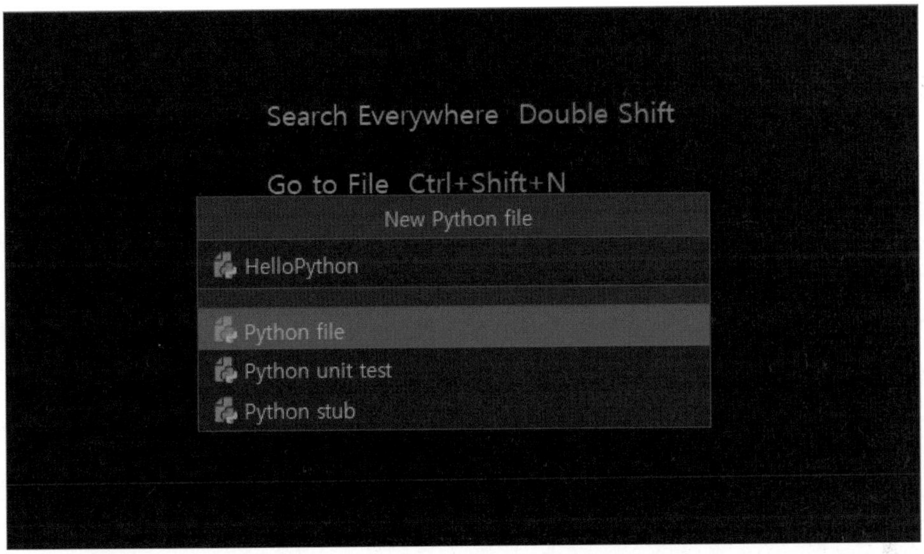

[그림 1-11] 신규 파이썬 File명 지정

생성된 HelloPython 파이썬 파일 에디터창에 아래 그림과 같이 코드를 타이핑한다.

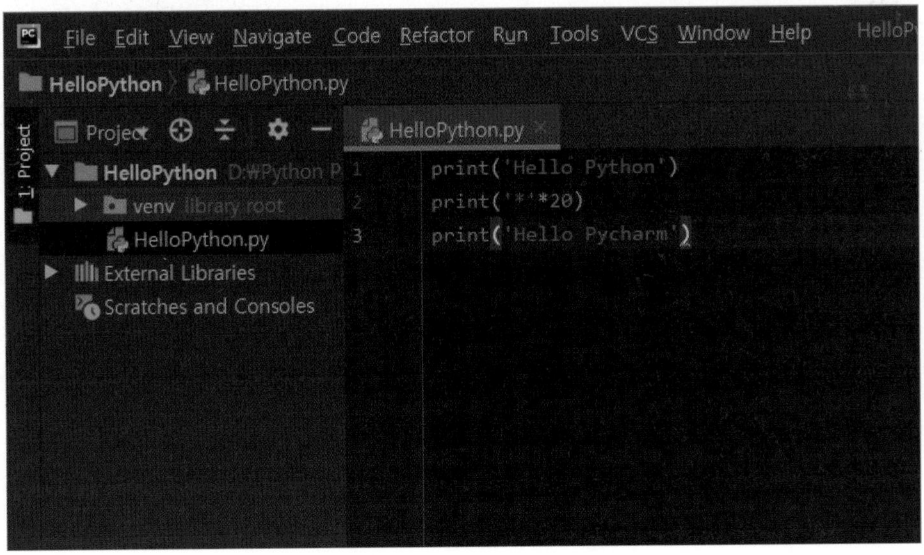

[그림 1-12] 파이썬 코드 입력

코드를 입력한 뒤에 마우스 커서를 에디터창에 둔 상태에서 마우스 오른쪽 버튼을 클릭하여 "Run File in Python Console" 메뉴를 클릭한다.

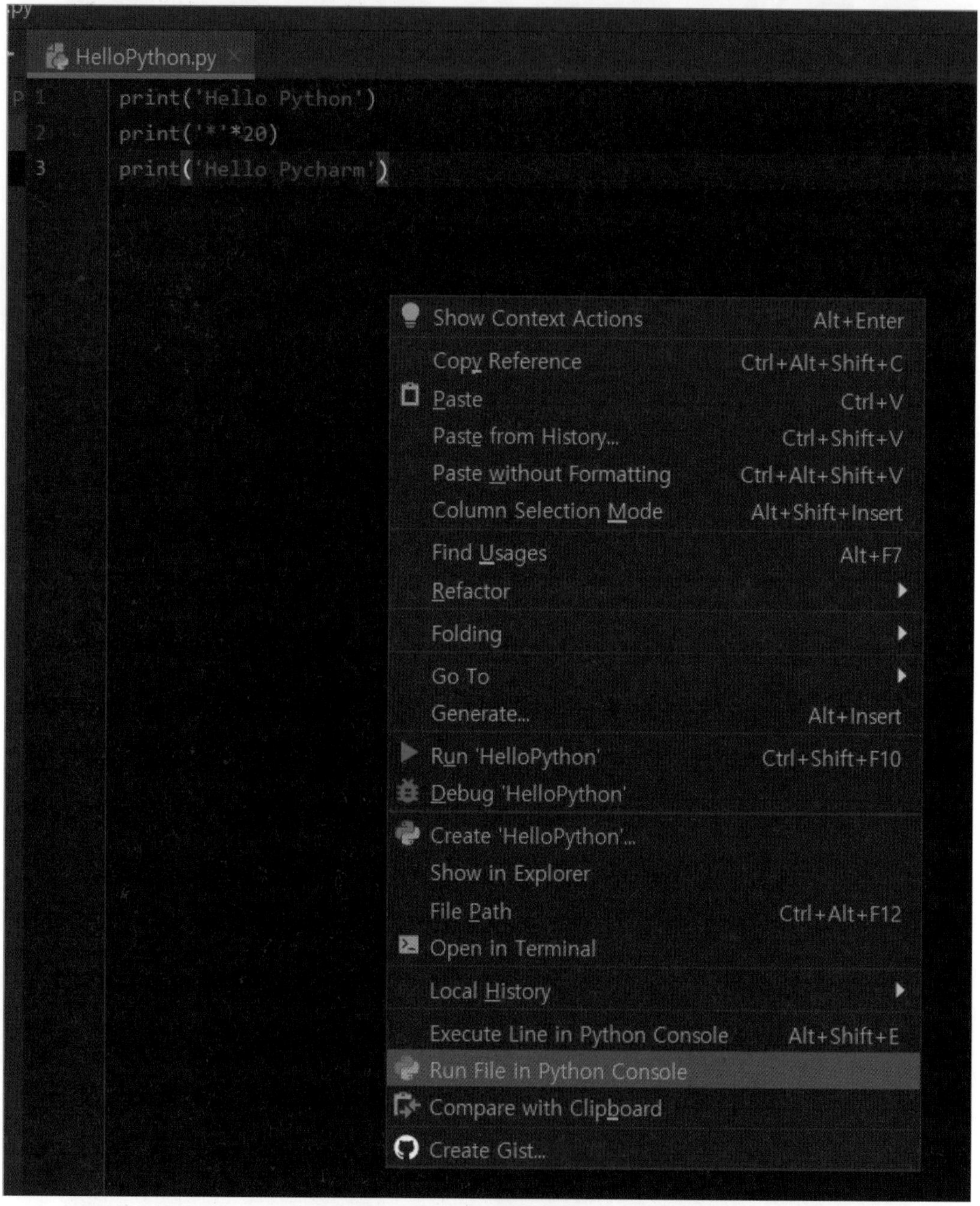

[그림 1-13] 파이썬 코드 실행

Pycharm 윈도우 왼쪽 하단에 결과 출력창이 생성되며 'Hello Python', 'Hello Pycharm'이 출력된다. 두 문구가 출력되는 사이에 '*'가 20개 출력되는데 이는 print('*'*20) 코드의 *20에 따른 결과이다.

[그림 1-14] 파이썬 Code 실행 결과

프로젝트 작성을 종료할 때는 메뉴에서 [File] - [Open Project]를 클릭하면 된다.

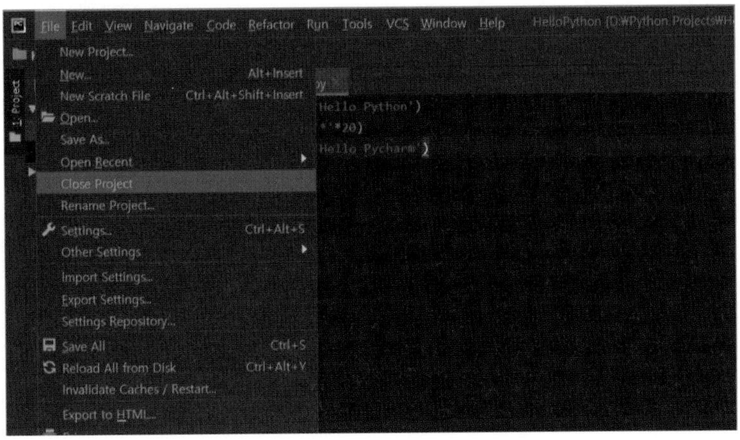

[그림 1-15] 프로젝트 종료

[File] - [Settings]를 클릭하면 통합 개발 환경을 조정할 수 있다. [Appearance] - [Theme]를 선택하면 유저 인터페이스의 분위기를 손쉽게 바꿀 수 있다. “Dracula”에서 “IntelliU”로 밝은 톤으로 변경하자.

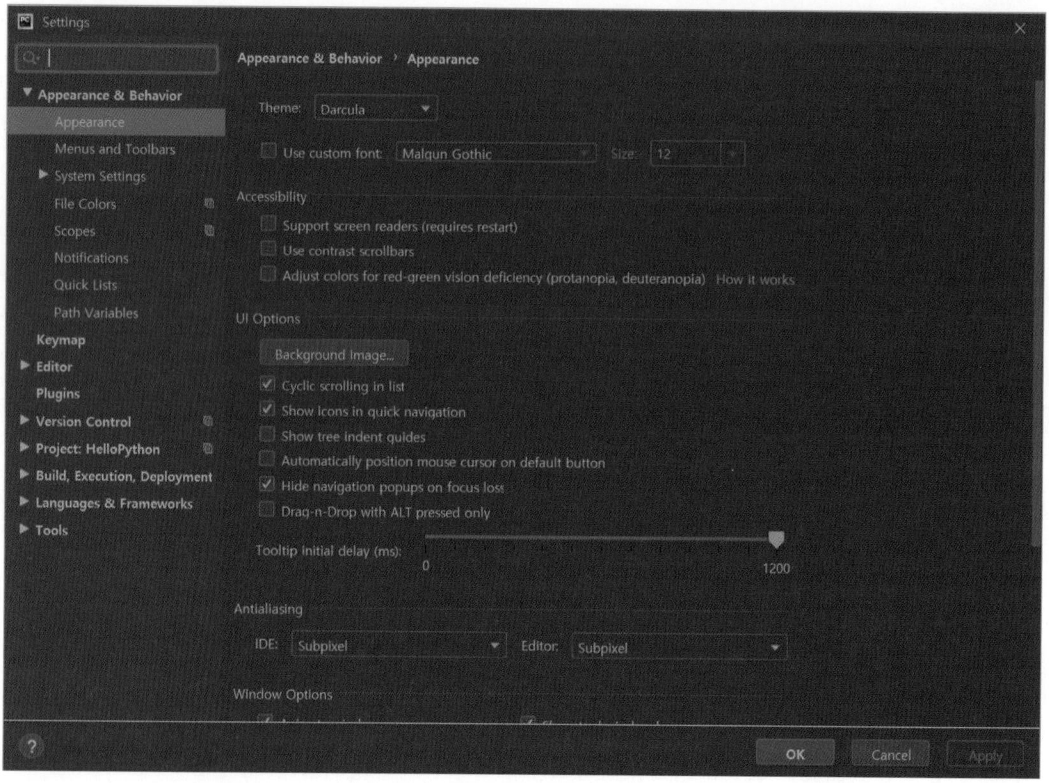

[그림 1-16] 통합 개발 환경

02 ·· 파이썬 변수, 문자열

2.1 변수

파이썬 언어에 자료형은 정수(int), 실수(float), 복소수(complex)가 있다. 변수를 선언하는 방법은 아래 예제와 같이 "변수명 = 초깃값" 형식으로 지정하면 된다. 파이썬에서는 변수명을 지정할 때 다음과 같은 규칙을 지켜야 한다.

구분	변수명	설명
올바른 예시	strName	영문 대소문자로 변수명 구성
	str1	영문과 숫자로 변수명 구성
	_Idx	아래 밑줄과 영문으로 변수명 구성
	strName, StrName	strName과 StrName은 서로 다른 변수명
잘못된 예시	strName$	아래 밑줄을 제외한 특수문자 사용 금지
	str Name	변수명 중간에 공백은 사용 금지
	1str	숫자로 시작할 수 없음
	if, for, print	명령어는 사용 금지

파이썬 언어는 타 언어 대비 직관적인 코드를 지향하지만 코드를 설명하는 글을 남기기 위해서 주석을 사용한다. 한 줄 주석은 "#" 뒤에 주석을 기입하면 되고, 여러 줄 주석은 쌍따옴표 3개를 """ 이용하면 된다.

[예제 1]

```
"""
    Example1.py
    주석, 변수
```

```
4      여러 줄 주석은 큰따옴표 3개로 감싼다.
5   """
6   width =3  # 1줄 주석은 샾으로 지정
7   height =5
8   RectArea = width*height
9   TriangularArea = width*height/2
10  print(RectArea)
11  print(width, '*', height, '=',RectArea)
12  print('{0} : {1} * {2} / 2 = {3}'.format('TriangularArea',width, height, TriangularArea))
13
14  #  숫자
15  num =13
16  result = num /4  # 나눗셈 결과는 실수형(float)
17  Quotient = num //4  # 나눗셈 몫
18  Remainder = num % 4  # 나눗셈 나머지
19  print(num, '을 4로 나눈 결과는', result)
20  print('{0} / 4의 몫은 {1}이고 나머지는{2} 이다'.format(num, Quotient, Remainder))
```

```
Run:  Example1
"D:\Python Projects\Example01\venv\Scripts\python.exe" "D:/Python Projects/Example01/Example1.py"
15
3 * 5 = 15
TriangularArea : 3 * 5 / 2 = 7.5
13 을 4로 나눈 결과는 3.25
13 / 4의 몫은 3이고 나머지는1 이다
```

파이썬에서 콘솔 출력 함수는 print이다. 예제 1의 10번째 줄의 코드와 같이 출력하고자 하는 변수명을 print 함수 괄호 안에 기입하면 변수의 내용이 출력된다. 여러 내용을 출력할 때는 ','를 이용하여 구분하여 입력하면 된다. 문자열은 따옴표로 감싸서 입력하면 된다.

예제 1의 12번째 줄 코드와 같이 따옴표 안에 중괄호와 숫자를 입력하면 format 메소드를 이용하여 변수의 내용을 출력할 수 있다. print 함수의 서식은 아래와 같다.

서식	예시	설명
%d	10	10진수 정수

%x	100	16진수 정수
%o	1234	8진수 정수
%f	0.5, 3.14	실수
%c	a, 아	문자 한 글자
%s	"안녕하세요"	한 글자 이상 문자열

파이썬에서 기본적인 산술 연산 기호는 아래 표와 같다. 이 중에서 나눗셈 몫 연산자는 13을 4로 나눌 경우 나머지를 제외하고 몫인 3을 반환하는 연산자이다. 다른 경우로 나머지 연산자는 몫을 제외하고 나머지 1을 반환한다.

연산명	연산 기호	사용 예시
덧셈	+	a = b + c
뺄셈	-	a = b - c
곱셈	*	a = b * c
나눗셈	/	a = b / c
나눗셈 몫	//	a = b // c
나머지 연산	%	a = b % c
거듭제곱	**	a = b ** c

파이썬에서는 위의 연산자와 대입 연산을 결합하여 복합 대입 연산자의 사용이 가능하다. 예를 들면 a=a+1을 a+=1과 같이 단순화하여 사용할 수 있다.

연산자	일반 연산자 사용 예시	복합 대입 연산자 사용 예시
+=	a = a + b	a += b
-=	a = a - b	a -= b
*=	a = a * b	a *= b
/=	a = a / b	a /= b
//=	a = a // b	a //= b
%=	a = a % b	a %= b

2.2 문자열, 리스트

예제 2의 7번, 10번 줄의 코드와 같이 문자열은 작은따옴표, 큰따옴표 상관없이 문자열의 시작과 끝에 넣으면 문자열로 지정된다. 문자열 중간에 따옴표를 사용할 경우는 9번 줄과 같이 역슬래시 '\'를 붙여서 사용하면 된다. 문자열 변수는 12번 줄과 같이 인덱스를 이용하여 한 글자씩 출력이 가능하다. 문자열에 대한 인덱스 번호는 아래 표와 같이 지정되며 역순으로 지정하고자 할 때는 음수를 이용하여 지정도 가능하다.

S	e	o	u	l		c	i	t	y
0	1	2	3	4	5	6	7	8	9
-10	-9	-8	-7	-6	-5	-4	-3	-2	-1

문자열의 특정 구간을 지정하고자 할 때는 '시작 번호 : 끝 번호' 형식으로 코드 14번 줄과 같이 지정하면 된다.

[예제 2]

```
1  """
2      Example2.py
3      문자열, 리스트
4      여러 줄 주석은 큰따옴표 3개로 감싼다.
5  """
6  # 문자열
7  strings ='It is string'
8  print(strings)
9  print('{0}'.format('It\'s string'))
10 strings ="Double and single quotation marks have the same result"
11 print(strings)
12 
```

```python
strings ='Seoul city'
print(strings[0], strings[2])
print(strings[-1], strings[-2], strings[-3])
print(strings[0:5] + strings[-4:-1] + strings[-1])

print('c:\programs\newpycharm')
print(r'c:\programs\newpycharm')

# 리스트
numbers = [11, 12, 13, 14, 15]
print(numbers)
print(numbers[2])
print(numbers[2:4])

numbers[1], numbers[3] =22, 24
print(numbers[:])

numbers[:] = []
print(numbers[:])

numbers = [1, 2, 3]
alphabet = ['a', 'b', 'c']
collaboration = [numbers, alphabet]
print(collaboration[1])
```

```
Run:    Example2
"D:\Python Projects\Example02\venv\Scripts\python.exe" "D:/Python Projects/Example02/Example2.py"
It is string
It's string
Double and single quotation marks have the same result
S o
y t i
Seoulcity
c:\programs
ewpycharm
c:\programs\newpycharm
[11, 12, 13, 14, 15]
13
[13, 14]
[11, 22, 13, 24, 15]
[]
['a', 'b', 'c']
```

문자열 중간에 작은따옴표나 큰따옴표를 사용해야 할 경우 위 예제와 같은 경우 사용이 불가하다. 파이썬에서는 아래와 같은 규칙을 적용하여 이를 가능하게 한다.

구분	예시
문자열 중간에 작은따옴표 사용	strings ="It's mine."
문자열 중간에 큰따옴표 사용	strings ='"I hope you will be here," he said.'

작은따옴표를 문자열 중간에 사용할 경우는 예제 3의 6번째 줄과 같이 문자열의 시작과 끝에 큰따옴표를 명시해야 한다. 반대로 큰따옴표를 사용할 경우는 예제 3의 8번째 줄과 같이 작은따옴표를 시작과 끝에 사용하면 된다.

[예제 3]

```
1  """
2      Example3.py
3      따옴표
4  """
```

```

strings1 ="It’s mine."
print(strings1)
strings2 ='"I hope you will be here," he said.'
print(strings2)
```

```
Run: Example3
C:\Users\Hokim\.conda\envs\cuda\python.exe "C:/My Data/Python Example/Example3/Example3.py"
It’s mine.
"I hope you will be here," he said.

Process finished with exit code 0
```

실습 과제 10진수, 16진수, 8진수

진수란 '수가 증가됨에 따라 언제 자릿수를 올릴 것인가?'라는 뜻의 단위를 말한다. 0과 1 두 개의 숫자를 사용하면 2진수, 0부터 9까지 10개의 숫자를 사용하면 10진수이다. 실생활에서는 10진수를 많이 사용하며 컴퓨터의 데이터는 2진수를 사용한다. 예를 들어 10진수의 수 4를 2진수로 바꾸기 위해서 2의 거듭제곱으로 표현해 보면 2^2이다. 따라서 $1*2^2+0*2+0*1=100(2)$이 된다. 반대로 2진법의 수 1011(2)을 10진수로 바꾸면 $1*2^3+0*2^2+1*2+1*1=11$이 된다. 파이썬에서는 진수 표현을 어떻게 하는지 아래 예제를 실행해 보도록 하자.

[예제 4]

```
"""
    Example4.py
    변수
"""

#16진수, 8진수, 2진수 변수 초기화
a = 0xFF
b = 0o67
c = 0b1010
#10진수로 출력
print(a, b, c)
print("%x, %o %s" %(a, b, bin(c)))

#12에 대한 10진수, 16진수, 8진수 출력
print("%d, %x, %o" %(12, 12, 12))

#12에 대한 이진수, 16진수, 8진수 출력
print("%s %s %s" %(bin(12), hex(12), oct(12)))
```

```
C:\Users\Hokim\.conda\envs\cuda\python.exe "C:/My Data/Python Example/Example4/Example4.py"
255 55 10
ff, 67 0b1010
12, c, 14
0b1100 0xc 0o14

Process finished with exit code 0
```

실습 과제 지폐 교환

사용자로부터 입력된 금액을 고액권 지폐부터 교환 가능한 금액을 표시하는 프로그램을 '//'과 '%' 연산자를 활용하여 작성하시오.

[예제 5]

```
"""
    Example5.py
    연산자
"""
money =int(input("교환할 금액을 입력해 주세요: "))

FiveHundredThousand = money // 50000
money %= 50000

TenThousand = money // 10000
money %= 10000

FiveThousand = money // 5000
money %= 5000

Thousand = money // 1000
money %= 1000

print("오만 원 : %d 장" %FiveHundredThousand)
print("만 원 : %d 장" %TenThousand)
print("오천 원 : %d 장" %FiveThousand)
print("천 원 : %d 장" %Thousand)
print("잔돈 : %d원" %money)
```

```
Run:    Example5
C:\Users\Hokim\.conda\envs\cuda\python.exe "C:/My Data/Python Example/Example5/Example5.py"
교환할 금액을 입력해주세요: 12345670
오만원 : 246 장
만원 : 4 장
오천원 : 1 장
천원 : 0 장
잔돈 : 670원

Process finished with exit code 0
```

실습 과제 자료형 변환

파이썬 언어에서 변수의 자료형은 크게 정수형, 실수형, 불형(Bool type), 문자형으로 구분 지을 수 있다. 여기서 문자형 숫자를 정수형과 실수형으로 변환할 수 있으며 아래와 같은 연산도 가능하다. 예제를 실행해 보며 자료형 변환에 대해 익혀 보도록 한다.

[예제 6]

```python
"""
    Example6.py
    자료형 변환
"""

str1, str2, str3 = "1111", "111.11", "99999999999999"

print(int(str1)+111.11)
print(float(str2)+111.11)
print(int(str3)+111.11)
```

Run: Example6

```
C:\Users\Hokim\.conda\envs\cuda\python.exe "C:/My Data/Python Example/Example6/Example6.py"
1222.11
222.22
100000000000110.11

Process finished with exit code 0
```

실습 과제 시간을 분과 초로 변환

지구상에서 살아가는 모든 사람들은 1시간은 60분이며 1분은 60초라는 사실을 잘 알고 있다. 이번에는 사용자로부터 시간을 입력받고 이를 분으로 환산할 경우 몇분이고 초로 환산할 경우 몇초인지 계산하여 출력하는 예제를 작성해보자.

[예제 7]

```python
"""
    Example7.py
    시간 변환
"""

hours =int(input("시간을 입력해 주세요: "))

print("%d시간은 %d분이다"%(hours, hours*60))
print("%d시간은 %d초이다"%(hours, hours*60*60))
```

Run: Example7

```
C:\Users\Hokim\.conda\envs\cuda\python.exe "C:/My Data/Python Example/Example7/Example7.py"
시간을 입력해주세요: 2
2시간은 120분 이다
2시간은 7200초 이다

Process finished with exit code 0
```

03 ·· 조건문, 반복문

3.1 if(조건문)

if 명령어는 조건에 따라 프로그램 흐름을 분기하는 명령으로, 사용법은 if 명령어 다음에 조건식을 넣고 끝에 ':'을 써서 조건식의 끝을 표현한다. if 명령어의 조건이 참이 아닐 때, 다음 if 문을 체크하기 위해서 elif 문을 사용한다. if 명령어와 elif 명령어가 모두 거짓인 경우는 else 명령어를 사용한다. C언어와 같은 다른 언어에는 switch 명령어가 있으나 파이썬에는 switch 명령어가 없다. 파이썬 언어에서는 들여쓰기(Indent)가 중요하다. C언어에서는 중괄호 "{}"를 사용하여 조건에 해당하는 실행코드영역을 구분했지만 파이썬 언어에서는 이를 단순히 들여쓰기만으로 표현하기 때문이다. 아래 예제의 경우 6번째 줄의 num이 0보다 작을 경우 7, 8번째 줄을 실행해야 하는데 7, 8번째 줄은 아래 예제 8의 6번째 줄 대비 3칸 들여쓰기를 해야 한다. 이러한 들여쓰기는 elif, else 또한 동일하다.

[예제 8]

```
1  """
2      Example8.py
3      조건문
4  """
5  num =int(input("정수형 숫자를 입력해 주세요: "))
6  if num <0:
7      num =0
8      print('음수는 0으로 설정')
9  elif num ==0:
10     print('영입니다.')
11 elif num ==1:
```

```
        print('일입니다.')
    else:
        print('일보다 큽니다')
```

```
Run:  Example8
C:\Users\Hokim\.conda\envs\cuda\python.exe "C:/My Data/Python Example/Example8/Example8.py"
정수형 숫자를 입력해주세요: 10
일보다 큽니다

Process finished with exit code 0
```

위 예제에서 num과 0 간의 관계를 표기하는 연산자를 관계 연산자라 부르며 파이썬에서는 다음과 같이 기본적인 관계 연산자를 제공한다.

연산자	예시	뜻	결과
>	6 > 2	6이 2보다 크다	참
>=	6 >= 2	6이 2보다 크거나 같다	참
<	6 < 2	6이 2보다 작다	거짓
<=	6 <= 2	6이 2보다 작거나 같다	거짓
==	6 == 2	6이 2와 같다	거짓
!=	6 != 2	6이 2와 같지 않다	참

만약 if 조건문에 조건식만 작성하고 코드를 생략해야 할 경우에는 'pass' 명령을 사용하면 된다. 아래 예제와 같이 특별한 실행이 필요하지 않을 경우 'pass'를 사용하면 된다.

```
if var == 10:
    pass
else
    var = var+10
```

if 문의 조건식은 논리 연산자를 사용하여 여러 조건을 묶어서 지정할 수 있다. 논리 연산자는 아래 표와 같다.

논리 연산자	사용 예시	설명
and	x and y	x와 y의 값이 모두 참일 경우만 참
or	x or y	x와 y의 값이 모두 거짓일 경우만 거짓
not	not x	x의 값과 반대의 값을 반환

아래 예제 9와 같이 if 문 다음에 조건식을 표기하고 and 또는 or 논리 연산자를 넣고 조건식을 추가하면 된다. 논리 연산자는 중복해서 여러 개를 표기해도 가능하며, 항상 if 문은 논리 연산자 연산 후 결과의 참과 거짓에 따라 분기된다.

[예제 9]

```
"""
    Example9.py
    복수 조건
"""

x = 10
y = 20

if x > 0 and y > 0:
    print('x와 y는 양수입니다')
else:
    print('x 또는 y가 음수입니다')

if x < 0 or y < 0:
    print('x또는 y가 음수입니다')
```

```
Run: Example9
C:\Users\Hokim\.conda\envs\cuda\python.exe "C:/My Data/Python Example/Example9/Example9.py"
x와 y는 양수입니다

Process finished with exit code 0
```

3.2 while(반복문)

while 문은 while 키워드 다음의 조건식이 참일 경우 while 안의 블럭을 실행한다. 아래의 예제를 보면 while의 조건식은 num 변수가 5보다 작은 경우이다. 조건식이 참인 경우 num 변수를 출력하고 num 변수를 1 증가한다. 아래 출력 결과를 보면 num 값이 0에서 4까지 증가하며 출력되는 것을 확인할 수 있다.

[예제 10]

```python
"""
    Example10.py
    반복문
"""

num = 0
while num < 5:
    print(num)
    num += 1

print('end')
```

```
Run:  Example10
C:\Users\Hokim\.conda\envs\cuda\python.exe "C:/My Data/Python Example/Example10/Example10.py"
0
1
2
3
4
end

Process finished with exit code 0
```

3.3 for(반복문)

for 반복문은 컬렉션(리스트, Tuple, 문자열 등)으로부터 하나씩 요소(element)를 가져와 블록을 실행한다. 반복문 형식은 "for 변수 in 컬렉션"이다. C언어와 같은 다른 언어의 for 반복문처럼 숫자의 증가가 필요할 경우 range() 함수를 사용하면 된다. 아래 예제의 12번째 줄의 range(5)를 입력하면 {0,1,2,3,4} 리스트를 입력하는 것과 동일하다. range 함수는 사용법이 다양하다.

사용법

```
range(끝 값)
range(시작 값, 끝 값)
range(시작 값, 끝 값, 증가분)
```

예제에서 16번째 줄을 보면 3부터 9까지 리스트를 생성하고 이를 for 루프로 돌면서 숫자를 출력한다. 25번째 줄은 0부터 9까지 2씩 증가하면서 리스트를 생성하는 range 문을 확인할 수 있다.

[예제 11]

```
1  """
2      Example11.py
3      반복문
4  """
5
6  Collection = ["apple", "mellon", "orange", "grape"]
7  for fruit in Collection :
8      print(fruit)
9
10 print("0, 끝 지정")
11 num=0
12
13 for num in range(5):
```

```
    print(num)

print("시작, 끝 지정")
for num in range(3,9):
    print(num)

print("시작, 끝, 증가분 지정")
for num in range(0, 9, 2):
    print(num)
```

```
Run:  Example11
C:\Users\Hokim\.conda\envs\cuda\python.exe "C:/My Data/Python Example/Example11/Example11.py"
apple
mellon
orange
grape
0, 끝 지정
0
1
2
3
4
시작, 끝 지정
3
4
5
6
7
8
시작, 끝, 증가분 지정
0
2
4
6
8

Process finished with exit code 0
```

for 루프와 입력문을 함께 사용하면 아래 예제 12와 같은 사용법도 가능하다. 코드를 설명하면 range() 함수 안의 input() 함수를 통해 반복할 루프 횟수를 입력받는다. 그리고 s 변수에 사용자로부터 문자열을 입력받는다. len() 함수는 문자열의 문자 갯수를 반환하는 함수이다. 아래 코드를 참고하여 새로운 예제 프로젝트를 만들고 코드를 추가 하여 실행 결과를 확인해보도록 하자.

사용법

```
for _ in range(int(input())):
    s = input()
    n = len(s)
    print('this word length is ',n)
```

[예제 12]

```
"""
    Example12.py
    반복문
"""

for _ in range(int(input())):
    s = input()
    n = len(s)
    print('this word length is ',n)
```

Run: Example12

```
C:\Users\Hokim\.conda\envs\cuda\python.exe "C:/My Data/Python Example/Example12/Example12.py"
3
apple
this word length is  5
orange
this word length is  6
pineapple
this word length is  9

Process finished with exit code 0
```

실습 과제 조건문

60갑자는 10간(干)과 12지(支)를 결합하여 만든 10개의 간지(干支)를 말한다. 연도의 끝자리 수를 가지고 아래 표와 같이 십간을 알 수 있고, 연도를 12로 나누었을 때 나머지로 십이지를 알 수 있다.

연도 끝자리 수	4	5	6	7	8	9	0	1	2	3
십간	갑	을	병	정	무	기	경	신	임	계

연도/12, 나머지 수	4	5	6	7	8	9	10	11	12	1	2	3
십이지	자	축	인	묘	진	사	오	미	신	유	술	해

예제 13 실행 결과와 같이 실행 시 현재 연도를 입력받고 해당 십간과 십이지를 출력하는 프로그램을 작성하시오.

[예제 13]

```
"""
    Example13.py
    12간지
"""

this_year = input('올해가 몇 년도 인가요?')
print('올해는 : ',this_year)

kan10 = int(this_year) % 10

if kan10 ==  4:
```

```
    print('갑')
elif kan10 == 5:
    print('을')
elif kan10 == 6:
    print('병')
elif kan10 == 7:
    print('정')
elif kan10 == 8:
    print('무')
elif kan10 == 9:
    print('기')
elif kan10 == 0:
    print('경')
elif kan10 == 1:
    print('신')
elif kan10 == 2:
    print('임')
elif kan10 == 3:
    print('계')

ji12 = int(this_year) % 12
if ji12 == 4:
    print('자')
elif ji12 == 5:
    print('축')
elif ji12 == 6:
    print('인')
elif ji12 == 7:
    print('묘')
elif ji12 == 8:
    print('진')
```

```python
    elif ji12 == 9:
        print('사')
    elif ji12 == 10:
        print('오')
    elif ji12 == 11:
        print('미')
    elif ji12 == 12:
        print('신')
    elif ji12 == 1:
        print('유')
    elif ji12 == 2:
        print('술')
    elif ji12 == 3:
        print('해')
```

```
Run:  Example13
C:\Users\Hokim\.conda\envs\cuda\python.exe "C:/My Data/Python Example/Example13/Example13.py"
올해가 몇년도 인가요?2021
올해는 :  2021
신
축

Process finished with exit code 0
```

실습 과제 반복문 1

파이썬의 print 함수를 사용할 때 개행 여부를 조절하여 활용할 경우는 아래와 같이 end 키워드를 사용하면 된다. 아래 사용법을 보면 개행을 하지 않을 경우에는 end=''와 같이 아무 문자도 입력을 하지 않으면 된다.

사용법

```
print('hello1', end='\n')
print('hello2', end='')
print('hello3', end='-')
```

```
hello1
hello2hello3-
Process finished with exit code 0
```

사용자로부터 삼각형을 몇 층으로 그릴지 입력을 받아서 print 함수와 end 키워드를 활용하여 아래 그림과 같이 '*' 문자를 활용하여 삼각형을 그리는 프로그램을 작성하시오.

[예제 14]

```
"""
    Example14.py
"""

pyramid_rows = input('삼각형을 몇 층까지 쌓을까요?')
for row in range(1, int(pyramid_rows)+1):
    for col in range(1, row+1):
        print('*', end='')
    print(end='\n')
```

```
Run:   Example14
C:\Users\Hokim\.conda\envs\cuda\python.exe "C:/My Data/Python Example/Example14/Example14.py"
삼각형을 몇층 까지 쌓을까요?5
*
**
***
****
*****

Process finished with exit code 0
```

실습 과제 | 반복문 2

이번 실습은 0~200까지 숫자를 증가하되 3씩 증가해서 3의 배수를 추출하고 이들의 합을 구하는 프로그램을 만들어보자.

[예제 15]

```
"""
    Example15.py
"""

idx, sum = 0, 0
for idx in range(0, 200, 3):
    sum = sum + idx

print("0에서 200까지의 3의 배수의 합 : %d" %sum)
```

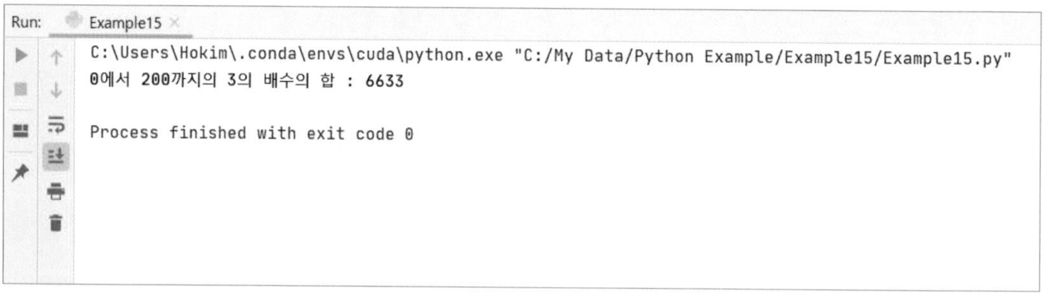

While 명령어를 쓸경우 3의 배수를 구하기 위해 3씩 더하는 코드를 추가해야 하지만 예제 15와 같이 range()문을 사용하면 쉽게 3의 배수를 구할 수 있다.

실습 과제 반복문 3

이번 실습은 문자열을 처리하는 기법을 익히는 과정이다. 먼저 사용자로부터 특정 문자열을 입력받고 이 문자열이 대칭인지를 확인하는 프로그램이다. 예를 들면 "abba" 문자열은 앞 부분의 ab와 뒷부분의 ba가 대칭이다.

그럼, 사용자로부터 입력된 단어의 문자 배열이 대칭인지 여부를 확인하여 대칭이면 0, 대칭이 아니면 1을 반환하는 코드를 작성해보자.

[예제 16]

```
"""
    Example16.py
"""

word = input('type a word :')
wordlength = len(word)

chk = -1
for i in range(wordlength):
    print(word[i])
    if word[i] != word[wordlength - i - 1]:
        chk = i
        break

if chk == -1:
    print("0")
```

```
Run:  Example16
C:\Users\Hokim\.conda\envs\cuda\python.exe "C:/My Data/Python Example/Example16/Example16.py"
type a word :abradacadarba
a
0
b
0
r
0
a
0
d
0
a
0
c
0
a
0
d
0
a
0
r
0
b
0
a
0

Process finished with exit code 0
```

실습 과제 반복문 4

난수(亂手)란 정의된 범위 내에서 무작위로 추출된 수를 일컫는다. 파이썬에서는 random 함수를 사용하여 난수를 구할 수 있다.

random.range(시작 범위 숫자, 끝 범위 숫자)를 이용하여 범위내의 숫자를 추출할 수 있다.

그럼, 0~9중에 10개의 난수를 생성한 뒤 생성된 난수에 존재하지 않는 숫자를 검토하여 출력하는 예제를 작성해보자.

[예제 17]

```
import random

num = []
for idx in range(0,10):
    num.append(random.randrange(0,10))

print("발생 난수 : ", num)

for idx in range(0,10):
    if idx not in num:
        print("발생 난수에 %d는 없습니다." %idx)
```

```
Run: Example17
C:\Users\Hokim\.conda\envs\cuda\python.exe "C:/My Data/Python Example/Example17/Example17.py"
발생 난수 :  [1, 9, 3, 1, 9, 9, 8, 7, 3, 2]
발생난수에 0 는 없습니다.
발생난수에 4 는 없습니다.
발생난수에 5 는 없습니다.
발생난수에 6 는 없습니다.

Process finished with exit code 0
```

실습 과제 반복문 5

이번 실습은 중첩 반복문에 대해 생각해보는 실습이다. 사용자로부터 숫자로 구성된 문자열을 입력받고 이를 아래 그림과 같이 한자리 숫자로 개별 추출하여 숫자만큼의 '$'를 출력하는 것이다.

```
숫자열을 입력하세요 : 4567
4 : $$$$
5 : $$$$$
6 : $$$$$$
7 : $$$$$$$
```

[예제 18]

```
"""
    Example18.py
    함수
"""

inStr = input("숫자열을 입력하세요 : ")
print("")


for idxStr in range(0, len(inStr)):
    ch = inStr[idxStr]
    numDollar = int(ch)
    strDollar = ""
    for idxDollar in range(0, numDollar):
        strDollar +="$"
```

```

    print(numDollar,":", strDollar)
```

Run: Example18

```
C:\Users\Hokim\.conda\envs\cuda\python.exe "C:/My Data/Python Example/Example18/Example18.py"
숫자열을 입력하세요 : 4567

4 : $$$$
5 : $$$$$
6 : $$$$$$
7 : $$$$$$$

Process finished with exit code 0
```

실습 과제 엘리베이터

15층 아파트에서 사용자가 서 있는 층과 가고 싶은 층을 선택하면, 사용자가 서 있는 층보다 높은지 낮은지 계산하여 높을 경우 올라가고 낮을 경우 내려가며 현재 층을 출력하는 예제를 작성하자.

1. 목적 층을 TargetFloor로 입력받는다.
2. 사용자가 현재 있는 층을 PresentFloor로 입력받는다.
3. 엘리베이터 시스템 설계 사항
   - 사용자는 1~15 이외의 층은 입력이 불가하다.
   - 사용자가 현재 엘리베이터가 서 있는 층을 선택하면 현재 층은 입력할 수 없다는 메시지를 출력한다.

[예제 19]

```
"""
    Example19.py
    엘리베이터
"""

TargetFloor = 0
PresentFloor = 1
while True:
    PresentFloor = int(input("현재 층을 입력하세요(1~15) : "))
    if PresentFloor < 1 or PresentFloor > 15 :
        print("현재 층은 1~15층 사이로 입력해야 합니다")
    else:
        break

```

```python
while True:
    TargetFloor = int(input("가고 싶은 층을 입력하세요(1~15) : "))
    if TargetFloor < 1 or TargetFloor > 15 or TargetFloor ==  PresentFloor:
        print("현재 층은 %d이며 가고 싶은 층은 현재 층을 제외하고 1~15층 사이
            로 입력해야 합니다" %PresentFloor)
    else:
        break

if PresentFloor > TargetFloor :
    inc = -1
else:
    inc = 1

for idx in range(PresentFloor,TargetFloor, inc):
    print("현재 층은 %d입니다.", %idx)
print("현재 층은 %d입니다.", %TargetFloor)
```

Run: Example19

```
C:\Users\Hokim\.conda\envs\cuda\python.exe "C:/My Data/Python Example/Example19/Example19.py"
현재 층을 입력하세요(1~15) : 6
가고싶은 층을 입력하세요(1~15) : 1
현재 층은 6입니다.
현재 층은 5입니다.
현재 층은 4입니다.
현재 층은 3입니다.
현재 층은 2입니다.
현재 층은 1입니다.

Process finished with exit code 0
```

04·· 함수

4.1 함수 기초

프로그램을 개발하다 보면 특정 기능을 수행하는 코드 부분을 여러 곳에서 사용하는 경우가 있다. 이 경우 특정 기능의 코드를 한곳에 모아 놓고 필요할 때마다 호출하여 사용할 수 있으며 이렇게 모아 놓은 것을 함수라고 한다. 함수는 프로그램 개발에 있어서 효율성이 향상되며 에러 발생 시 수정도 용이해진다. 파이썬은 def 명령어를 사용하여 함수를 정의한다. 사용법은 아래와 같다. def 명령어 다음에 함수명과 괄호 안에 매개변수들의 목록을 정의한다. 함수 내용들이 다음 줄에서 시작되고, 반드시 들여쓰기를 해야 한다. return 명령어는 함수로부터 값을 갖고 복귀하게 한다. return 다음에 변수 지정을 하지 않으면 None을 돌려준다. return 없이 함수 내용의 끝에 다다르면 역시 None을 돌려준다.

사용법

```
def 함수명(매개변수)
    함수 내용
    return 변수
```

[예제 20]

```
"""
    Example20.py
    함수
"""

def fibonacci(num):
    a, b = 0, 1
```

```
8      while a < num:
9          print(a)
10         a, b = b, a+b
11     print('end')
12
13 fibonacci(10)
```

```
Run: Example20
C:\Users\Hokim\.conda\envs\cuda\python.exe "C:/My Data/Python Example/Example20/Example20.py"
0
1
1
2
3
5
8
end

Process finished with exit code 0
```


위 예제 20은 피보나치 수열을 구하는 함수 fibonacci를 작성하고 호출하는 예제이다. 6번째 줄에서 함수명과 매개변수를 정의한다. 7번째 줄에서 11번째줄은 num 매개변수까지 루프를 돌며 피보나치 수열을 구하는 코드이다. 13번째 줄에서 매개변수로 10을 전달하고 fibonacci 함수를 호출한다. 아래 예제 21는 위 예제와 동일한 피보나치 수열을 구하지만 return 명령어를 통해 수열을 반환하는 부분이 달라졌다.

return을 통해 반환되는 리스트 series에 수열을 집어넣는 10번째 줄 코드를 살펴보면 series 리스트 객체의 메소드 append를 활용해 리스트에 요소를 추가한다.

[예제 21]

```
1  """
2      Example21.py
3      함수
4  """
5
6  def fibonacci(num):
```

```
    series = []
    a, b = 0, 1
    while a < num:
        series.append(a)
        a, b = b, a+b
    return series

result = fibonacci(10)
print(result)
```

```
Run:   Example21
C:\Users\Hokim\.conda\envs\cuda\python.exe "C:/My Data/Python Example/Example21/Example21.py"
[0, 1, 1, 2, 3, 5, 8]

Process finished with exit code 0
```

4.2 지역변수와 전역변수

변수는 변수의 활용 범위에 따라 지역(Local)변수와 전역(Global)변수로 나눌 수 있다. 지역변수는 한정된 지역에서만 사용하는 변수이고 전역변수는 프로그램 전체 영역에서 사용되는 변수이다.

아래 그림의 좌측 프로그램1 예시를 보면 함수A 안에서 선언된 Local_a 변수는 함수A 안에서는 자유롭게 사용이 가능하지만 함수A를 벗어나서 함수B 또는 메인 루틴에서는 사용이 불가능하다. 우측 프로그램2 예시의 경우 메인 루틴에서 선언된 Global_a 변수는 메인 루틴뿐 아니라 프로그램2 전체에서 자유롭게 활용이 가능하다. 따라서 함수A, 함수B 안에서도 활용이 가능하다.

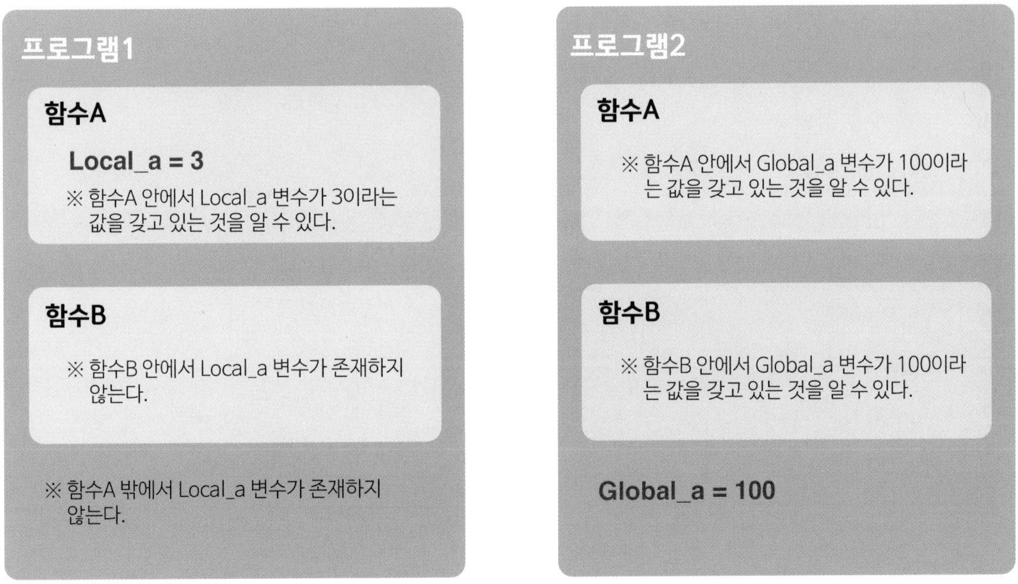

아래 예제 22는 지역변수와 전역변수를 동일 이름으로 선언을 하여 프로그램 내에서 지역변수와 전역변수가 어떻게 활용되는지를 보여 준다. 16번째 줄에서 varA는 전역변수로서 변숫값은 100을 지정하였다. 8번째 줄 varA는 지역변수로 10을 변숫값으로 지정하였다. 7번째 줄부터 9번째 줄까지 funcA() 함수로서 이 안에서 전역변수와 동일이름의 지역변수가 선언되고 사용되면 지역변수를 우선적으로 사용하게 된다. 본 예제에서는 변수의 활용 영역을 가시적으로 보여 주기 위해 동일 이름을 사용하지만, 실제 산업 현장에서 프로그래밍할 경우에는 동일 이름의 변수는 사용하는 것을 기피한다.

[예제 22]

```
1   """
2       Example22.py
3       지역변수, 전역변수
4   """
5
6   # 함수A 정의
7   def funcA() :
8       varA = 10
```

```
    print("funcA - varA : %d" %varA)

# 함수B 정의
def funcB() :
    print("funcB - varA : %d" %varA)

#메인루틴
varA = 100
funcA()
funcB()
```

```
Run: Example22
C:\Users\Hokim\.conda\envs\cuda\python.exe "C:/My Data/Python Example/Example22/Example22.py"
funcA - varA : 10
funcB - varA : 100
```

4.3 함수 응용

함수 매개변수가 여러 개일 경우 하나 또는 하나 이상 매개변수들의 기본값을 지정하여 호출한다. 아래 예제 23의 16번째 줄은 첫 번째 매개변수 Message의 값을 '아이디를 입력해 주세요'로 지정하고 나머지 times, allert 변수는 기본 지정 값을 사용하게 된다. 반면 18번째 줄은 Message, times, allert을 모두 지정하여 호출하는 코드이다.

8번째 줄의 in은 문자열, 리스트, 튜플과 같은 연속적인 자료 구조의 멤버를 확인하는 명령어이다.

[예제 23]

```
1  """
2      Example23.py
3  """
4
```

```python
def login(Message, times=3, allert='It\'s wrong ID'):
    while True:
        id = input(Message)
        if id in ('User', 'user', 'USER'):
            return True
        times = times - 1
        if times <= 0:
            print('invalid user response')
            return False
        print(allert)

login('아이디를 입력해주세요')
login('Input your ID', 2)
login('YOUR ID', 2, 'Try to type your ID')
```

```
Run:    Example23
C:\Users\Hokim\.conda\envs\cuda\python.exe "C:/My Data/Python Example/Example23/Example23.py"
아이디를 입력해주세요a
It's wrong ID
아이디를 입력해주세요a
It's wrong ID
아이디를 입력해주세요a
invalid user response
Input your IDa
It's wrong ID
Input your IDa
invalid user response
YOUR IDa
Try to type your ID
YOUR IDUser
```

4.4 리스트 포인터, 딕셔너리 포인터

리스트 포인터는 매개변수명 앞에 '*'를 붙인 것으로서 아래 예제의 5번째 줄과 13번째 줄을 보면 arguments 변수에 "It's yummy, sir.", "It's the rich coffee aroma, sir."을 넘겨주게 된다. 딕셔너리 포인터는 매개변수명 앞에 '**'를 붙인 것으로서 5번째 줄과 15번째 줄과 같이 barista="Michael Palin", client="Hong Gil Dong", cup="Ceramic Cup" 데이터를 호출 시에 keywords에 넘겨준다.

[예제 24]

```
1  """
2      Example24.py
3  """
4  
5  def caffe(beverage, *arguments, **keywords):
6      print("Do you have any", beverage, "?")
7      for arg in arguments:
8          print(arg)
9      print("*******")
10     for kw in keywords:
11         print(kw, ":", keywords[kw])
12 
13 caffe("coffee", "It's yummy, sir.",
14           "It's the rich coffee aroma, sir.",
15           barista="Michael Palin",
16           client="Hong Gil Dong",
17           cup="Ceramic Cup")
```

Run: Example24

```
C:\Users\Hokim\.conda\envs\cuda\python.exe "C:/My Data/Python Example/Example24/Example24.py"
Do you have any coffee ?
It's yummy, sir.
It's the rich coffee aroma, sir.
*******
barista : Michael Palin
client : Hong Gil Dong
cup : Ceramic Cup

Process finished with exit code 0
```

실습 과제 계산기

사칙 연산(덧셈, 뺄셈, 곱셈, 나눗셈)을 함수로 구현하고 이를 활용하는 예제를 작성하시오.

[예제 25]

```
"""
    Example25.py
"""

def plus(numA, numB) :
    return numA+numB

def minus(numA, numB) :
    return numA-numB

def multiply(numA, numB) :
    return numA*numB

def divide(numA, numB) :
    if numB ==0:
        print("0으로 나눌 수 없음")
        return -1
    else:
        return numA/numB

num1 = float(input("1번 숫자를 입력하세요 : "))
op = input("사칙연산자(+,-,*,/) 선택하세요 : ")
num2 = float(input("2번 숫자를 입력하세요 : "))

```

```python
if op == '+':
    print("%f + %f = %f" %(num1, num2, plus(num1, num2)))
elif op =='-':
    print("%f + %f = %f" % (num1, num2, minus(num1, num2)))
elif op == '*':
    print("%f + %f = %f" % (num1, num2, multiply(num1, num2)))
elif op == '/':
    print("%f + %f = %f" % (num1, num2, divide(num1, num2)))
else:
    print("연산자 오류")
```

```
Run: Example25
C:\Users\Hokim\.conda\envs\cuda\python.exe "C:/My Data/Python Example/Example25/Example25.py"
1번 숫자를 입력하세요 : 100
사칙연산자(+,-,*,/) 선택하세요 : *
2번 숫자를 입력하세요 : 33
100.000000 * 33.000000 = 3300.000000

Process finished with exit code 0
```

05 ·· 리스트, 튜플, 딕셔너리

5.1 리스트

파이썬에서 리스트 자료형은 매우 유용한 자료형으로서 아래 예제와 같이 선언하고 활용하면 된다. 활용 시 메소드들은 아래 표와 같으며, 리스트를 스택과 같이 요소를 추가(append()) 하고 빼는(pop()) 메소드도 있다.

사용법

```
선언    리스트명 = [요소1, 요소2, 요소3, ..... 요소n]
활용    리스트명.메소드명()
```

메소드	매개변수	설 명
append	x	리스트 끝에 요소 x를 추가
extend	iterable	리스트 끝에 iterable의 모든 요소를 추가
insert	i, x	리스트의 i 위치에 요소 x를 추가
remove	x	리스트에서 x값을 갖는 첫 번째 요소를 제거
pop	i	리스트의 i번째 요소를 삭제하고 반환
clear		리스트의 모든 요소를 삭제
index	x[, start[, end]]	리스트에서 x값과 동일한 요소의 인덱스를 반환, start와 end를 지정하면 start와 end 인덱스 안의 요소 중에 x값과 동일한 요소의 인덱스를 반환
count	x	리스트 요소 중에 x와 동일한 요소의 개수를 반환
sort	key=None, reverse=False	리스트 요소들을 정렬한다. reverse 옵션이 False이면 오름차순, True이면 내림차순, key 옵션은 정렬 기준을 지정할 수 있다. key =len과 같이 지정하면 요소의 길이가 정렬 기준이 된다.
reverse		리스트의 요소 순서를 거꾸로 만든다.
copy		리스트와 동일한 사본을 리턴

아래 예제 26의 5번째 줄은 리스트 city를 선언하는 예시이다. 8, 9번째 줄 count() 메소드는 해당 요소가 리스트 내에 몇 개가 있는지 개수를 반환하는 메소드이며, 10번째 줄 index() 메소드는 요소에 해당하는 인덱스 번호를 반환한다. 만약 리스트 내에 같은 요소가 여러 개 있을 경우 제일 앞에 위치한 요소의 인덱스 번호를 반환하게 된다. 11번째 줄 index는 리스트에서 지정된 순서 이후 같은 요소의 인덱스를 반환한다. 12번째 줄 reverse() 메소드는 해당 리스트 요소들의 순서를 역순으로 정리하는 메소드이며 14번째 줄 sort() 메소드는 오름차순으로 정렬한다. 여기서 리스트의 요소들이 같은 형(type)일 경우만 정렬이 이루어진다. 예를 들면 요소 중에 정수형 10이 포함되면 정렬되지 않는다. append()와 pop()은 리스트를 스택(last-in, first-out)으로 사용할 경우 사용하는 메소드이다.

[예제 26]

```
1   """
2       Example26.py
3   """
4   
5   city = ['seoul', 'incheon', 'daejeon', 'daegu','seoul','ulsan', 'busan', 'gwangju']
6   print('cities :', city)
7   print('Numer of \'seoul\' :',city.count('seoul'))
8   print('Numer of \'jeju\' :',city.count('jeju'))
9   print('index of \'seoul\' :',city.index('seoul'))
10  print('index of \'seoul\' after 2:',city.index('seoul', 2))
11  city.reverse()
12  print('reversed cities :', city)
13  city.sort()
14  print('sort cities :', city)city.append('jeju')
15  print('cities added jeju :', city)
16  print(city.pop())
17  print('cities :', city)
18  print(city.pop())
19  print('cities :', city)
```

```
Run:   Example26
C:\Users\Hokim\.conda\envs\cuda\python.exe "C:/My Data/Python Example/Example26/Example26.py"
cities : ['seoul', 'incheon', 'daejeon', 'daegu', 'seoul', 'ulsan', 'busan', 'gwangju']
Numer of 'seoul' : 2
Numer of 'jeju' : 0
index of 'seoul' : 0
index of 'seoul' after 2: 4
reversed cities : ['gwangju', 'busan', 'ulsan', 'seoul', 'daegu', 'daejeon', 'incheon', 'seoul']
sort cities : ['busan', 'daegu', 'daejeon', 'gwangju', 'incheon', 'seoul', 'seoul', 'ulsan']
cities added jeju : ['busan', 'daegu', 'daejeon', 'gwangju', 'incheon', 'seoul', 'seoul', 'ulsan', 'jeju']
jeju
cities : ['busan', 'daegu', 'daejeon', 'gwangju', 'incheon', 'seoul', 'seoul', 'ulsan']
ulsan
cities : ['busan', 'daegu', 'daejeon', 'gwangju', 'incheon', 'seoul', 'seoul']

Process finished with exit code 0
```

5.2 튜플

리스트와 튜플 자료형은 거의 같지만 사용에 있어서 2가지 점이 다르다. 먼저 리스트는 선언 시에 []를 사용하지만 튜플은 ()를 사용하며, 리스트는 요소의 생성, 삭제, 수정이 가능하지만 튜플은 수정이 불가하다.

아래 예제 27의 5, 6번째 줄과 같이 튜플을 정의할 수 있다. 정의된 튜플의 덧셈은 8번째 줄과 같이 할 경우 출력 화면의 첫줄과 같이 tuple1의 요소 뒤에 tuple2를 덧붙인다.

[예제 27]

```
1   """
2       Example27.py
3   """
4
5   tuple1 = ( 1, 2, 'three', 'four')
6   tuple2 = (5, 6)
7
8   tuple = tuple1 + tuple2
9   print(tuple)
10  print(tuple[2:])
11  tuple3 = tuple1*3
```

```
12    print(tuple3)
13    print(tuple2*3)
```

```
Run:  Example27
C:\Users\Hokim\.conda\envs\cuda\python.exe "C:/My Data/Python Example/Example27/Example27.py"
(1, 2, 'three', 'four', 5, 6)
('three', 'four', 5, 6)
(1, 2, 'three', 'four', 1, 2, 'three', 'four', 1, 2, 'three', 'four')
(5, 6, 5, 6, 5, 6)

Process finished with exit code 0
```

튜플의 요소는 0번부터 인덱싱되며 tuple[2]은 'three'를 지칭하게 된다. tuple[2:]와 같이 지정할 경우 2번 인덱스의 값을 포함하여 끝까지 출력한다. 11번째 줄과 같이 튜플의 곱셈은 출력 화면의 3번째 줄과 같이 tuple1의 값을 3번 반복하게 된다.

5.3 딕셔너리

파이썬 언어에서 자주 사용되는 자료 구조 중 하나인 딕셔너리는 키와 값으로 구성된다. 최근 사용되는 대부분의 언어도 이러한 대응 관계를 나타내는 자료 구조를 가지고 있으며, 이를 연관 배열(Associative array) 또는 해시(Hash)라고 지칭한다. 딕셔너리는 리스트나 튜플처럼 순차적으로(sequential) 해당 값을 접근하지 않고 키를 통해 값에 접근한다.

아래 예제에서 4번째 줄과 같이 {키1:값1, 키2:값2, 키3:값3, ... 키n:값n} 과 같이 선언된다. 기존 딕셔너리에 요소를 추가할 경우는 5번째 줄과 같이 딕셔너리명[키]=값 형태로 추가한다. 9번째 줄 in 명령어를 사용하면 딕셔너리 내 키의 유무를 확인이 가능하다.

[예제 28]

```
1    """
2        Example28.py
3    """
4
```

```python
BlackPink_heights = {'지수':162, '제니':163, '로제':168}
BlackPink_heights['리사'] = 166

print(BlackPink_heights)
print(BlackPink_heights['제니'])
print(list(BlackPink_heights))

if('아이린'in BlackPink_heights):
    print(BlackPink_heights['아이린'])
else:
    print('아이린은 블랙핑크에 없습니다.')
```

```
Run:    Example28
C:\Users\Hokim\.conda\envs\cuda\python.exe "C:/My Data/Python Example/Example28/Example28.py"
{'지수': 162, '제니': 163, '로제': 168, '리사': 166}
163
['지수', '제니', '로제', '리사']
아이린은 블랙핑크에 없습니다.

Process finished with exit code 0
```

실습 과제 딕셔너리

딕셔너리는 변수명={}로 선언이 가능하다. 또한, 6번째 줄과 같이 선언과 동시에 Key와 Value를 직접 초기화할 수 있으며, 8번째 줄과 같이 딕셔너리 변수 선언 후에도 아이템을 추가할 수 있다.

딕셔너리 내의 특정 Key를 삭제하고자 할 때는 10번째 줄과 같이 del을 사용하면 된다. 또한, 특정 Key에 대한 Value를 확인하고자 할 때는 12번째 줄과 같이 Key값으로 딕셔너리 내의 특정 아이템의 Value를 조회할 수 있다.

[예제 29]

```
1   """
2       Example29.py
3       딕셔너리
4   """
5
6   Dic = {"Java" : "A+", "Python":"B+", "C++":"F", "C#":"B"}
7
8   Dic["Java"] = "C"
9
10  del Dic["C++"]
11
12  print(Dic["Python"])
13  print(Dic.keys())
14  print(Dic.values())
15  print(Dic.items())
```

```
Run: Example29
C:\Users\Hokim\.conda\envs\cuda\python.exe "C:/My Data/Python Example/Example29/Example29.py"
B+
dict_keys(['Java', 'Python', 'C#'])
dict_values(['C', 'B+', 'B'])
dict_items([('Java', 'C'), ('Python', 'B+'), ('C#', 'B')])
```

06 · 클래스

6.1 객체(Object)

객체 지향 프로그래밍(영어: Object-Oriented Programming, OOP)은 프로그래밍 패러다임 중 하나이다. 객체 지향 프로그래밍은 프로그램을 여러 개의 독립된 단위, 즉 "객체"들의 모임으로 파악하고자 하는 것이다. 각각의 객체는 메시지를 주고받고, 데이터를 처리할 수 있다. 파이썬은 객체 지향 프로그래밍(Object Oriented Programming)을 지원하며 객체(Object)는 핵심 중의 핵심이다. 우리 주위에서 객체는 쉽게 찾아볼 수 있다. 눈에 보이는 것이나 개념상으로 존재하는 것은 모두가 객체가 된다. 심지어 생각, 날씨 정보 등도 객체가 된다.

실세계의 모든 객체는 상태와 행동으로 표현할 수 있다. 전화기 예를 보면, 전화기의 색은 상태가 되고, 전화기로 전화를 걸거나 전화를 끊거나 하는 등의 동작은 행동이 된다. 자동차를 예로 들면, 자동차의 속도 등이 상태가 될 수 있고, 속도를 올리거나 속도를 내리거나 브레이크를 밟거나 하는 등의 동작은 행동이 된다.

프로그래밍에선 상태는 데이터(변수)로, 행동은 메소드(함수)로 정의할 수 있다. 즉 객체는 데이터와 메소드로 구성된다. 붕어빵이라는 객체를 만들기 위해서는 붕어빵을 찍어낼 틀이 필요하다. 여기서 붕어빵을 찍어낼 틀은 클래스라고 할 수 있다. 붕어빵 틀(클래스)은 하나만 있어도 붕어빵(객체)을 여러 개 찍어낼 수 있다.

6.2 클래스(Class)

불필요한 부분은 과감히 없애 버리고 중요한 부분에만 중점을 두어 간략화한 것을 추상화라 한다. 아래 예제 30에서는 개를 추상화하여 클래스를 만들겠다.

예제 30의 5행에 클래스 Dog가 선언된다. 클래스 내에는 개의 이름을 나타내는 필드, 성별을 나타내는 필드, 주인 이름을 나타내는 필드와 짖는 행동에 대한 메소드가 존재한다. 13행은 Dog 클래스로 dog라는 객체를 생성한다. 14~16행은 멤버 변수(필드와 같은 말)의 값을 초기화시키고 dog 객체 내 Bark라는 메소드를 호출한다. 이후 개의 이름, 개의 성별, 개의 주인 이름을 출력하고 프로그램을 종료한다.

[예제 30]

```
1   """
2       Example30.py
3   """
4
5   class Dog:
6       name = "default"
7       gender = "Male/Female"
8       ownernames = "default name"
9
10      def Bark(self):
11          print(self.name + ': 멍멍')
12
13  dog = Dog()
14  dog.name = "멍멍이"
15  dog.gender = "암"
16  dog.ownernames = "형오"
17  dog.Bark()
```

```
Run:  Example30
C:\Users\Hokim\.conda\envs\cuda\python.exe "C:/My Data/Python Example/Example30/Example30.py"
멍멍이: 멍멍

Process finished with exit code 0
```

6.3 클래스의 상속(Class inheritance)

상속이란 '일정한 친족적 관계가 있는 사람 사이에 한쪽이 사망하거나 법률상의 원인이 발생하였을 때 재산적 또는 친족적 권리와 의무를 계승하는 제도'로 사전적인 의미를 가진다. 객체 지향 프로그래밍에선 부모 클래스와 자식 클래스가 있다. 부모 클래스는 자식 클래스의 기반이 된다 하여 기반 클래스로 부르기도 하고, 자식 클래스는 부모 클래스로부터 파생되었다고 해서 파생 클래스로도 부르기도 한다.

파이썬에서, 클래스를 다른 클래스로 상속하려면 클래스 이름 뒤 괄호 안에 상속하려는 클래스를 넣으면 된다. 부모 클래스를 상속받은 자식 클래스는 부모 클래스의 모든 멤버를 물려받게 된다.

Parent 클래스 내에는 num이라는 멤버 변수와 생성자가 있다. 11행은 Parent를 Child 클래스에 상속시킨다. Child 클래스는 Parent 클래스의 데이터와 메소드를 물려받는다. Child 클래스 내부 생성자와 DisplayValue라는 메소드가 존재한다. 생성자는 매개변수를 받고 물려받은 멤버 변수 num을 매개변수의 값으로 초기화시킨다. 18~19행에서 객체를 생성하고 DisplayValue 메소드를 호출한다.

DisplayValue 메소드는 num의 값을 출력한다. 그리고 생성자의 호출 순서는 부모 클래스의 생성자가 먼저 호출되고, 자식 클래스의 생성자는 나중에 호출된다. 반대로 소멸할 때에는 자식 클래스부터 소멸되고, 이어서 부모 소멸자가 소멸된다.

[예제 31]

```
1  """
2      Example31.py
3  """
4  
5  class Parent:
6      num = 0
7      def __init__(self, num):
8          self.num = num
9          print("The constructor of the parent class was called")
```

```python

class Child(Parent):
    def __init__(self, num):
        super().__init__(num)
        print("The constructor of the child class was called")
    def DisplayValue(self):
        print("num :", self.num)

cd = Child(20)
cd.DisplayValue()
```

```
Run: Example31
C:\Users\Hokim\.conda\envs\cuda\python.exe "C:/My Data/Python Example/Example31/Example31.py"
The constructor of the parent class was called
The constructor of the child class was called
num : 20

Process finished with exit code 0
```

6.4 프라퍼티(Property) 활용

객체 지향 프로그래밍을 할 경우 다음 예제와 같이 객체 내의 변수의 값을 가져오거나 저장하는 경우가 매번 발생한다. 여기서 값을 가져오는 메서드를 getter, 저장하는 메소드를 setter라고 지칭한다. 파이썬에서는 getter와 setter를 편리하게 사용할 수 있도록 @property를 제공한다.

[예제 32]

```python
"""
    Example32.py
    프라퍼티
"""
```

```
5
6   class Dog:
7       def __init__(self):
8           self.__ownernames = "default name"
9
10      def get_name(self):
11          return self.__ownernames
12
13      def set_name(self, name):
14          self.__ownernames = name
15
16  myDog = Dog()
17  myDog.set_name("Marry")
18  print(myDog.get_name())
```

```
Run: Example32
C:\Users\Hokim\.conda\envs\cuda\python.exe "C:/My Data/Python Example/Example32/Example32.py"
Marry

Process finished with exit code 0
```

위 예제의 10, 11번째 줄 함수가 getter에 해당하는 메소드이며 13, 14번째 줄 메소드가 setter에 해당하는 메소드이다. 17번째 줄은 setter를 호출하여 값을 Marry로 지정하고 18번째 줄에서는 getter를 호출하여 저장된 이름을 출력하고 있다.

[예제 33]

```
"""
    Example33
    프라퍼티
"""

class Dog:
```

```
7       def __init__(self):
8           self.__ownernames = "default name"
9
10      @property
11      def name(self):
12          return self.__ownernames
13
14      @name.setter
15      def name(self, name):
16          self.__ownernames = name
17
18
19  myDog = Dog()
20  myDog.name = "Marry"
21  print(myDog.name)
```

```
Run: Example33
C:\Users\Hokim\.conda\envs\cuda\python.exe "C:/My Data/Python Example/Example33/Example33.py"
Marry

Process finished with exit code 0
```

위 예제에서 getter, setter에 해당하는 11, 15번째 줄 메소드의 이름이 name으로 동일하다. 10번째 줄 getter에는 @property가 붙어 있고, 14번째 줄 setter에는 @name.setter가 붙어 있다. 여기서 getter 메소드에는 @property 데코레이터를 붙이고, setter 메소드에는 @메소드 이름.setter 데코레이터를 붙인다.

이와 같이 프라퍼티 데코레이터를 사용하면 메소드를 속성처럼 사용할 수 있다. 값을 저장할 때는 myDog.name = "Marry"처럼 메소드에 바로 값을 지정하면 되고, 값을 가져올 때도 myDog.name처럼 메소드에 바로 접근하면 된다.

07 ·· 파일 입출력

7.1 파일

컴퓨터 프로그래밍을 하다 보면 데이터를 보관해 두었다가 시간이 흐른 뒤 다시 데이터를 활용해야 하는 경우가 있다. 이런 경우에 데이터를 하드디스크와 같은 저장 장치에 보관하기 위해 파일을 만들어서 보관한다. 이 책에서는 파일 입출력 방식의 두 가지 축인 텍스트 파일 읽고 쓰기와 바이너리 파일 읽고 쓰기를 통해 파이썬에서 파일 입출력 처리를 다루어 본다.

7.2 파일 입출력

지금까지 키보드로부터 입력을 받고 모니터로 출력하기 위해 사용한 함수가 input(), print()였다면, 파일에서 데이터를 읽어오는 것은 read(), 파일에 데이터를 출력하는 것이 write() 함수이다. read(), write() 함수를 이용해서 파일 입출력을 하려면 먼저 파일을 지정하여 열고 작업해야 하며, 작업이 끝나면 파일을 닫아 주어야 한다.

파일 열기	- 작업 파일을 지정하고 열기 - 타 프로그램에서 동시에 작업을 방지 - 파일 포인터를 가져옴

▼

데이터 읽기 / 쓰기	- 지정된 파일에서 데이터를 가져오거나 신규 데이터를 저장

▼

파일 닫기	- 작업이 완료되면 파일을 닫음 - 타 프로그램에서 파일에 작업이 가능해짐

파일을 열기 위해서는 open 함수를 사용한다. open 함수의 첫 번째 인자는 파일의 경로를 나타내며, 두 번째 인자는 파일을 열 때 어떤 형태로 열지를 지정한다. 세 번째 인자는 버퍼링, 그리고 인코딩이다.

인자	설명
파일 경로	예시 : "C:/data.tx"
파일 열기 모드	'r' : 읽기용으로 열림 (기본값) 'w' : 쓰기 위해 열기, 파일을 먼저 자른다. 'x' : 베타적 생성을 위해 열리고, 이미 존재하는 경우 실패 'a' : 쓰기를 위해 열려 있고, 파일의 끝에 추가하는 경우 추가합니다. 'b' : 2진 모드(바이너리 모드) 't' : 텍스트 모드 (기본값) '+' : 업데이트 (읽기 및 쓰기)를 위한 디스크 파일 열기 'U' : 유니버설 개행 모드 (사용되지 않음)
버퍼링	buffering : 버퍼링 끄기는 0(바이너리 모드에서만 동작함), 라인 모드는 1 (텍스트 모드에서만 가능), 고정 크기로 보내려면 임의의 바이트 수를 1 보다 큰 양의 수로 입력, 기본 정책은 아래와 같습니다.
인코딩	encoding="utf-8"

아래 예제를 실행하기 전에 예제 코드가 저장되는 동일 폴더에 data.txt 파일을 메모장을 사용하여 저장한다.

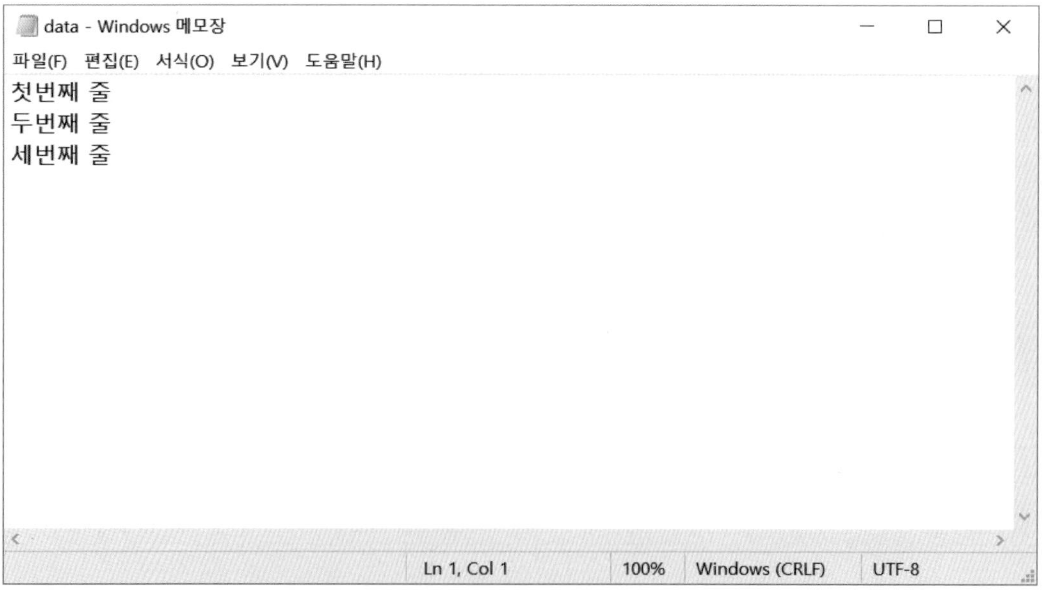

5번째 줄에서 파일을 오픈하고 fp 변수에 파일 포인터를 저장한다. 6번째 줄에서는 파일의 내용을 읽어서 str 변수에 저장한다. 8번째 줄에서는 파일을 닫고 프로그램을 종료한다.

[예제 34]

```
1  """
2      Example34.py
3  """
4
5  fp = open("./data.txt", "r", encoding="utf-8")
6  str = fp.read()
7  print(str, end="")
8  fp.close()
```

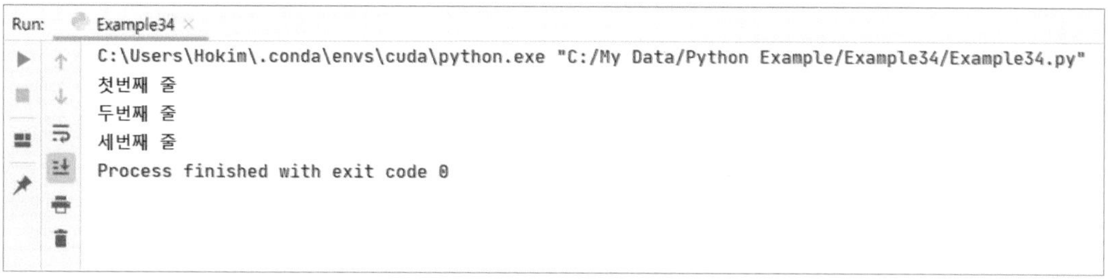

7.3 피클링(Picking)과 언피클링(Unpickling)

파이썬에서는 파일에 텍스트뿐만 아니라 객체도 저장이 가능하며 이를 피클링(Pickling)이라 한다. 반대로 파일에서 객체를 읽어 오는 과정은 언피클링(Unpicking)이라 한다. 아래 예제를 실행하면 코드가 저장된 경로에 12번째 줄에서 지정한 'data.dat'라는 파일이 생성된다. 이때 파일 생성 속성은 'wb'로서 저장 가능한 바이너리 파일이다. 파일에 객체를 저장하는 것은 13~16과 같이 pickle.dump 명령어를 사용하면 되고 객체와 파일 포인터를 지정만 해주면 된다.

[예제 35]

```
"""
    Example35.py
"""

import pickle

group_name = 'BlackPink'
member = 4
company = 'YG엔터테인먼트'
songs = {'마지막처럼': 2017, 'Kill this love': 2019, 'DDU-DU DDU-DU': 2020}

file = open('data.dat', 'wb')
pickle.dump(group_name, file)
pickle.dump(member, file)
pickle.dump(company, file)
pickle.dump(songs, file)

file.close()
```

앞서 피클링과 반대로 언피클링을 할 때는 아래 예제의 7번째 줄과 같이 파일을 열 때 모드를 'rb', 즉 읽기 가능한 바이너리 모드로 지정해야 한다. 그리고 데이터를 읽어올 때는 저장할 때와 동일한 순서로 8~11번째 줄과 같이 읽어 들여야 한다.

[예제 36]

```
1 """
2     Example36.py
3 """
4
```

```python
import pickle

file = open('data.dat', 'rb')
group_name= pickle.load(file)
member = pickle.load(file)
company = pickle.load(file)
songs = pickle.load(file)
file.close()

print(group_name)
print(member)
print(company)
print(songs)
```

Run: Example36

```
C:\Users\Hokim\.conda\envs\cuda\python.exe "C:/My Data/Python Example/Example36/Example36.py"
BlackPink
4
YG엔터테인먼트
{'마지막처럼': 2017, 'Kill this love': 2019, 'DDU-DU DDU-DU': 2020}

Process finished with exit code 0
```

실습 과제 파일에 내용 추가하기

파일을 열어서 내용을 출력한 다음, 추가 내용을 입력받아서 파일에 추가한 뒤 파일을 다시 읽어서 출력하는 예제를 작성하시오. 예제를 실행하기 전에 코드가 저장된 폴더에 data.txt 파일을 메모장을 이용하여 생성하시오.

[예제 37]

```
"""
    Example37.py
"""

print("1. 기존 파일 출력")
fp = open("./data.txt", "r", encoding="utf-8")
str1 = fp.read()
print(str1, end="")
fp.close()

print("2. 기존 파일 변경")
fp = open("./data.txt", "a", encoding="utf-8")
str2 = input("저장할 내용 : ")
if str2 != "":
    fp.writelines(str2+"\n")
else:
    print("저장할 내용이 없습니다.")
fp.close()

print("3. 변경 파일 출력")
fp = open("./data.txt", "r", encoding="utf-8")
str3 = fp.read()
```

```python
print(str3, end="")
fp.close()
```

```
Run:  Example37
C:\Users\Hokim\.conda\envs\cuda\python.exe "C:/My Data/Python Example/Example37/Example37.py"
1. 기존 파일 출력
111

2. 기존 파일 변경
저장할 내용 : 222
3. 변경 파일 출력
111

222

Process finished with exit code 0
```

실습 과제 파일 내용 분류

아래 그림과 같이 줄 단위로 사람 이름을 기록해 둔 텍스트 파일을 읽어 들여서 글자 수가 5개 이하인 이름과 글자 수를 출력하고 전체 이름 개수와 이름의 글자 수가 5개 이하인 개수를 출력하시오.

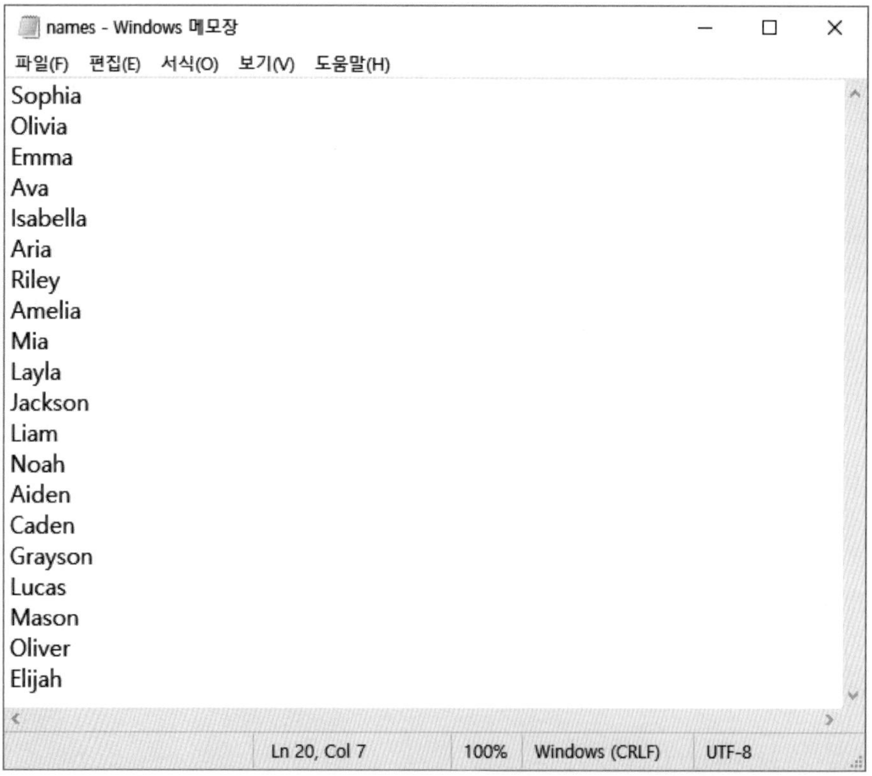

[예제 38]

```
"""
    Example38.py
"""

fp = open("./names.txt", "r", encoding="utf-8")
```

```python

names = fp.readlines()
fp.close()

total_names = 0
count = 0

for name in names:
    total_names += 1
    name_strip =name.strip('\n')
    if len(name_strip) <= 5:
        print("%s - len : %d" %(name_strip, len(name_strip)))
        count += 1

print("The total number of names is %d, and there are %d names with less than 5 letters." %(total_names, count))
```

Run: Example38

```
C:\Users\Hokim\.conda\envs\cuda\python.exe "C:/My Data/Python Example/Example38/Example38.py"
Emma - len : 4
Ava - len : 3
Aria - len : 4
Riley - len : 5
Mia - len : 3
Layla - len : 5
Liam - len : 4
Noah - len : 4
Aiden - len : 5
Caden - len : 5
Lucas - len : 5
Mason - len : 5
The total number of names is 20, and there are 12 names with less than 5 letters.

Process finished with exit code 0
```

08 소켓 프로그래밍

8.1 소켓(Socket)

소켓은 네트워크의 양 끝단을 추상화시킨 개념이다. 프로그래머 입장에서는 네트워크를 통해서 바이트 스트림을 주고받는 창구라 보면 된다.

8, 9번째 줄은 서버 주소로서 루프백(Loop Back) 주소인 127.0.0.1을 사용한다. 11번째 줄은 소켓 객체를 생성하는 코드이다. socket의 첫 번째 인자는 소켓의 주소 체계를 지정하는 것으로 IPv4는 AF_INET, IPv6는 AF_INET6을 사용한다. 다음 인자는 소켓 타입으로 스트림 소켓을 기본 타입으로 많이 사용한다.

[예제 39]

```
1   """
2       Example39.py
3       Server Socket
4   """
5
6   from socket import *
7
8   Host = '127.0.0.1'
9   Port = 9999
10
11  server_socket = socket(AF_INET, SOCK_STREAM)
12
13  server_socket.setsockopt(SOL_SOCKET, SO_REUSEADDR, 1)
14
15  server_socket.bind((Host, Port))
```

```python

print('listening...')
server_socket.listen()

client_socket, addr = server_socket.accept()

print('Connected by', addr)

while True:
    data = client_socket.recv(1024)

    if not data:
        break

    print('Received from', addr, data.decode())

    client_socket.sendall(data)

client_socket.close()
server_socket.close()
```

Run: Example39

```
C:\Users\Hokim\.conda\envs\cuda\python.exe "C:/My Data/Python Example/Example39/Example39.py"
listening...
Connected by ('127.0.0.1', 56259)
Received from ('127.0.0.1', 56259) 안녕

Process finished with exit code 0
```

[예제 40]

```python
"""
    Example40.py
    Client Socket
"""

from socket import *

Host = '127.0.0.1'
Port = 9999

client_socket = socket(AF_INET, SOCK_STREAM)

client_socket.connect((Host, Port))
client_socket.sendall('안녕'.encode())

data = client_socket.recv(1024)
print('Received from', repr(data.decode()))

client_socket.close()
```

Run: Example40

```
C:\Users\Hokim\.conda\envs\cuda\python.exe "C:/My Data/Python Example/Example40/Example40.py"
Received from '안녕'

Process finished with exit code 0
```

09 OpenCV 기초

9.1 OpenCV 개요

OpenCV는 라이브러리 중 하나로서 영상 처리 또는 영상 인식 관련 소스들을 모아 놓은 라이브러리이다. OpenCV가 나오기 전에는 Computer Vision 기술은 대학 또는 대학원의 심화과정 이상으로 수학적 접근이 필요한 학문이었다. 2000년에 글로벌 기업인 Intel에서 수학적인 기능들과 영상 처리 관련 기능들을 라이브러리로 제작하여 공개하였고, 이로 인해 2000년 이후에 영상 처리 분야가 급격하게 발전하였다.

OpenCV는 약 2,500개가 넘는 영상 처리 알고리즘이 최적화되어서 포함되어 있으며 이 알고리즘들을 활용하는 것에만 집중할 수 있도록 만들어져 있다. 상황에 따라서는 알고리즘을 직접 구현하는 것이 더 좋을 수도 있지만, 일반적인 경우 알고리즘에 대한 기초적인 이해만 가지고 OpenCV를 사용하는 것이 생산성이 높다.

9.2 OpenCV 설치

OpenCV 라이브러리는 pip 명령을 사용하여 설치를 진행하면 된다. 먼저 명령 프롬프트를 실행하고 파이썬이 설치된 디렉터리에서 pip을 업그레이드해 준다.

```
python -m pip install -upgrade pip
```

다음으로 opencv-python와 opencv-contrib-python을 설치한다.

```
명령 프롬프트

C:₩Users₩Hokim₩AppData₩Local₩Programs₩Python₩Python39>python -m pip install --upgrade pip
Collecting pip
  Downloading pip-21.0.1-py3-none-any.whl (1.5 MB)
     |████████████████████████████████| 1.5 MB 2.2 MB/s
Installing collected packages: pip
  Attempting uninstall: pip
    Found existing installation: pip 20.2.3
    Uninstalling pip-20.2.3:
      Successfully uninstalled pip-20.2.3
  WARNING: The scripts pip.exe, pip3.9.exe and pip3.exe are installed in 'C:₩Users₩Hokim₩AppData₩Local₩Programs₩Py
ython39₩Scripts' which is not on PATH.
  Consider adding this directory to PATH or, if you prefer to suppress this warning, use --no-warn-script-location
Successfully installed pip-21.0.1

C:₩Users₩Hokim₩AppData₩Local₩Programs₩Python₩Python39>python -m pip install opencv-python
Collecting opencv-python
  Downloading opencv_python-4.5.1.48-cp39-cp39-win_amd64.whl (34.9 MB)
     |████████████████████████████████| 34.9 MB 6.4 MB/s
Collecting numpy>=1.19.3
  Downloading numpy-1.20.1-cp39-cp39-win_amd64.whl (13.7 MB)
     |████████████████████████████████| 13.7 MB 6.8 MB/s
Installing collected packages: numpy, opencv-python
  WARNING: The script f2py.exe is installed in 'C:₩Users₩Hokim₩AppData₩Local₩Programs₩Python₩Python39₩Scripts' whi
not on PATH.
  Consider adding this directory to PATH or, if you prefer to suppress this warning, use --no-warn-script-location
Successfully installed numpy-1.20.1 opencv-python-4.5.1.48
```

```
C:₩Users₩Hokim₩AppData₩Local₩Programs₩Python₩Python39>python -m pip install opencv-contrib-python
Collecting opencv-contrib-python
  Downloading opencv_contrib_python-4.5.1.48-cp39-cp39-win_amd64.whl (41.2 MB)
     |████████████████████████████████| 41.2 MB 6.4 MB/s
Requirement already satisfied: numpy>=1.19.3 in c:₩users₩hokim₩appdata₩local₩programs₩python₩python39₩lib₩site-packag
(from opencv-contrib-python) (1.20.1)
Installing collected packages: opencv-contrib-python
Successfully installed opencv-contrib-python-4.5.1.48

C:₩Users₩Hokim₩AppData₩Local₩Programs₩Python₩Python39>
```

이상 없이 설치된 경우에는 파이썬을 실행하여 다음과 같이 OpenCV 버전을 확인할 수 있다.

```
C:₩Users₩Hokim₩AppData₩Local₩Programs₩Python₩Python39>python
Python 3.9.1 (tags/v3.9.1:1e5d33e, Dec  7 2020, 17:08:21) [MSC v.1927 64 bit (AMD64)] on win32
Type "help", "copyright", "credits" or "license" for more information.
>>> import cv2
>>> cv2.__version__
'4.5.1'
>>>
```

9.3 OpenCV 응용 프로젝트 만들기

Pycharm을 실행하고 신규 프로젝트 생성에서 Project Interpreter 설정을 Existing Interpreter로 설정하고 파이썬 설치 경로를 지정하면 다음 그림과 같이 파이썬 버전과 경로가 표시된다.

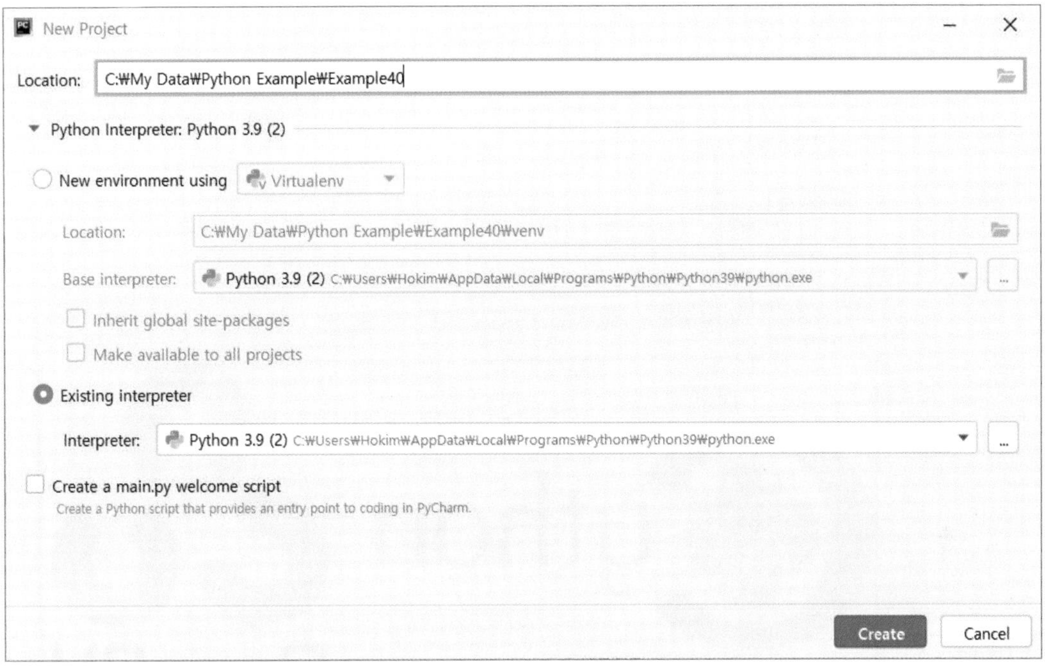

생성된 프로젝트에 파이썬 file을 추가하여 아래와 같이 코드를 입력한다. 실행 전에 5번째 줄의 image.PNG 파일명과 같은 그림 파일을 프로젝트 경로에 복사해 둔다. 코드의 내용은 파일을 로드하고 image 타이틀을 가지는 새로운 윈도우를 생성한 뒤 image.PNG 파일을 출력하는 내용이다.

[예제 41]

```
1  """
2      Example41.py
3  """
4  
5  import cv2
6  img = cv2.imread("image.PNG", 1)
7  cv2.namedWindow("image")
8  cv2.imshow("image", img)
9  cv2.waitKey()
```

9.4 OpenCV 기본 자료형

OpenCV 라이브러리는 사용 목적 자체가 영상을 다루는 만큼 "영상" 또는 "이미지"에 대한 자료형이 필요하다. 과거 OpenCV에서는 C언어의 구조체를 기반으로 한 IplImage를 사용하였으나 메모리 할당(Allocation)과 해제(free)를 개발자가 직접 해주어야 하는 번거로움으로 인해 객체(Class) 기반의 Mat 자료형을 만들었다. Mat은 Matrix의 단어에서 따온 변수명으로 실제 행렬 연산에 활용도 가능하다.

Mat의 멤버 변수로 uchr* 타입의 data 포인터 변수가 있는데 이 변수는 Matrix의 Data를 가리키는 포인터 변수이다. 영상 데이터는 3가지 색상(붉은색, 초록색, 파란색) 채널로 구성되어 있으며, RGB 채널의 픽셀별 데이터는 다음 그림의 오른쪽과 같이 붉은색, 초록색, 파란색이 반복되면 저장된다.

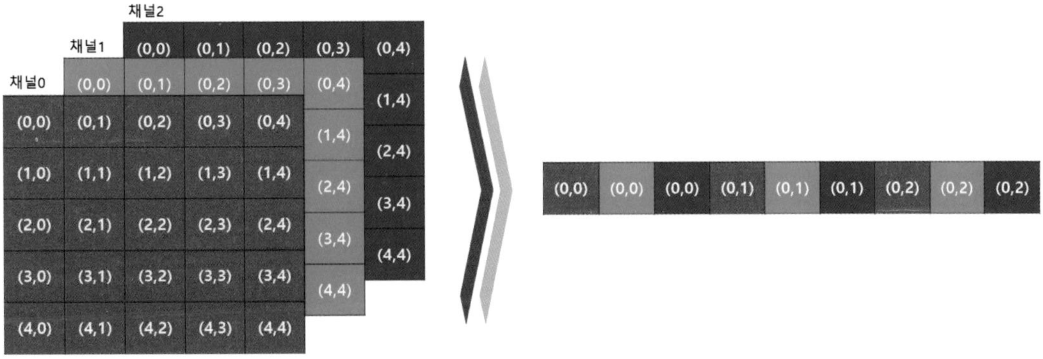

OpenCV의 Mat 자료형 외에도 numpy array를 통해서 영상의 픽셀별 제어가 가능하다. 7번째 줄의 imread 함수를 통해 반환되는 img는 numpy의 array 타입이며 array의 원소, 즉 픽셀을 제어하기 위해서는 itemset을 사용할 수 있다.

[예제 42]

```
1  """
2      Example42.py
3  """
4  import numpy as np
5  import cv2 as cv
6  
7  img = cv.imread('image.png')
8  
9  height = img.shape[0]
10 width = img.shape[1]
11 
12 for y inrange(0, height):
13     img.itemset(y, int(width /2), 0, 0)
14     img.itemset(y, int(width /2), 1, 0)
15     img.itemset(y, int(width /2), 2, 255)
16 for x inrange(0, width):
17     img.itemset(int(height /2), x, 0, 255)
```

```
    img.itemset(int(height /2), x, 1, 0)
    img.itemset(int(height /2), x, 2, 0)

cv.imshow('win', img)

cv.waitKey(0)
```

10 OpenCV 응용

10.1 동영상 파일 활용하기

OpenCV 라이브러리에서는 다양한 포맷의 입력 데이터를 활용할 수 있다. 그중에서도 가장 많이 활용되는 입력 포맷으로 동영상 파일과 USB 카메라가 대표적이다. 아래 예제는 동영상 파일을 활용하는 예제이다. 7번째 줄에서는 'vtest.avi' 비디오 파일을 오픈하고 cap 변수에 비디오 파일 포인터를 지정해 둔다. 10번째 줄에서는 비디오 파일이 열려 있을 동안 반복한다. 11번째 줄에서 read 함수를 이용하여 화면을 가져온다.

[예제 43]

```
1   """
2       Example43.py
3   """
4
5   import cv2
6
7   cap = cv2.VideoCapture("vtest.avi")
8   #cap = cv2.VideoCapture(0) # Default camera
9
10  while cap.isOpened():
11      success, frame = cap.read()
12      if success:
13          cv2.imshow('image', frame)
14
15          key = cv2.waitKey(1) & 0xFF
16          if(key == 27):
```

```
17                break
18        else:
19            break
20
21    cap.release()
22    cv2.destroyAllWindows()
```

위와 같이 비디오 파일을 사용할 때는 항상 파일을 열어서 사용하고 사용이 끝난 뒤에 닫아 주어야 한다. 7번째 줄에서 열었으면 21번째 줄에서 이를 닫아 주어야만 이후에 다른 프로그램에서 파일 사용이 가능해진다.

10.2 마우스 이벤트 활용하기

마우스 이벤트 활용을 위해 OpenCV에서는 setMouseCallback 함수를 제공하고 있다. 마우스 버튼 클릭, 드래그 등 마우스 입력 장치 관련 이벤트가 발생할 경우 처리할 함수를 아래 예제와 같이 CallBack 함수로 정의를 해두고, 이 함수를 지정하면 손쉽게 마우스 이벤트 활용이 가능하다.

[예제 44]

```
"""
   Example44.py
"""

import cv2
import numpy as np

def draw_rectangle(event, x, y, flags, param):
    if event == cv2.EVENT_LBUTTONDBLCLK:
        cv2.rectangle(img, (x,y), (x+50,y+50), (255,0,0), -1)

img = np.zeros((512,512,3), np.uint8)
cv2.namedWindow('image')
cv2.setMouseCallback('image', draw_rectangle)

while(1):
    cv2.imshow('image', img)
    if cv2.waitKey(1) & 0xFF == 27:
        break

cv2.destroyAllWindows()
```

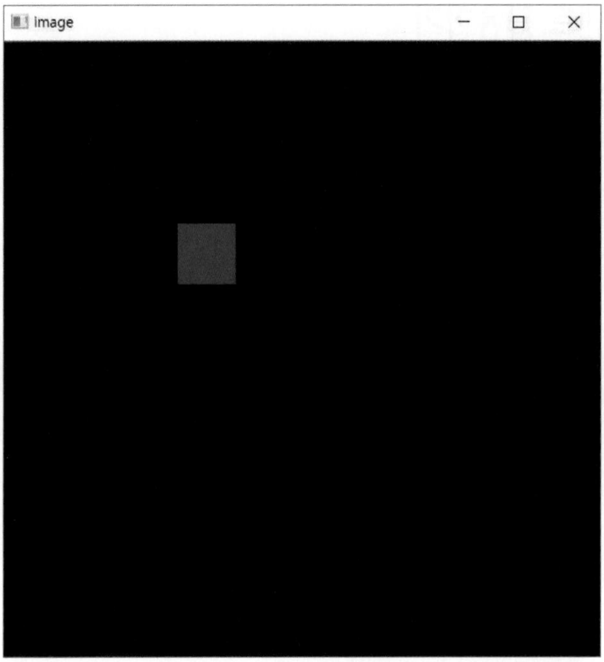

10.3 카메라 영상에 시간 출력

OpenCV에서는 외부 카메라 입력을 손쉽게 구현할 수 있다. OpenCV에서는 VideoCapture 클래스를 사용하여 WebCam 및 IP Camera를 연결할 수 있다. 아래 예제는 내부 카메라에서의 영상을 캡처하고 영상 위에 현재 시간을 출력하고 이를 윈도우에 출력하는 예제이다.

[예제 45]

```
"""
    Example45.py
"""
import cv2
import time

CAMERA_ID = 0

```

```
9  cam = cv2.VideoCapture(CAMERA_ID)
10 if cam.isOpened() == False:
11     print
12     'Can not open the Camera(%d)' % (CAMERA_ID)
13     exit()
14 
15 cv2.namedWindow('CAM_Window')
16 
17 while (True):
18     ret, frame = cam.read()
19 
20     now = time.localtime()
21     str= "%d. %d. %d. %d:%d:%d" %(now.tm_year, now.tm_mon, now.tm_mday, now.tm_hour, now.tm_min, now.tm_sec)
22 
23     cv2.putText(frame, str, (0, 100), cv2.FONT_HERSHEY_SCRIPT_SIMPLEX, 1, (255, 255, 0))
24 
25     cv2.imshow('CAM_Window', frame)
26 
27     if cv2.waitKey(10) >= 0:
28         break
29 
30 cam.release()
31 cv2.destroyWindow('CAM_Window')
```

9번째 줄의 VideoCapture에 동영상 파일명 대신에 카메라 번호를 입력하면 카메라 입력을 캡처하여 출력이 가능하다. 앞선 동영상 예제와 마찬가지로 18번째 줄과 같이 read() 메소드를 이용하여 영상을 캡처할 수 있다. 20번째 줄의 time 클래스의 localtime을 사용하여 시스템의 현재 시간을 확인할 수 있다. 21번째 줄에서 시간을 문자열로 변경하고 24번째 줄에서 출력이 가능하다.

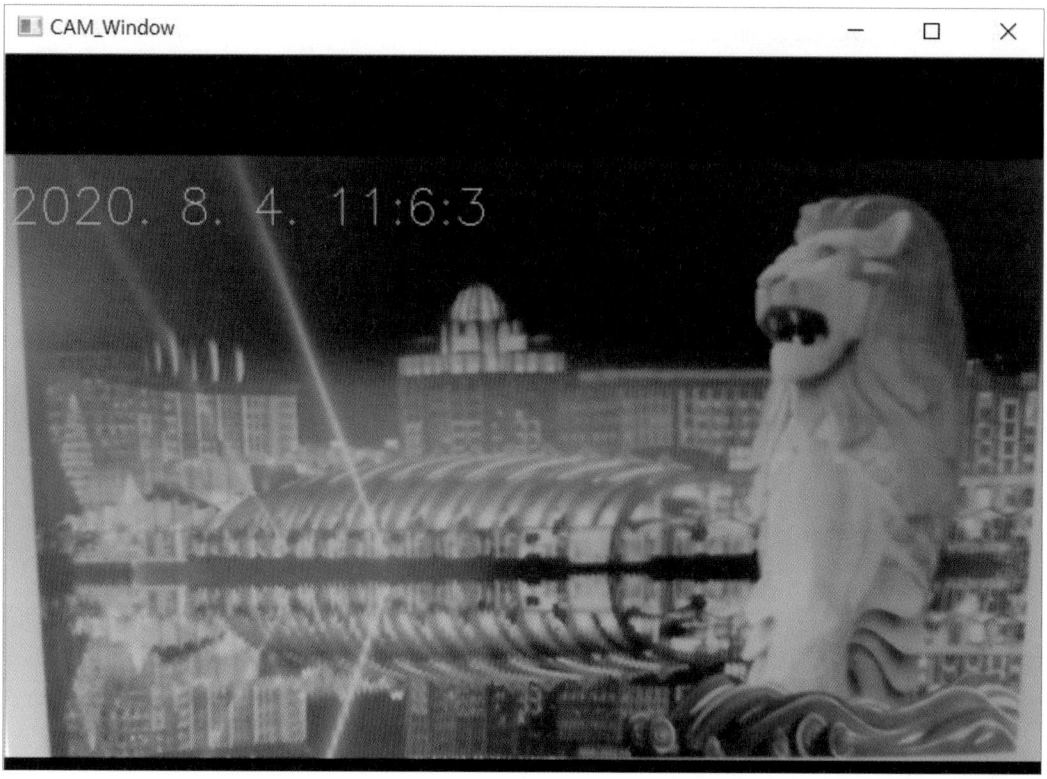

10.4 TrackBar 예제

윈도우 프로그래밍을 하다 보면 트랙바 클래스를 활용할 경우가 있다. 특히 포토샵과 같이 제한된 범위의 값을 조절하면서 이미지의 변화 상태를 직관적으로 확인이 필요할 경우 주로 사용된다. OpenCV에서는 이와 같은 트랙바를 매우 편하게 활용할 수 있도록 제공한다.

12번째 줄에서 윈도우를 생성하고 13~15번째 줄에서 트랙바를 생성하면서 생성될 윈도우를 지정한다. 마우스 예제에서 언급한 것과 같이 트랙바도 값의 변화가 있을 때마다 콜백 함수를 지정하여 처리가 가능하다. 아래 예제에서는 콜백 함수가 필요 없기에 9~10번째 줄에 아무것도 수행하지 않는 함수를 만들고 이를 지정해 주었다. 17~19번째 줄에 트랙바 생성 시 초깃값을 지정한다.

24~26번째 줄에서 트랙바의 현재값을 읽어오고 이를 28번째 줄에서 적용하여 사각형의 색상을 변화시켜 준다.

[예제 46]

```
"""
    Example46.py
    트랙바
"""

import cv2
import numpy as np

def nothing():
    pass

cv2.namedWindow('RGB track bar')
cv2.createTrackbar('Red color', 'RGB track bar', 0, 255, nothing)
cv2.createTrackbar('Green color', 'RGB track bar', 0, 255, nothing)
cv2.createTrackbar('Blue color', 'RGB track bar', 0, 255, nothing)

cv2.setTrackbarPos('Red color', 'RGB track bar', 125)
cv2.setTrackbarPos('Green color', 'RGB track bar', 125)
cv2.setTrackbarPos('Blue color', 'RGB track bar', 125)

img = np.zeros((512,512,3), np.uint8)

while(1):
    redval = cv2.getTrackbarPos('Red color', 'RGB track bar')
    greenval = cv2.getTrackbarPos('Green color', 'RGB track bar')
    blueval = cv2.getTrackbarPos('Blue color', 'RGB track bar')

    cv2.rectangle(img, (0,0), (512,512), (blueval, greenval, redval), -1)
    cv2.imshow('RGB track bar', img)
    if cv2.waitKey(1) & 0xFF == 27:
```

```
        break

cv2.destroyAllWindows()
```

10.5 아날로그 시계 예제

프로그램을 배우다 보면 아날로그 시계 구현 예제가 종종 나오게 된다. 아날로그 시계 예제는 시스템의 현재 시각을 가져오는 시스템 함수의 용법과 선, 원을 그리는 그래픽 함수 그리고 좌표 변환에 대한 복합적인 학습이 가능하기 때문이다.

예제를 작성하기 전에 시계의 시침이 가리키는 위치가 (x,y)이고 시침의 길이가 l이라 하면 아래 그림과 같이 삼각함수를 사용하여 그릴 수 있다. 예제에서는 시침의 이동량을 육십분법으로 계산하고 삼각함수에 입력할 때는 호도법으로 변환하였다.

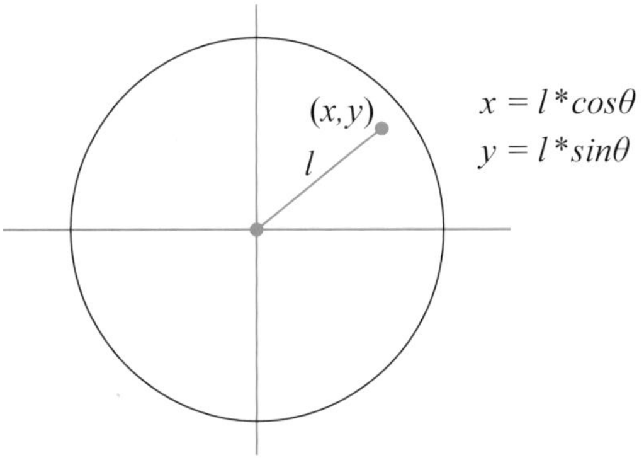

삼각함수를 사용하기 위해서는 math 모듈을 임포트 해야 한다. 또한, *cos*, *sin* 함수에 입력되는 값은 0~2π 사이의 값이 되어야 한다.

[예제 47]

```
"""
    Example47.py
"""
import cv2
import time
from math import *
import numpy as np

cv2.namedWindow('Clock')

img = np.zeros((512,512,3), np.uint8)
while (True):
    cv2.circle(img, (256,256), 250, (125,125,125), -1)

    now = time.localtime()
    hour = now.tm_hour
    min = now.tm_min

```

```
    if hour > 12:
        hour -= 12

    Ang_Min = min * 6
    Ang_Hour = hour*30+min*0.5

    if(hour == 12 or 1<=hour<=2 ):
        x_pos = int(150.0*cos((90.0-Ang_Hour)*3.141592/180))
        y_pos = int(150.0*sin((90.0-Ang_Hour)*3.141592/180))
        cv2.line(img, (256, 256), (256 + x_pos, 256 - y_pos), (0, 255, 0), 6)
    elif(3 <= hour <= 5 ):
        x_pos = int(150.0*cos((Ang_Hour-90.0)*3.141592/180))
        y_pos = int(150.0*sin((Ang_Hour-90.0)*3.141592/180))
        cv2.line(img, (256, 256), (256 + x_pos, 256 + y_pos), (0, 255, 0), 6)
    elif (6 <= hour <= 8):
        x_pos = int(150.0*sin((Ang_Hour-180.0)*3.141592/180))
        y_pos = int(150.0*cos((Ang_Hour-180.0)*3.141592/180))
        cv2.line(img, (256, 256), (256 - x_pos, 256 + y_pos), (0, 255, 0), 6)
    elif (9 <= hour <= 11):
        x_pos = int(150.0 * cos((Ang_Hour - 270.0) * 3.141592 / 180))
        y_pos = int(150.0 * sin((Ang_Hour - 270.0) * 3.141592 / 180))
        cv2.line(img, (256, 256), (256 - x_pos, 256 - y_pos), (0, 255, 0), 6)

    if(min == 00 or 1<=hour<=14 ):
        x_pos = int(200.0*cos((90.0-Ang_Min)*3.141592/180))
        y_pos = int(200.0*sin((90.0-Ang_Min)*3.141592/180))
        cv2.line(img, (256, 256), (256 + x_pos, 256 - y_pos), (255,0,0), 1)
    elif(15 <= hour <= 29 ):
        x_pos = int(200.0 * cos((Ang_Min-90.0) * 3.141592 / 180))
        y_pos = int(200.0 * sin((Ang_Min-90.0) * 3.141592 / 180))
        cv2.line(img, (256, 256), (256 + x_pos, 256 + y_pos), (255,0,0), 1)
```

```
50      elif (30 <= hour <= 44):
51          x_pos = int(200.0*sin((Ang_Min-180.0)*3.141592/180))
52          y_pos = int(200.0*cos((Ang_Min-180.0)*3.141592/180))
53          cv2.line(img, (256, 256), (256 - x_pos, 256 + y_pos), (255,0,0), 1)
54      elif (45 <= hour <= 59):
55          x_pos = int(200.0 * cos((Ang_Min - 270.0) * 3.141592 / 180))
56          y_pos = int(200.0 * sin((Ang_Min - 270.0) * 3.141592 / 180))
57          cv2.line(img, (256, 256), (256 - x_pos, 256 - y_pos), (255,0,0), 1)
58
59      cv2.imshow('Clock', img)
60      if cv2.waitKey(10) >= 0:
61          break
62
63  cv2.destroyWindow('Clock')
```

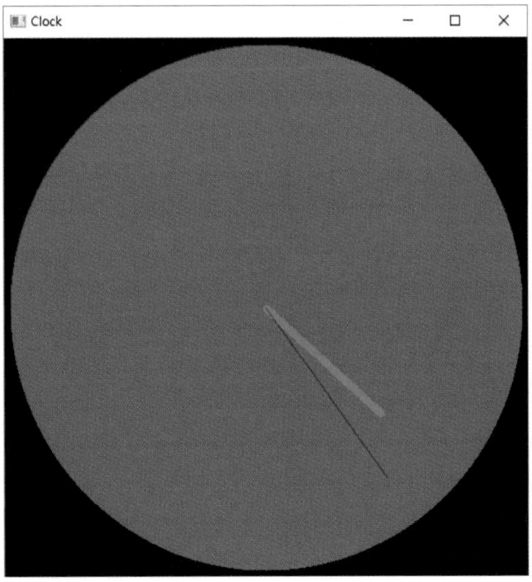

22, 23번째 줄은 시침과 분침이 0시부터 이루는 각을 계산한다. 25~40번째 줄은 시침이 가리키는 좌표를 계산하여 중심으로부터 시침을 그리는 코드이다. 42~57번째 줄은 분침이 가리키는 좌표를 계산하고 분침을 그린다.

10.6 자유 낙하 운동

자유 낙하 운동은 공기 저항과 모든 마찰을 무시하고 공중에 정지한 물체를 떨어뜨려 물체가 중력에 의해서만 낙하하는 등가속도 운동을 말한다. 중력에 의해서만 낙하하므로 가속도는 중력가속도($9.8m/s^2$)와 같으며 초기 속도 v_0는 0이다.

$$v_0=0,\ s=\frac{1}{2}gt^2$$

위 식을 근간으로 하여 공이 아래로 자유 낙하하는 예제를 작성하면 아래와 같다. 공의 위치가 윈도우를 벗어나면 더 이상 계산을 하지 않기 위해서 18번째 줄에 공의 위치를 검토하는 코드를 넣었다. 21번째 줄에서는 시간이 증가함에 따라 위치를 계산하는 코드이다.

[예제 48]

```
1  """
2      Example48.py
3      Free Fall
4  """
5  
6  import cv2
7  from math import *
8  import numpy as np
9  
10 cv2.namedWindow('Free Fall')
11 
12 width = 512
13 height = 960
14 img = np.zeros((height,width,3), np.uint8)
15 
16 time = ypos = 0
17 while (True):
18     if (ypos+30) < height:
```

```
        cv2.circle(img, (256, 30+ypos), 10, (255, 0, 0), -1)
        time +=1
        ypos = int((9.8 * time**2)/2)
        print(time,':', ypos)
    cv2.imshow('Clock', img)
    if cv2.waitKey(100) >= 0:
        break

cv2.destroyWindow('Free Fall')
```

실행하면 위와 같은 윈도우가 생성되며 파란색 공이 시간이 흐름에 따라 가속도가 붙어서 빨리 떨어지는 것을 확인할 수 있다.

10.7 포물선 운동

앞선 예제에서는 수직 낙하 운동에 대해 물체의 질량과 중력가속도를 이용해서 코딩을 해 보았다. 이번 실습 예제는 비스듬히 던진 물체의 포물선 운동에 대한 프로그램을 만들어 보겠다. 물체를 던지는 각도를 θ라 할 때 x축 속도는 v_x이고, y축 이동속도는 v_y이다. v_0는 초기 이동속도, g는 중력 가속도, t는 시간인 된다.

$$v_x = v_0 \cos\theta \qquad v_y = v_0 \sin\theta - gt$$

t초 후의 물체 위치는 아래와 같다.

$$x = v_0 \cos\theta \times t \qquad y = v_0 \sin\theta \times t - \frac{1}{2}gt^2$$

[예제 49]

```
"""
    Example49.py
    parabolic motion
"""

import cv2
from math import *
import numpy as np

init_Vel = float(input("초기 속도를 입력하세요 : "))
init_Ang = float(input("초기 각도를 입력하세요 : "))
cv2.namedWindow('Parabolic Motion')

width = 960
height = 960
img = np.zeros((height,width,3), np.uint8)

time = xpos = ypos = 0
```

```
init_posx=30
init_posy=250
Vel_x = int(init_Vel*cos(init_Ang*pi/180.0))
Vel_y = int(-1.0*init_Vel*sin(init_Ang*pi/180.0))

while (True):
    if (ypos+30) < height:

        cv2.circle(img, (init_posx+xpos, init_posy+ypos), 10, (255, 0, 0), -1)
        time += 0.2
        Vel_y = int(Vel_y + 9.8 * time)

        xpos = int(xpos + Vel_x*time)
        ypos = ypos + int(Vel_y*time) + int((9.8 * time**2)/2)
        print(time,':', xpos, ypos)

    cv2.imshow('Parabolic Motion', img)

    if cv2.waitKey(100) >= 0:
        break

cv2.destroyWindow('Parabolic Motion')
```

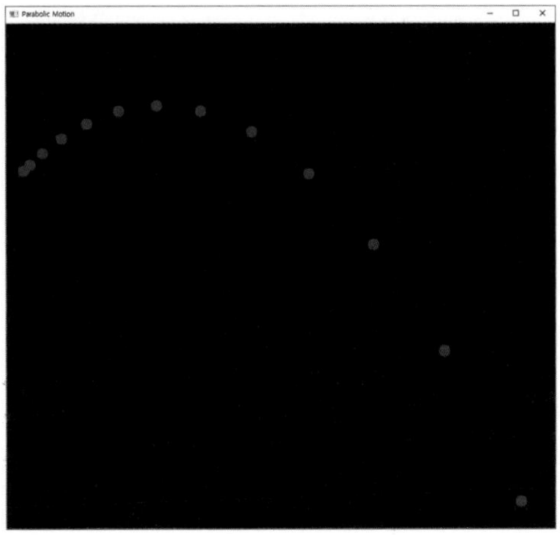

```
Run:   Example49 ×
C:\Users\hokim\.conda\envs\pytorch\python.exe "D:/Python Projects/Example49/Example49.py"
초기 속도를 입력하세요 : 80
초기 각도를 입력하세요 : 45
0.2 : 11 -10
0.4 : 33 -30
0.6000000000000001 : 66 -55
0.8 : 110 -80
1.0 : 166 -102
1.2 : 233 -111
1.4 : 311 -102
1.5999999999999999 : 400 -67
1.7999999999999998 : 500 5
1.9999999999999998 : 612 125
2.1999999999999997 : 735 306
2.4 : 869 562
2.6 : 1014 907
2.8000000000000003 : 1170 1356

Process finished with exit code 0
```

10.8 피보나치 수열 그래픽

앞선 예제에서도 피보나치 수열을 언급했었는데, 이번 실습에서는 피보나치 수열을 이용하여 황금비율을 가지는 그래픽을 그려보도록 하자

여기서는 예제 50의 36줄과 같이 곡선을 그리기 위해 OpenCV의 ellipse함수를 사용한다. 피보나치 수는 23줄의 변수 b로서 곡선을 그리기 위한 좌표를 계산할때 사용된다.

[예제 50]

```
1  """
2      Example50.py
3      Pibonacci graphic
4  """
5
6  import cv2
7  from math import *
8  import numpy as np
9
```

```
cv2.namedWindow('Pibonacci graphic')

width = 960
height = 960
img = np.zeros((height,width,3), np.uint8)

init_posx=480
init_posy=480
drawing_unit = 5
idx, a, b = 0, 0, 1

while a<70:
    cv2.imshow('Pibonacci graphicn', img)
    a, b = b, a + b
    Begin_Ang = int(90*(idx%4))
    End_Ang = int(90*(idx%4+1))
    if Begin_Ang == 0:
        init_posx -= (b - a) * drawing_unit
    elif Begin_Ang == 90:
        init_posy -= (b - a) * drawing_unit
    elif Begin_Ang == 180:
        init_posx += (b - a) * drawing_unit
    elif Begin_Ang == 270:
        init_posy += (b - a) * drawing_unit

    print(idx,'turn : ', 'Pibonacci number -', b)
    cv2.ellipse(img, (init_posx, init_posy), (b*drawing_unit,b*drawing_unit),
                0, Begin_Ang,End_Ang, (0,255,0), 2)
    idx+=1

while (True):
    if cv2.waitKey(10) >= 0:
```

```
            break

cv2.destroyWindow('Pibonacci graphic')
```

```
Run:    Example50
C:\Users\hokim\.conda\envs\pytorch\python.exe "D:/Python Projects/Example50/Example50.py"
0 turn :  Pibonacci number - 1
1 turn :  Pibonacci number - 2
2 turn :  Pibonacci number - 3
3 turn :  Pibonacci number - 5
4 turn :  Pibonacci number - 8
5 turn :  Pibonacci number - 13
6 turn :  Pibonacci number - 21
7 turn :  Pibonacci number - 34
8 turn :  Pibonacci number - 55
9 turn :  Pibonacci number - 89
10 turn :  Pibonacci number - 144

Process finished with exit code 0
```

II 컴퓨터 비전

01. 영상 종류

02. 영상 처리 기본 연산

03. 히스토그램 분석

04. 필터링

05. 기하학 변환

06. 에지 검출

06. 컴퓨터 비전

단원 소개

영상 처리는 밝기 또는 색상 분포와 같은 영상의 특성을 알아내고, 이를 목적에 맞도록 처리한다는 좁은 의미와 영상 데이터를 인위적으로 조작하는 어떠한 연산이라는 넓은 의미를 모두 포함하고 있다. 이번 장에서는 일반적으로 많이 다루는 이진 및 그레이 영상, 컬러 영상에 대하여 알아보고, 기본적인 영상 처리 방법들을 다룬다. 영상 처리 기법의 개념적인 이론과 원리를 설명함으로써 여기서 다루지 않는 기법들에 대해서도 이해할 수 있는 기초를 다지도록 하였다. OpenCV에서 제공하는 함수를 기반으로 최소한의 프로그래밍으로 구현된 관련 예제들을 다루었으며, 이를 통하여 영상 처리를 위한 프로그래밍 기초를 다질 수 있을 것이다.

01 ·· 영상 종류

1.1 이진 및 그레이 영상

영상은 한 픽셀을 표현하기 위해 몇 단계의 레벨과 채널을 구성되는지에 따라서 종류를 구분한다. 레벨은 픽셀이 가질 수 있는 값의 범위를 의미하고, 채널은 픽셀이 몇 개의 값으로 구성되는지를 의미한다.

이진(Binary) 영상은 검정과 흰색의 2가지 레벨로 표현되고, 채널의 수는 1개이다. 정보를 2가지 레벨로 분류하여 표현하더라도 손실이 없는 것들이 이진 영상으로 표현하기에 적합한 대상이며, 대표적으로 활자로 이루어진 문서가 있다. 영상을 검정과 흰색으로 변환하는 것을 이진화(Binarization)라고 하며 아래의 수식으로 표현할 수 있다.

$$res(i,j) = \begin{cases} 255 & \text{if } org(i,j) > T \\ 0 & \text{otherwise} \end{cases}$$

*org*와 *res*는 각각 입력 영상과 출력 영상을 의미하고, (i,j)는 픽셀 위치를 나타낸다. 만약 입력 영상의 픽셀이 정해진 임계치 T보다 크다면 출력 영상에 대응하는 위치의 픽셀은 흰색(255)이 되고, 반대의 경우에는 검정(0)이 된다. 설정한 임계치에 따라서 영상이 다양하게 표현되기 때문에 목적에 맞도록 적절한 임계치를 설정해야 한다.

일반적으로, 그레이(Gray) 영상은 1개의 채널과 256단계의 레벨로 구성된다. 좀 더 정확하게는 1개의 채널을 통하여 명암만을 표현할 수 있는 것이 그레이 영상이며, 명암의 단계는 다양하게 정의할 수 있다. 컴퓨터 프로그래밍을 통하여 영상 처리를 수행할 때 하나의 픽셀을 8비트로 처리하던 관습으로, 대부분의 경우에 명암 단계를 8비트로 표현할 수 있는 [0,255] 범위로 가정한다. 하지만 최근에는 정밀한 연산을 위하여 16/32/64비트의 정수 또는 실수로 픽셀의 레벨을 표현하기도 한다.

OpenCV에서는 threshold() 함수를 이용하여 영상 이진화를 수행할 수 있으며, 이 함수의 원형은 아래와 같다.

threshold(src, thresh, maxval, type, dst=None)	
연산 : 입력 영상을 지정된 임계치(thresh)와 방법(type)을 이용하여 이진화한다.	
src	입력 행렬 (다중 채널, 8비트 또는 32비트의 실수)
thresh	임계치
maxval	특정 방법 (THRESH_BINARY, THRESH_BINARY_INV)을 사용할 때에 반환값의 최댓값
type	이진화 방법 (THRESH_BINARY, THRESH_BINARY_INV, THRESH_TRUNC, THRESH_TOZERO, THRESH_TOZERO_INV, THRESH_MASK, THRESH_OTSU, THRESH_TRIANGLE)
dst	결과 행렬 (입력 행렬과 동일한 크기와 채널의 수를 가짐)

이진화를 수행하는 방법은 아래 표와 같다. THRESH_OTSU와 THRESH_TRIANGLE는 각각 Otsu와 Triangle 알고리즘을 이용한 최적의 임계치를 기반으로 이진화하는 방법이다.

방법	동작
THRESH_BINARY	$res(i,j) = \begin{cases} \text{maxval} & \text{if } org(i,j) > \text{thresh} \\ 0 & \text{otherwise} \end{cases}$
THRESH_BINARY_INV	$res(i,j) = \begin{cases} 0 & \text{if } org(i,j) > \text{thresh} \\ \text{maxval} & \text{otherwise} \end{cases}$
THRESH_TRUNC	$res(i,j) = \begin{cases} \text{threshold} & \text{if } org(i,j) > \text{thresh} \\ \text{maxval} & \text{otherwise} \end{cases}$
THRESH_TOZERO	$res(i,j) = \begin{cases} src(i,j) & \text{if } org(i,j) > \text{thresh} \\ 0 & \text{otherwise} \end{cases}$
THRESH_TOZERO_INV	$res(i,j) = \begin{cases} 0 & \text{if } org(i,j) > \text{thresh} \\ src(i,j) & \text{otherwise} \end{cases}$

[표 2-1] OpenCV에서의 이진화 방법

threshold() 함수는 하나의 임계치를 이용하여 이진화를 수행하기 때문에 조명 등의 영향으로 입력 영상에 명암이 다양하게 분포할 경우에는 객체와 배경을 명확히 구분하기 어려운 결과 영상을 얻게 된다. 즉 활자 영상에서 흰색이 활자이고 검은색이 배경이라고 표시된다고 가정할 때 활자가 검은색으로 표시되거나 배경이 흰색으로 나타날 수 있다. 이를 극복하기 위해서는 각 픽셀이 적절한 임계치를 기반으로 이진화가 수행되어야 한다. 이를 위하여 픽셀 주변에 분포하는 값들의 평균을 이용하여 임계치를 구하는 방법이 있으며 아래 식과 같다

$$T(i,j)=\left(\frac{1}{h'w'}\sum_{h=h'/2}^{h'/2}\sum_{w=w'/2}^{w'/2}\alpha(i-w,j-h)\,org\,(i-w,j-h)\right)+C$$

h'과 ω'은 평균값을 구하기 위하여 사용하는 주변 픽셀의 개수(블록의 크기)이고, α는 가중치, C는 계산된 평균값을 조정하기 위한 상수이다. OpenCV에서는 이를 위한 함수로 adaptiveThreshold() 함수를 지원하며, 원형은 아래와 같다.

adaptiveThreshold(src, maxval, adaptiveMethod, thresholdType, blockSize, C, dst=None)	
연산 : 입력 영상을 지정된 임계치(thresh)와 방법(type)을 이용하여 이진화한다.	
src	입력 행렬 (8비트 단일 채널)
maxval	이진화의 최댓값 (>0)
adaptiveMethod	임계치를 계산하기 위한 방법 (ADAPTIVE_THRESH_MEAN_C, ADAPTIVE_THRESH_GAUSSIAN_C)
thresholdType	이진화 방법 (THRESH_BINARY, THRESH_BINARY_INV)
blockSize	임계치를 계산하기 위하여 사용하는 블록 크기 (3 이상의 홀수 사용)
C	임계치를 조정하기 위한 상수 (평균이나 가중 평균에 C를 반영하여 임계치로 사용)
dst	결과 행렬 (입력 행렬과 동일한 크기와 채널의 수를 가짐)

adaptiveMethod가 ADAPTIVE_THRESH_MEAN인 경우에는 α가 1이 되어 산술평균을 구하게 된다. 반면에 ADAPTIVE_THRESH_GAUSSIAN_C인 경우에는 α가 가우시안 분포를 따르는 가변적인 값을 가지게 되며, 블록의 중심 픽셀의 값이 큰 비중을 차지하는 가중 평균을 구하게 된다.

아래 예제와 그림은 영상 이진화에 대한 코드와 결과 영상의 일부이다. 입력 영상에 대하여 픽셀값 70을 임계치로 사용하였을 경우에 대한 결과가 그림의 (b), OTSU에 의해 계산된 임계치 102를 사용한 결과가 (c), TRIANGLE에 의해 계산된 임계치 123를 사용한 결과가 (d), ADAPTIVE_THRESH_MEAN_C와 ADAPTIVE_THRESH_GAUSSIAN_C에 의한 결과가 각각 (e)와 (f)에 표시하였다. 결과 영상을 통하여, 영상 전체에 대하여 단일 임계치를 사용하는 방법보다 각 픽셀마다 적절한 임계치를 사용한 방식이 더욱 좋은 결과를 보임을 알 수 있다. 이후의 예제부터는 관련 라이브러리 선언, 결과 영상 출력, 키보드 입력을 기다린 후 모든 영상 창을 닫기, 영상 저장과 같이 동일한 방식으로 반복되는 코드는 생략한다.

```
# 영상 이진화 예제 (c2_threshold.py)
# 관련 라이브러리 선언
import numpy as np
import os
import cv2
from imgRead import imgRead
from createFolder import createFolder
# 영상 읽기
img1 = imgRead("./images/img14.jpg", cv2.IMREAD_GRAYSCALE, 320, 240)
# 영상 이진화 수행
methods = [cv2.THRESH_BINARY,
           cv2.THRESH_BINARY_INV,
           cv2.THRESH_TRUNC,
           cv2.THRESH_TOZERO,
           cv2.THRESH_TOZERO_INV,
           cv2.THRESH_OTSU,
           cv2.THRESH_TRIANGLE,
           cv2.ADAPTIVE_THRESH_MEAN_C,
           cv2.ADAPTIVE_THRESH_GAUSSIAN_C,
           cv2.ADAPTIVE_THRESH_MEAN_C,
           cv2.ADAPTIVE_THRESH_GAUSSIAN_C]
thres =70; maxVal =255
ress = []
for i in range(0, 7):
    ret, res = cv2.threshold(img1, thres, maxVal, methods[i])
    ress.append(res)
ress.append(cv2.adaptiveThreshold(img1, maxVal, methods[7], methods[0], 11, 0))
ress.append(cv2.adaptiveThreshold(img1, maxVal, methods[8], methods[0], 11, 0))
ress.append(cv2.adaptiveThreshold(img1, maxVal, methods[9], methods[0], 61, 0))
ress.append(cv2.adaptiveThreshold(img1, maxVal, methods[10], methods[0], 61, 0))
# 결과 영상 출력
```

```
displays = [("input1", img1), ("res1", ress[0]), ("res2", ress[1]), ("res3", ress[2]),
            ("res4", ress[3]), ("res5", ress[4]), ("res6", ress[5]), ("res7", ress[6]),
            ("res8", ress[7]), ("res9", ress[8]), ("res10", ress[9]), ("res11", ress[10])]
for (name, out) in displays:
    cv2.imshow(name, out)
# 키보드 입력을 기다린 후 모든 영상창 닫기
cv2.waitKey(0)
cv2.destroyAllWindows()
# 영상 저장
save_dir ='./code_res_imgs/c2_threshold'
createFolder('./code_res_imgs/c2_threshold')
for (name, out) in displays:
    cv2.imwrite(save_dir+"/"+name+".jpg", out)
```

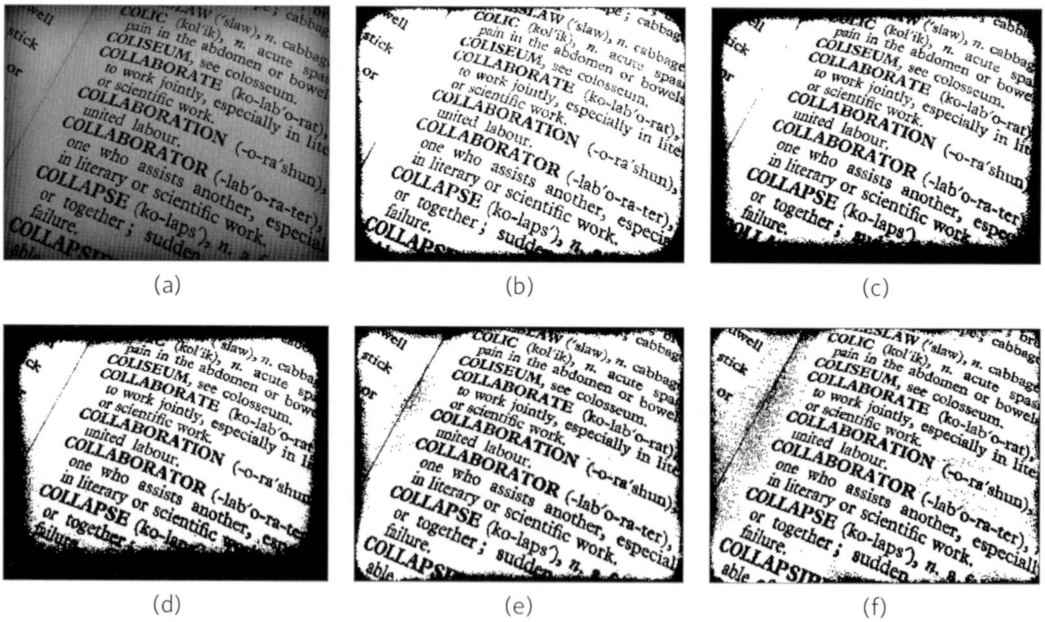

[그림 2-1] 영상 이진화

(a) 입력 영상 (b) THRESH_BINARY (c) THRESH_OTSU(102)

(d) THRESH_TRIANGLE(123) (e) ADAPTIVE_THRESH_MEAN_C (f) ADAPTIVE_THRESH_GAUSSIAN_C

1.2 컬러 영상

컬러 영상은 3개의 채널을 가지고 레벨은 정의된 컬러 공간에 따라 상이하게 구성된다. 일반적으로 많이 사용되는 RGB 색상 공간은 채널당 255단계의 레벨을 가지며, 각 채널에 저장된 값에 따라서 다양한 색이 표현된다. 예를 들어 픽셀이 R=255, G=0, B=0의 값을 가진다면 빨간색으로 표현되고, R=255, G=255, B=0이라면 노란색으로 표현된다.

OpenCV에서는 다양한 색상 공간 및 공간 간의 변환을 위한 함수를 제공하며, 자주 사용되는 변환은 아래 표와 같다. 아래 표는 ColorConversionCodes의 일부를 나타낸 것이고, 변환 간의 역변환도 대부분 제공한다. 자세한 내용은 OpenCV 문서에 표시되어 있다. 참고로 OpenCV의 imread() 함수를 통하여 RGB 컬러 영상을 불러오면, B, G, R 채널 순서로 저장된다. 즉 첫 번째 채널에는 B의 값들이 저장되고, 2번째와 3번째 채널에 G와 R의 값들이 저장된다. 만약 한 픽셀이 [15, 50, 90]의 값을 가지고 있다면, 15는 B의 값이고 50과 90은 각각 G와 R에 해당하는 값이다.

ColorConversionCodes	동작
COLOR_BGR2RGB	BGR 채널 순서와 RGB 채널 순서를 변환
COLOR_BGR2GRAY	BGR 컬러 영상을 그레이 영상으로 변환
COLOR_GRAY2BGR	그레이 영상을 BGR 컬러 영상으로 변환
COLOR_BGR2XYZ	BGR 컬러 공간을 CIE XYZ 공간으로 변환
COLOR_BGR2YCrCb	BGR 컬러 공간을 YCrCb 공간으로 변환
COLOR_BGR2HSV	BGR 컬러 공간을 HSV 공간으로 변환
COLOR_BGR2Lab	BGR 컬러 공간을 CIE Lab 공간으로 변환
COLOR_BGR2Luv	BGR 컬러 공간을 CIE Luv 공간으로 변환
COLOR_BGR2HLS	BGR 컬러 공간을 HLS 공간으로 변환
COLOR_BGR2YUV	BGR 컬러 공간을 YUV 공간으로 변환

[표 2-2] OpenCV에서의 색상 공간 변환 코드

COLOR_BGR2GARY은 *BGR* 순서로 저장된 컬러 영상을 그레이 영상으로 변환하며, 사용빈도가 높다. 영상 처리나 컴퓨터 비전 등의 분야에서는 컬러를 이용하여 유용한 정보를 추출하지 않을 경우에는 대부분 그레이 영상을 사용한다. 그 이유는 3개 채널에 대하여 수행해야

할 연산을 1채널에서만 수행하면 되기 때문에 계산량과 연산 시간을 단축시킬 수 있기 때문이다. 또한, 저장해야 할 채널의 수가 줄어들기 때문에 메모리 사용량도 감소한다는 장점이 있다. BGR 컬러 영상을 그레이 영상으로 변환하기 위한 수식은 다음과 같다.

$$Y = \alpha B + \beta G + \gamma R$$

Y는 그레이 레벨을 의미하고, α, β, γ는 각 채널에 대한 가중치를 의미한다. 이들 가중치는 컬러 영상이 사용되는 분야에 따라서 상이하지만, 녹색에 대한 가중치가 가장 높다. 이는 인간의 시각 체계에서 녹색 성분을 인지하는 시각세포가 가장 많다는 것을 반영하였기 때문이다. OpenCV에서는 컬러 텔레비전이나 비디오 시스템에서 권장되는 rec601(ITU-R Recommendation BT.601) 기준에 따라서 $\alpha = 0.299$, $\beta = 0.587$, $\gamma = 0114$를 사용하며, 이는 밝기(Luma: Brightness)를 표현한 영상임을 의미한다.

COLOR_BGR2XYZ은 *BGR* 컬러 영상을 CIE XYZ 공간으로 변환한다. CIE XYZ는 인간의 색채 인지에 대한 연구를 기반으로 수학적으로 정의된 색상 공간의 하나로 CIE(International Commission on Illumination, 국제조명위원회)에서 1931년에 제정하였다. 이 공간은 인간의 눈에는 3가지 파장(단, 중, 장파장)에 반응하는 원추세포가 존재하며, 이들이 받아들이는 파장의 조합에 의해 색을 인지하도록 표현한 것으로 가시광선 내의 모든 색상을 나타낼 수 있다.

COLOR_BGR2YCrCb은 *BGR* 컬러 영상을 *YCbCr* 공간으로 변환한다. *Y*는 밝기 정보, Cb와 *Cr*은 색차 정보를 나타낸다. 이 공간은 *YUV*와 혼용하여 사용되는 경우가 많다. 두 색상 공간 모두 밝기와 색 정보를 기반으로 색상 공간을 표현하지만, *YUV*는 아날로그 시스템에서 사용되었고, *YCbCr*은 디지털 시스템에서 사용된다. *BGR* 컬러 영상을 *YCbCr* 공간으로 변화하기 위한 수식은 아래와 같다.

$$\begin{bmatrix} Y \\ Cb \\ Cr \end{bmatrix} = \begin{bmatrix} \alpha & \beta & \gamma \\ -0.5\dfrac{\alpha}{1-\beta} & -0.5\dfrac{\beta}{1-\beta} & \dfrac{1}{2} \\ \dfrac{1}{2} & -0.5\dfrac{\gamma}{1-\alpha} & -0.5\dfrac{\gamma}{1-\alpha} \end{bmatrix} \begin{bmatrix} R \\ G \\ B \end{bmatrix}$$

$$\begin{bmatrix} R \\ G \\ B \end{bmatrix} = \begin{bmatrix} 1 & 0 & 2-2\alpha \\ 1 & -\dfrac{\gamma}{\beta}(2-2\gamma) & -\dfrac{\alpha}{\beta}(2-2\alpha) \\ 1 & 2-2\gamma & 0 \end{bmatrix} \begin{bmatrix} Y \\ Cb \\ Cr \end{bmatrix}$$

OpenCV에서는 위의 식을 아래와 같이 근사화하였다. δ의 값은 입력 영상이 8비트인 경우에 128, 16비트인 경우에 32768, 0~1 사이의 실수형인 경우에 0.5를 사용한다.

$$Y = 0.299R + 0.587G + 0.114B \qquad R = Y + 1.403(Cr - \delta)$$

$$Cb = 0.713(R - Y) + \delta \qquad G = Y - 0.714(Cr - \delta) - 0.344(Cb - \delta)$$

$$Cr = 0.564(B - Y) + \delta \qquad B = Y + 1.772(Cb - \delta)$$

COLOR_BGR2HSV와 COLOR_BGR2HLS 변환은 *BGR* 컬러 영상은 *HSV*와 *HLS* 공간으로 변환한다. *H*(Hue)는 색, *S*(Saturation)는 채도, *V*(Value)는 명도, *L*(Lightness)는 밝기 정보를 의미한다. *HSV*는 특정 색(*H*)에 대한 밝기(*V*)와 진하기(*S*)를 기반으로 색상을 표현하는 공간이고, *HLS*는 *HSV* 보다 밝기(*L*)에 대한 표현력이 더 우수한 공간이다. OpenCV에서는 다음의 식으로 변환을 수행한다. 수식에서 $V_{max} = max(R,G,B)$, $V_{min} = min(R,G,B)$이다.

$$V = max(R, G, B)$$

$$S = \begin{cases} \dfrac{V - min(R, G, B)}{V} & \text{if } V \neq 0 \\ 0 & \text{otherwise} \end{cases}$$

$$H = \begin{cases} \dfrac{60(G - B)}{V - min(R, G, B)} & \text{if } V = R \\ \dfrac{120 + 60(B - R)}{V - min(R, G, B)} & \text{if } V = G \\ \dfrac{120 + 60(R - G)}{V - min(R, G, B)} & \text{if } V = B \end{cases}$$

$$L = \frac{V_{max} + V_{min}}{2}$$

$$S = \begin{cases} \dfrac{V_{max} - V_{min}}{V_{max} + V_{min}} & \text{if } L < 0.5 \\ \dfrac{V_{max} - V_{min}}{2 - V_{max} + V_{min}} & \text{if } L \geq 0.5 \end{cases}$$

$$H = \begin{cases} \dfrac{60(G - B)}{V_{max} - V_{min}} & \text{if } V = R \\ \dfrac{120 + 60(B - R)}{V_{max} - V_{min}} & \text{if } V = G \\ \dfrac{120 + 60(R - G)}{V_{max} - V_{min}} & \text{if } V = B \end{cases}$$

OpenCV에서는 색상 변환을 위하여 cvtColor() 함수를 지원하며, 원형은 아래와 같다. 최종 변환된 색상 공간에서 각 채널의 값 범위는 데이터형이 표현할 수 있는 수의 제한으로 인하여, 각 색상 공간마다 차이가 있기 때문에 사용하기 전에 OpenCV 문서에서 확인하여야 한다. 예를 들어 8비트 *HSV* 입력 영상의 경우에는 8비트를 사용하여 이론적인 *H*의 범위인 [0, 360]를 표현할 수 없기 때문에 최종 출력을 *H*/2으로 하여 [0, 180]으로 표현된다.

threshold(src, code, dst=None, dstCn=None)	
연산 : 입력 영상을 지정된 색상 공간(code)로 변환한다.	
src	입력 영상 (8/16/32비트, 특정 색상 공간(예, Luv)은 0~1사이의 정규화된 입력 사용)
code	색상 변환 코드
dst	결과 영상 (입력 행렬과 동일한 크기와 채널의 수를 가짐)
dstCn	결과 영상의 채널 수 (0이면 자동으로 결정)

명암비 조절 등의 영상 처리에서는 컬러 영상의 3개 채널을 모두 사용하지 않는 경우도 있다. 예를 들어 *HSV* 색상 공간에서 밝기를 조절하기 위해서는 *HSV* 영상을 각 채널별로 분리한 다음, *V* 채널의 값을 적절히 조정한 후에 *HSV* 영상으로 합쳐야 한다. 이를 위하여 OpenCV에서는 채널을 분리하기 위한 split() 함수와 채널을 다시 하나의 영상으로 합치기 위한 merge() 함수를 지원한다. 이들의 원형은 아래와 같다.

split(m, mv=None)	
기능 : 입력 다중 채널(m)을 단일 채널(mv)들로 분할한다.	
m	입력 다중 채널 행렬
mv	분할된 각 채널 행렬

merge(mv, dst=None)	
기능 : 분할된 각 채널(mv)을 하나의 컬러 영상으로 합친다.	
mv	분할된 각 채널 행렬
dst	출력 다중 채널 행렬

아래 코드와 그림은 색상 공간 변화에 대한 예제와 결과 영상이다. 그림의 (a) *BGR* 입력 영상을 *HSV* 색상 공간으로 변환한 후 각 채널별로 분리한 결과가 (b)~(e)에 표시하였고 [(e)는 밝기 값을 조정한 결과], 밝기 값을 조정하여 하나의 영상으로 합치고 *BGR* 색상 공간으로 변환한 결과가 (f)이다.

```python
# 색상 공간 변환 예제 (c2.cvtColor.py)
# 영상 읽기
img1 = imgRead("./images/img7.jpg", cv2.IMREAD_UNCHANGED, 320, 240)
# 색상 공간 변환
res1 = cv2.cvtColor(img1, cv2.COLOR_BGR2HSV)
# 색상 공간 분할 및 병합
res1_split = cv2.split(res1)
res1_split[2] = cv2.add(res1_split[2], 100)
res1_merge = cv2.merge(res1_split)
res1_merge = cv2.cvtColor(res1_merge, cv2.COLOR_HSV2BGR)
```

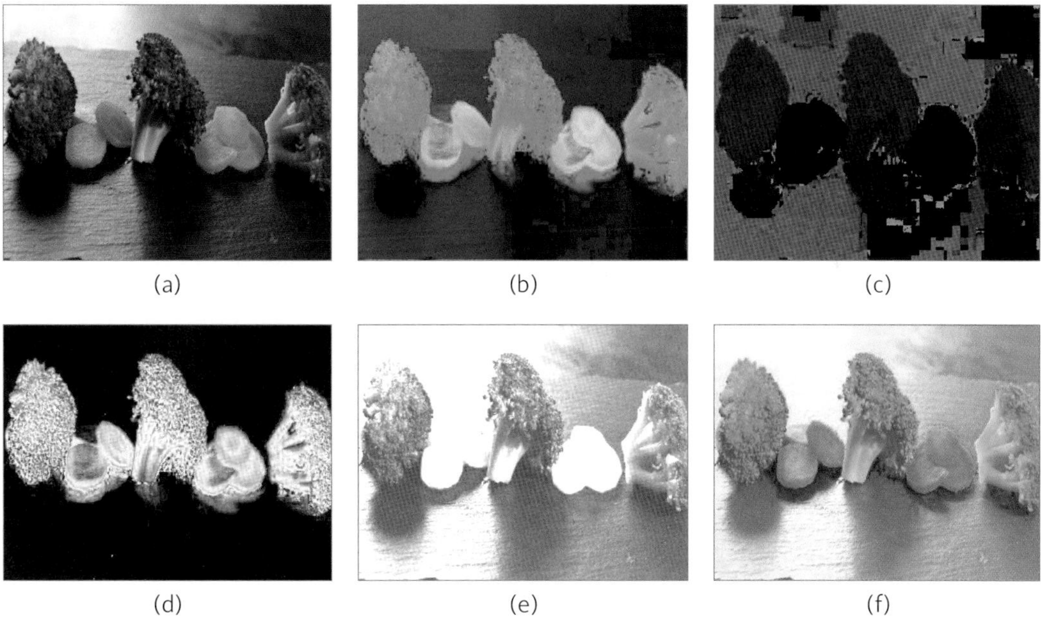

[그림 2-2] 색상 공간 변환

(a) 입력 RGB 영상 (b) HSV 영상 (c) H 영상 (d) S 영상 (e) 조정된 V 영상 (f) 밝기가 조정된 RGB 영상

02 ·· 영상 처리 기본 연산

2.1 산술 및 논리 연산

영상 처리를 위하여, 먼저 영상을 어떻게 정의할 것인지가 중요하다. 다양한 정의가 있을 수 있겠지만, 여기서는 영상을 일정 크기의 모눈종이에 기록된 숫자의 모음이라고 생각해 보자. 이는 영상 해상도 개념을 생각하면 직관적으로 받아들일 수 있을 것이다. 예를 들어 UHD급 해상도는 3840×2160개의 픽셀로 구성되며, 각 픽셀의 값에 따라서 다양한 영상이 표현된다. 즉 특정한 크기의 공간에 순서가 유의미한 값들이 채워져 있는 것이다. 이를 수학적으로 생각하면, $\omega \times h \times c$ 행렬에, 원소는 [0, 255] 범위의 값을 가지도록 한정한 것이라고 할 수 있다. ω와 h는 영상의 폭과 높이이고, c는 채널의 개수이다. 따라서 영상을 행렬 형태로 표현하고 행렬 간의 연산을 통하여 새로운 영상을 생성하거나, 다양한 영상 처리를 수행할 수 있다.

산술 연산과 논리 연산을 알아보자. 산술 연산은 행렬 간의 사칙연산(덧셈, 뺄셈, 곱셈, 나눗셈)을 수행하는 것으로, 두 영상의 픽셀 간에 연산이 적용된다. 모든 연산이 동일한 과정으로 수행되기 때문에 덧셈 연산에 대해서만 살펴보자. 한 픽셀이 8비트의 값을 가지는 영상 간의 덧셈 연산은 아래 수식과 같다.

$$res(i,j) = \begin{cases} org_1(i,j) + org_2(i,j) & \text{if } \ org_1(i,j) + org_2(i,j) \le 255 \\ 255 & \text{otherwise} \end{cases}$$

이 수식에서 org_1과 org_2는 입력 영상이고, (i,j)는 픽셀 위치, res는 덧셈 연산의 결과 영상이다. 두 입력 영상을 더하게 되면 픽셀이 가질 수 있는 최댓값인 255를 초과할 수도 있으며, 이를 위한 예외 처리를 해주어야 한다. 뺄셈 연산인 경우에는 0보다 작은 값이 발생할 수도 있다. OpenCV에서 지원하는 산술 연산 함수를 사용할 경우에는, 내장함수가 예외 처리를 수행해 주지만, Numpy 등의 다른 라이브러리를 사용할 경우에는, 예외 처리를 위한 코드를 추가해야 한다. 아래 그림은 파이썬과 OpenCV가 픽셀에 허용된 값을 벗어난 경우에 대한 처리를 보여준다. 파이썬에서는 한 픽셀에 할당된 자료형의 값 범위를 순환적으로 사용하고, OpenCV에서는 자료형이 가질 수 있는 최솟값과 최댓값을 사용하여 범위 밖의 값을 이들 값으로 대체한다. 한 픽셀에 8비트([0, 255])의 값이 할당되었다고 가정할 때 OpenCV는 입력이 0보다 작으면 0,255보다 크면 255를 출력 값으로 하는데 반해, 파이썬은 입력이 0보다 작거나 255보다 크더라도 값을 포화시키지 않는다.

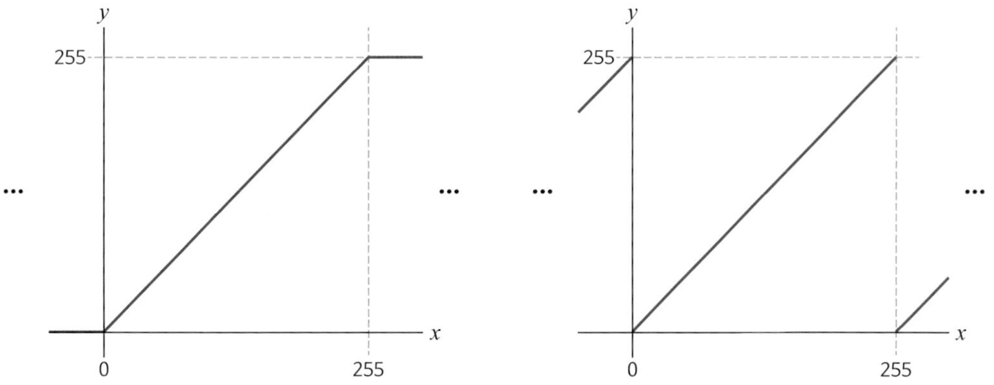

(a) (’b)

org	251	253	⋯	6	1
			+		
v	5	5	⋯	-5	-5
			=		
res	255	255	⋯	1	0

(c)

org	251	253	⋯	6	1
			+		
v	5	5	⋯	-5	-5
			=		
res	0	2	⋯	1	252

(d)

[그림 2-3] 파이썬과 OpenCV의 입력(x)과 출력(y) 관계
(a)와 (c)는 OpenCV의 연산과 예시, (b)와 (d)는 파이썬의 연산과 예시

[그림 2-4]는 덧셈 연산 과정의 예를 나타내며, 윗줄과 아랫줄은 각각 영상과 이에 해당하는 행렬을 나타낸다. 입력 영상이 3×3×1이므로 이 둘의 덧셈 연산을 수행한 결과 영상도 3×3×1이다. 픽셀 값이 0이면 검은색, 255이면 흰색으로 표현될 때 org_1과 org_2에서 모두 0인 픽셀을 제외한 나머지 픽셀은 덧셈 연산에 의해 흰색으로 채워진 결과를 얻게 된다.

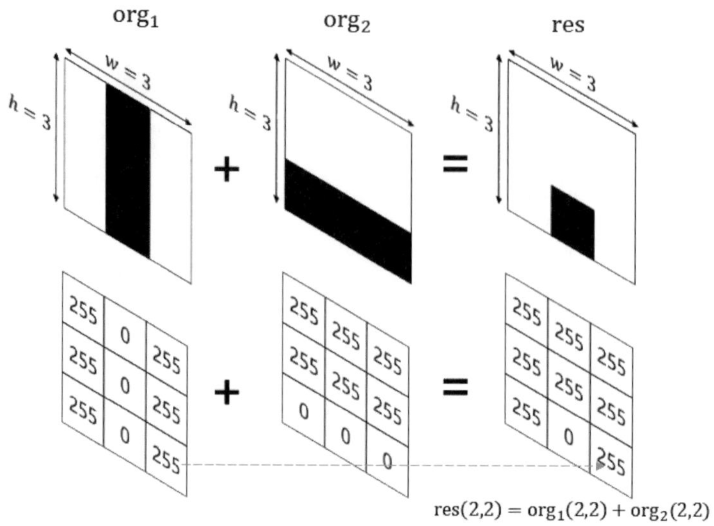

[그림 2-4] 덧셈 연산 과정의 예시

덧셈 연산을 이용하여 유용한 결과 영상을 만들 수 있다. 예를 들어, 입력 영상([그림 2-5] (a))에 얼룩말을 찾을 수 있는 검지기(detector)를 적용하여, 확률지도([그림 2-5] (b))를 얻었다고 가정해 보자. 이 확률지도에서는 얼룩말일 가능성이 높은 영역은 빨간색에 가깝고, 반대의 경우에는 파란색으로 표시되어 있다. 확률지도에서 높은 값을 가지는 영역이 입력 영상의 어느 부분인지 확인하기 위해 덧셈 연산을 기반으로 두 영상을 중첩하여 표현할 수 있다. 아래 예제의 9~10번째 줄의 코드가 이에 해당하며, OpenCV에서 제공하는 add() 함수와 addWeighted() 함수를 사용하였다. 이들의 원형은 아래와 같으며, 동일한 의미를 가지는 변수에 대해서는 설명을 생략하도록 하였다.

add(src1, src2, dst=None, mask=None, dtype=None)	
연산 : dst ← src1 + src2	
src1	첫 번째 입력 행렬 또는 스칼라
src2	두 번째 입력 행렬 또는 스칼라
dst	결과 행렬 (입력 행렬과 동일한 크기와 채널 수를 가짐. 깊이는 입력 행렬의 깊이와 같거나 dtype에 의해 결정됨.)

mask	mask 행렬 원소가 0이 아닌 위치에서만 연산 수행 (8비트 1채널 행렬), None 일 경우에는 영상 전체에 대하여 연산 수행함.
dtype	결과 행렬의 깊이

addWeighted(src1, alpha, src2, beta, gamma, dst=None, dtype=None)	
연산 : dst ← (src1 × alpha) + (src2 × beta) + gamma	
alpha	src1의 가중치
beta	src2의 가중치
gamma	가중합의 결과에 추가적으로 더하는 값

add() 함수를 사용하였을 경우에는 결괏값이 255 이상인 픽셀들이 다수 존재하기에 영상이 빛바래 보인다. 반면에 addWeighted()의 경우에는 alpha와 beta의 합이 1이 되도록 사용하여 포화된 영역이 없이 자연스럽게 표시되었다.

(a) (b) (c) (d)

[그림 2-5] 덧셈 연산 결과

(a) 입력 영상 (b) 확률 지도 (c) 덧셈 (d) 가중 덧셈

빼셈 연산은 두 이미지 간의 차이를 찾는데 유용하다. OpenCV에서 subtract() 함수와 absdiff() 함수를 활용할 수 있고, 이들의 원형은 아래와 같다.

subtract(src1, src2, dst=None, mask=None, dtype=None)

연산 : dst ← src1 - src2

absdiff(src1, src2, dst=None, mask=None, dtype=None)

연산 : dst ← ‖src1 - src2‖

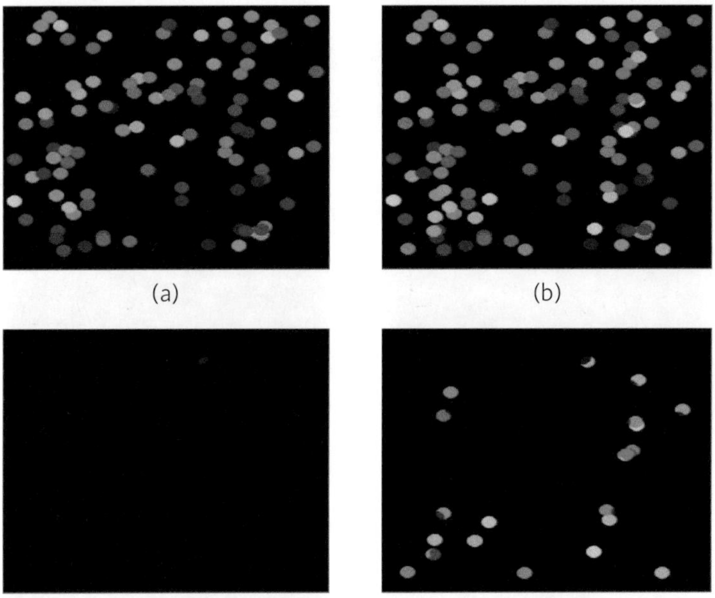

(a) (b) (c) (d)

[그림 2-6] 빼셈 연산 결과
(a)~(b) 입력 영상 (c) 빼셈 (d) 대치

[그림 2-6]은 산술 및 논리 연산 예제의 11~12번째 줄의 코드에 대한 실행 결과를 나타내었다. subtract() 함수는 0 이하는 모두 0으로 대치하기에 두 입력 영상의 차가 음수인 경우에는 눈으로 확인할 수가 없다. 반면에 absdiff()는 두 입력 영상의 차이를 절대치를 반환하기에 두 영상이 다른 부분이 명확히 보인다. OpenCV에서는 곱셉과 나눗셈에 대하여 아래의 함수를 지원한다.

multiply(src1, src2, dst=None, scale=None, dtype=None)	
연산 : dst ← scale × src1 × src2	
scale	두 입력의 곱에 추가적으로 곱하는 값

divide(src1, src2, dst=None, scale=None, dtype=None)
연산 : dst ← scale × src1 ÷ src2

논리 연산은 행렬 간의 논리합(OR), 논리곱(AND), 부정(NOT), 배타적 논리합(XOR)을 수행한다. 산술 연산과 마찬가지로 픽셀 간에 연산이 적용되지만, 논리 연산은 픽셀값을 이진수로 변환 후 비트 단위로 연산을 수행한다. 논리 연산의 법칙은 아래 표와 같다.

입력		출력			
x_1	x_2	AND	OR	NOT x_1	XOR x_2
0	0	0	0	1	0
0	1	0	1	1	1
1	0	0	1	0	1
1	1	1	1	0	0

[표 2-3] 비트 단위 논리 연산 진리표

논리곱은 두 입력이 모두 1인 경우에만 1을 출력하고, 논리합은 두 입력 중 하나라도 1이면 1을 출력한다. 그 이외의 상황에서는 모두 0을 출력한다. 부정은 입력이 0이면 1을 출력하고, 1이면 0을 출력한다. 배타적 논리합은 두 입력이 다른 경우에 1을 출력하고, 같을 때에는 0을 출력한다. 즉 두 입력의 관계가 부정일 때에 1을 출력한다.

한 픽셀이 8비트의 값을 가진다는 것은 8개의 이진수 조합을 가진다는 의미이다. 십진수를 이진수로 변환하기 위한 방법은 십진수를 2보다 작은 값이 될 때까지 나눈 후, 최종 몫과 나머지들을 나열하면 된다.

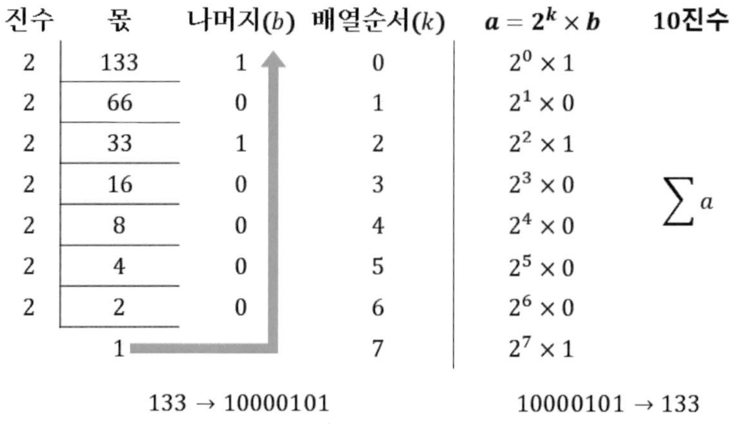

[그림 2-7] 십진수와 이진수의 변환 예시

위의 예시는 십진수를 이진수로 변환하고 다시 십진수로 변환하는 과정을 보여준다. 먼저 십진수 133을 표현하고자 하는 진수(여기서는 이진수이므로 2를 사용)보다 작은 수가 될 때까지 나누어 준다. 나눗셈 과정이 완료되면 파란 화살표 방향대로 최종 몫과 나머지들을 나열하게 되면 10000101이라는 이진수를 얻을 수 있다. 이를 다시 십진수로 변환하기 위해서는 k에 해당하는 각 자리의 비트에 2^k를 곱한 후에 모두 더하면 된다. 나눗셈이 비트 수를 채울 때까지 수행되지 않는다면, 앞자리부터 0으로 채우면 된다. 예를 들어 3은 한 번의 나눗셈 과정을 통하여 11을 얻게 되고, 나머지 비트는 앞에서부터 0으로 채워 00000011로 표현할 수 있다.

OpenCV에서는 bitwise_and(), bitwise_not(), bitwise_or(), bitwise_xor()의 논리 연산 함수를 제공하며 원형은 아래와 같다.

```
bitwise_and(src1, src2, dst=None, mask=None)
bitwise_not(src, dst=None, mask=None)
bitwise_or(src1, src2, dst=None, mask=None)
bitwise_xor(src1, src2, dst=None, mask=None)
```

논리 연산은 산술 연산에 비하여 결과 영상을 직관적으로 예측하기 어렵지만, 몇 가지 경우에 유용하게 사용될 수 있다. 대표적인 예는 부정 연산을 통한 영상 반전이다. 부정 연산에 대하여 좀 더 생각해 보자. 부정 연산에 이진수 2비트 00, 01을 입력으로 하면, 각각 11, 10을 출력한다. 십진수로 변화해 보면, 입력이 0에 대하여 3을 출력하고 입력 1에 대하여 2를 출력한다.

즉 정해진 구간을 반으로 접는다고 가정했을 때 부정 연산은 서로 마주보는 값을 출력하며 이는 영상 반전과 동일한 결과이다. 또 다른 예로, 논리곱을 이용하여 영상의 특정 영역만을 남기고 나머지는 표시하지 않는 마스크 처리가 있다. 논리 연산을 위한 첫 번째 입력 x_1에 대하여 두 번째 입력 x_2의 논리곱을 수행한다면, $x_2 = 0$인 경우는 x_1의 값에 상관없이 0이 출력되고, $x_2 = 1$인 경우에는 x_1의 값을 그대로 출력한다. 입력 영상에서 남기고 싶은 영역은 이진수 $11111111_{(255)}$을 곱하고, 이외의 영역은 $00000000_{(0)}$을 곱하면 마스크 처리와 동일한 결과가 된다.

아래 예제와 그림은 그레이 영상에 산술 및 논술 연산자를 적용한 예이며, 그림의 (b)는 NOT 연산에 의하여 영상 반전 결과, (c)는 AND 연산을 이용한 마스크 처리 결과를 나타낸다.

(a) (b) (c)

[그림 2-8] 논리 연산 결과

(a) 입력 영상 (b) NOT 연산 (c) AND 연산

```
# 산술 및 논리 연산 예제 (c2_arithmeticLogical.py)
# 마스크 선언 및 초기화
mask = np.full(shape=img5.shape, fill_value=0, dtype=np.uint8)
h, w = img5.shape
x = (int)(w/2) -60; y = (int)(h/2) -60
cv2.rectangle(mask, (x,y), (x+120, y+120), (255,255,255), -1)
# 산술 및 논리 연산 수행
ress = []
ress.append(cv2.add(img1, img2))
ress.append(cv2.addWeighted(img1, 0.5, img2, 0.5, 0))
ress.append(cv2.subtract(img3, img4))
```

```
ress.append(cv2.absdiff(img3, img4))
ress.append(cv2.bitwise_not(img5))
ress.append(cv2.bitwise_and(img5, mask))
```

위의 코드에서 사용된 full() 함수는 지정된 형상(shape)으로 특정 값(fill_value)을 자료형 dtype으로 채우는 numpy의 함수이다. 만약 0 또는 1의 값으로 형상을 채울 때에는 zeros()와 ones() 함수를 사용할 수 있다.

OpenCV의 rectangle() 함수의 원형은 아래와 같으며 이미지에 사각형을 그리기 위한 함수이다. 예제 코드에서는 입력 영상에서 남기고 싶은 영역을 지정하는 마스크 생성에 활용하였다.

rectangle(img, pt1, pt2, color, thickness=None, lineType=None, shift=None)	
기능 : img 위에 pt1와 pt2의 점을 연결하여 주어진 색(color)의 사각형을 그린다.	
img	입력 영상
pt1	첫 번째 점의 위치 (사각형의 왼쪽 위 모서리 점을 입력함)
pt2	두 번째 점의 위치 (사각형의 오른쪽 아래 모서리 점을 입력함)
color	선의 색을 지정 (회색 영상일 경우에는 밝기를 지정)
thickness	선의 두께를 지정 (음수일 경우에는 사각 내부를 지정된 color로 채움)
lineType	선의 경계를 결정하는 방식 (LINE_4, LINE_8, LINE_AA의 종류가 있고 뒤로 갈수록 경계가 정교해짐)
shift	그리기 좌표의 축소 비율

2.2 영상 밝기 조절

사진 촬영 또는 보정 작업을 하다 보면 영상이 지나치게 어둡거나 밝은 경우를 접하게 된다. 이럴 때 영상의 전반적인 밝기를 조절하는 것을 영상 밝기 조절이라고 한다. 한 픽셀이 8비트로 표현될 때 영상이 전반적으로 밝게 보인다면 흰색(255)에 근접한 값을 가지는 픽셀의 비중이 높으며, 반대로 검은색(0)에 가까운 값을 가지는 픽셀의 비중이 높으면 영상이 전반적으로 어둡게 보인다. 따라서 밝기 조절을 위한 가장 간단한 방법은 입력 영상의 모든 픽셀에 특정 값을 더하거나 빼는 것이며, 이는 아래 수식과 같다.

$$res(i,j) = org(i,j) + v$$

이 수식에서 res와 org은 각각 출력 영상과 입력 영상이고, v는 밝기 조절 값을 의미한다. v가 양수이면 출력 영상은 입력 영상에 대비하여 밝아지고, v가 음수이면 출력 영상이 상대적으로 어두워진다. 영상 밝기 조절과 유사한 방식으로 밝기를 반전시킬 수도 있다. 밝기 반전은 영상에서 어두운 곳은 밝게 하고, 반대로 밝은 영역은 어둡게 변환하는 연산으로 아래 수식과 같다.

$$res(i,j) = L - org(i,j)$$

이 수식에서 L은 픽셀이 가질 수 있는 가장 큰 값이다. 만약 픽셀에 8비트 값이 할당된다면 이 픽셀이 가질 수 있는 값의 범위는 $[0,(2^8-1)]$이고, L은 255이다.

아래 예제에서 산술 연산을 이용한 밝기 조절을 구현하였으며, 그 결과를 [그림 2-9]에 나타내었다. 8~9번째 줄의 코드에서는 입력 영상의 모든 픽셀에 100을 더하여 밝기를 향상시키고, 10번째 줄의 코드에서는 영상을 반전시킨다. [그림 2-9]에서 (b)와 (c)의 결과가 다름을 확인할 수 있다. 이는 [그림 2-3]에서 설명했듯이, 파이썬과 OpenCV 함수에서 자료형이 가질 수 있는 범위 밖의 값을 처리하는 방식이 다르기 때문이다. 밝기를 조절할 때에는 OpenCV와 같이 값을 포화시켜 사용하여야 의도한 결과를 얻을 수 있으며([그림 2-9] (c)), 입력과 출력 간의 관계를 포화시켜야 할 경우와 상관이 없는 경우를 구분하지 못하면 잘못된 결과([그림 2-9] (b))를 초래할 수 있다. 반전 영상([그림 2-9] (d))은 앞 절에서 사용한 논리 연산 NOT의 결과와 동일함을 알 수 있다.

```
1  # 밝기 조절 예제 (c2_brightadjustment.py)
2  # 영상 밝기 조절 변수 선언 및 초기화
3  v = np.full(shape=img1.shape, fill_value=100, dtype=np.uint8)
4  v_n = np.full(shape=img1.shape, fill_value=255, dtype=np.uint8)
5  # 영상 밝기 조절
```

```python
# res1은 파이썬 결과, res2과 res3는 OpenCV에서 제공하는 함수를 사용한 결과
ress = []
ress.append(np.uint8(img1 + v))
ress.append(cv2.add(img1, v))
ress.append(cv2.subtract(v_n, img1))
```

(a) (b) (c) (d)

[그림 2-9] 영상 밝기 조절

(a) 입력 영상 (b) 밝기 증가(numpy 함수) (c) 밝기 증가(OpenCV 함수) (d) 반전

2.3 영상 명암비 조절

앞 절에서는 영상의 모든 픽셀에 동일한 값을 더하거나 빼는 연산을 통하여 밝기를 조절하는 내용을 다루었다. 이러한 방식은 영상의 전반적인 밝기를 조절할 수는 있지만, 밝기의 분포를 크게 하여 영상을 명확하게 표현하지는 못한다. 이를 위해서는 어두운 영역과 밝은 영역의 차이가 커야 하고, 그 사이 값들이 영상에 고르게 분포하여야 한다.

명암비(contrast)란, 영상의 밝은 영역과 어두운 영역의 밝기 차이를 의미한다. 밝기 차이가 작을수록 명암비가 낮고, 클수록 명암비가 높다고 말한다. 명암비가 높을수록 밝은 영역과 어두운 영역 간의 픽셀값 차이가 명확하기 때문에 영상이 선명하게 표시되고 영상 내에 포함된 객체를 잘 구분할 수 있다. 반대로 명암비가 낮으면 영상이 흐리게 보이고 객체의 구분이 어렵다. 하지만 명암비를 높이기 위하여 극단적으로 픽셀을 밝거나 어둡게만 표현한다면 이진 영상과 동일하게 보일수도 있다. 따라서 명암비 조절의 목적은 밝은 영역과 어두운 영역 간의 밝기 차이를 증가시키면서 동시에 영상에 다양한 밝기 값이 분포하도록 하는 것이며 간단하게는 아래 수식과 같다.

$res(i,j) = \alpha \times org(i,j)$ 또는 $res(i,j) = \alpha(org(i,j))$

이 수식에서 α는 명암비를 조정하기 위한 것으로 상수나 변환 함수가 사용될 수 있다. 상수일 경우에는, 입력 영상의 모든 픽셀에 동일한 상수를 곱한 결과를 얻게 된다. 이 방법은 출력 영상에 밝거나 어두운 영역이 과하게 나타날 수 있기 때문에 명암비를 조절하기에 적절한 방법은 아니다.

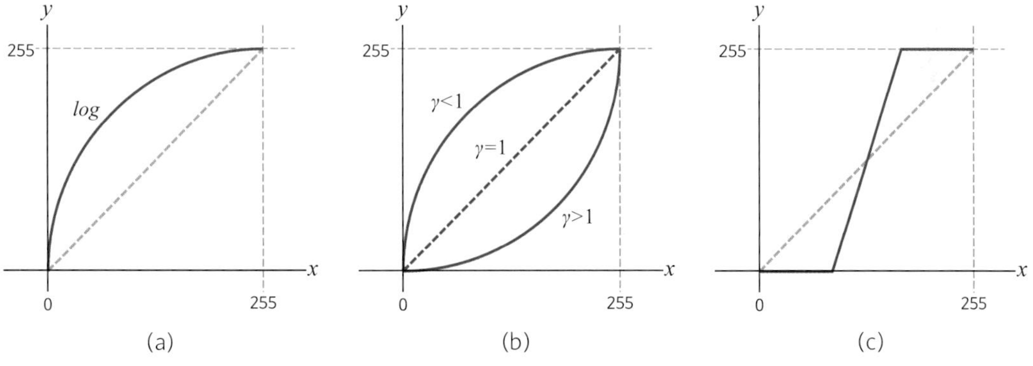

[그림 2-10] 밝기 변환 함수
(a) 로그 변환 (b) 거듭제곱 변환 (c) 구간 선형 변환

다른 방법으로 각 픽셀의 밝기에 따라 적절한 값을 반환할 수도 있다. 대표적으로 로그 변환, 거듭제곱 변환(Gamma 보정), 구간 선형 변환 등이 있다. 로그함수는 작은 값들의 구간을 넓은 구간의 출력으로 반환하고, 큰 값들의 구간은 상대적으로 좁은 구간의 출력으로 반환하는

특징이 있다. 이를 이용하여 영상 명암비를 조절하는 것이 로그 변환이며, 아래 수식과 같이 표현할 수 있다. 이 수식에서 c는 상수이다.

$$res(i,j) = c \times log(1 + org(i,j))$$

거듭제곱 변환은 로그 변환과 마찬가지로 낮은 밝기 값들의 구간을 넓은 구간의 출력으로 반환하고, 밝은 값들은 좁은 구간의 출력으로 변환한다. 또는 그 반대의 반환도 가능하다. 이는 아래 수식과 같다.

$$res(x,y) = c \times org(x,y)^{\gamma}$$

이 수식에서 γ<1인 경우에는 입력보다 큰 값을 반환하지만, γ이 작아질수록 출력 값의 범위가 작아진다. 즉 적절한 γ를 사용하면 명암비가 높아지지만, 그렇지 않은 경우에는 영상이 전반적으로 과하게 밝아져 명암비가 낮아진다. 반대로 γ>1인 경우에는 입력보다 작은 값을 반환하여 영상이 전반적으로 어두워지며 명암비가 높아진다. 이러한 특징은 [그림 2-10] (b)에서 확인할 수 있으며, γ와 이의 역수가 정반대의 출력을 반환함을 알 수 있다.

모니터, 인쇄 장치 등의 장치에서 명암비를 높이기 위하여, 거듭제곱 변환을 사용하여 전압과 밝기의 관계를 표현한다. 만약 특정 디스플레이 장치가 γ>1인 값을 사용하여 영상을 표시한다면, 원 영상보다 어둡게 화면에 표시될 것이고, 반대의 경우에는 밝게 표현될 것이다. 원 영상을 정확하게 화면에 표시하기 위하여 사용되는 기법이 감마(Gamma) 보정이다. 이는 특정 디스플레이 장치가 가지는 γ값의 역수를 이용하여 원 영상을 거듭제곱 변환한다. γ와 γ의 역수가 정반대의 출력을 반환하는 특성에 의하여 변환된 영상을 장치에 표시하면 원 영상에 가깝게 표시될 수 있다.

감마 보정은 실생활에서 쉽게 접할 수 있다. 예를 들어 쇼핑 사이트에서 사진을 보고 옷을 사려고 할 때 '제품 색상은 사용자의 모니터에 따라 실제 색상과 다소 차이가 있을 수 있습니다.'라는 문구를 본 경험이 있을 것이다. 이는 해당 사진이 다양한 모니터와 그래픽 장치 등의 변환을 고려하여 적절한 값으로 감마 보정되었다는 것을 의미하며, 실사용자의 사용 환경에 따라서 색상이 달라 보일 수 있음을 알려주는 것이다.

구간 선형 변환은 특정 밝기 구간에 대한 변환이다. 앞에서 설명한 로그 변환, 거듭제곱 변환은 밝기의 전 구간을 특정한 출력 구간으로 변환한 것이다. 즉 한 픽셀이 8비트의 값을 가진다면 입력 구간 [0, 255]를 출력 범위 [0, 255]로 변환한 것이다. 이에 반해 구간 변환은 $[x_1, x_2]$를 $[y_1, y_2]$로 변환하며, 이들 사이의 관계는 설계자가 임의로 정의할 수 있다. 예를 들어 $x_1=0$, $x_2=255$, $y_1=0$, $y_2=255$로 하고, 입력과 출력의 관계를 $y=x$로 한다면, 이는 입력을 그대로 출력하는 관계가 될 것이다. 반면에 $x_1=x_{min}$, $x_2=x_{max}$, $y_1=0$, $y_2=255$이고 입력과 출력 관계를 $y=(y_2-y_1)\frac{x-x_{\mathrm{min}}}{x_{\mathrm{max}}-x_{\mathrm{min}}}+y_1$라고 한다면, 입력 영상의 가장 어두운 값과 밝은 값의 구간을 [0, 255]의 출력 구간으로 변환할 수 있다. 이때 x_{min}과 x_{max}는 영상에서 가장 어두운 곳과 밝은 곳의 픽셀값이다.

아래 예제는 명암비 조절의 예시 코드이며 그 결과를 [그림 2-11]에 표시하였다. 코드에서는 상수곱, 로그 변환, 거듭제곱 변환, 구간 변환을 수행한다. 23번째 줄의 상수곱은 입력 영상의 픽셀값을 2배로 하여 결과를 *res*1에 출력한다. 그 결과는 128 이상의 값을 가지는 픽셀이 255의 값을 가지게 되어 지나치게 밝은 영역이 많아졌다. 24번째 줄의 로그 변환 결과 영상은 출력 영상에 대비하여 밝아졌다. 25번째 코드의 거듭제곱 변환은 $\gamma=0.1$을 사용하여 영상을 밝게 하면서 명암비를 조절하였다. 하지만 γ값이 적절하지 않기 때문에 영상이 지나치게 밝아졌다. 26번째 코드의 구간 변환은 픽셀값 5~100 구간의 값을 $\gamma=0.6$의 거듭제곱 변환으로 대치하였다. 그 결과 어두운 영역에 대한 명암비가 높아졌음을 확인할 수 있다.


```
1  #영상 명암비 조절 예제 (c2_contrast.py)
2  # 영상 명암비 조절 변수 선언 및 초기화
3  multi_lut = np.full(shape=[256], fill_value=0, dtype=np.uint8)
4  log_lut = np.full(shape=[256], fill_value=0, dtype=np.uint8)
5  invol_lut = np.full(shape=[256], fill_value=0, dtype=np.uint8)
6  sel_lut = np.full(shape=[256], fill_value=0, dtype=np.uint8)
7  multi_v =2; gamma1 =0.1; gamma2=0.6
8  thres1 =5; thres2 =100
9  max_v_log =255/ np.log(1+255)
10 max_v_invol =255/ np.power(255, gamma1)
11 max_v_sel =100/ np.power(thres2, gamma2)
12 for i in range(256):
13     val = i * multi_v
```

```
    if val >255 : val =255
    multi_lut[i] = val
    log_lut[i] = np.round(max_v_log * np.log(1+i))
    invol_lut[i] = np.round(max_v_invol * np.power(i, gamma1))
    if i < thres1 : sel_lut[i] = i
    elif i > thres2 : sel_lut[i] = i
    else: sel_lut[i] =  np.round(max_v_sel * np.power(i, gamma2))
# 명암비 조절
ress = []
ress.append(cv2.LUT(img1, multi_lut))
ress.append(cv2.LUT(img1, log_lut))
ress.append(cv2.LUT(img1, invol_lut))
ress.append(cv2.LUT(img1, sel_lut))
```

위의 코드에서 각 픽셀에 대한 변환 연산을 위하여 LUT() 함수를 사용하였다. Look-Up Table(LUT)은 특정 값에 해당하는 결과 값이 계산되어 저장되어 있는 일종의 표로써 반복적인 연산에 대하여 계산 비용을 낮출 수 있다. 예제 코드에서는 각 변환이 가질 수 있는 최댓값을 고려하여 LUT을 작성하였다. OpenCV에서 지원하는 LUT() 함수의 원형은 다음과 같다.

LUT(src, lut, dst=None)	
연산 : dst ← lut[src]	
src	8비트의 입력 영상
lut	256개의 원소를 가지는 look-up table (lut는 단일 채널이거나 src와 동일한 채널을 가질 수 있음)

만약 입력 영상 $org(i,j)$의 픽셀값이 v이면 $lut[v]$에 저장된 값을 출력 영상 $res(i,j)$에 저장한다. 즉 $res(i,j) = lut[org(i,j)]$이다. 예를 들어 가로와 세로의 크기가 100인 영상에 대하여 상수곱을 한다면 총 10,000번의 곱셈이 필요하다. 하지만 LUT를 활용한다면 256번의 곱셈만을 수행하면 된다. 따라서 LUT를 잘 활용한다면 코드를 효율적으로 작성할 수 있다.

[그림 2-11] 영상 명암비 조절

(a) 입력 영상 (b) 상수곱 (c) 로그 변환 (d) 거듭제곱 변환 (e) 구간 변환

03 ·· 히스토그램 분석

3.1 히스토그램 계산

히스토그램(Histogram)은 통계, 영상 처리 등의 다양한 분야에서 사용되고 있으며 주어진 데이터의 분포를 표현하기 위하여 사용한다. 영상 처리에서 히스토그램은 다양한 용도로 활용될 수 있지만 주어진 입력에 대한 구성 요소들의 빈도를 표현한다는 것은 근본적으로는 동일하다.

입력이 $\omega \times h$ 크기의 그레이 영상인 경우에 대하여, 히스토그램을 계산하는 과정을 설명한다. 이때 ω와 h는 영상의 폭과 높이이다. 히스토그램을 계산하기 전에 가로축과 세로축을 정의해야 하는데 가로축(일반적으로, 빈(Bin)이라고 표현)은 데이터 값이고 세로축은 해당 데이터 값의 발생 빈도이다. 8비트의 그레이 영상은 [0, 255]의 값을 가질 수 있으므로, 빈 개수는 총 256개이고, 세로축은 [0, $\omega \times h$]의 값을 가질 수 있다. 이때 발생 빈도의 합은 $\omega \times h$과 동일해야 한다. 히스토그램 계산은 영상의 모든 위치에서 픽셀값을 읽은 후, 각각의 값에 해당하는 빈 위치에 1씩 누적하면 된다. 아래 그림은 5×5 크기의 입력에 대한 히스토그램 계산의 예시이다. 입력이 0~4 범위의 값을 가지기에 빈의 개수는 5개이고, 각각의 값을 가지는 픽셀의 개수는 0은 5개, 1은 8개, 2는 6개, 3은 4개, 4는 2개이다. 이를 히스토그램에 반영하면 오른쪽과 같다. 총 빈도의 합이 $\omega \times h$과 동일하다는 것을 확인할 수 있다.

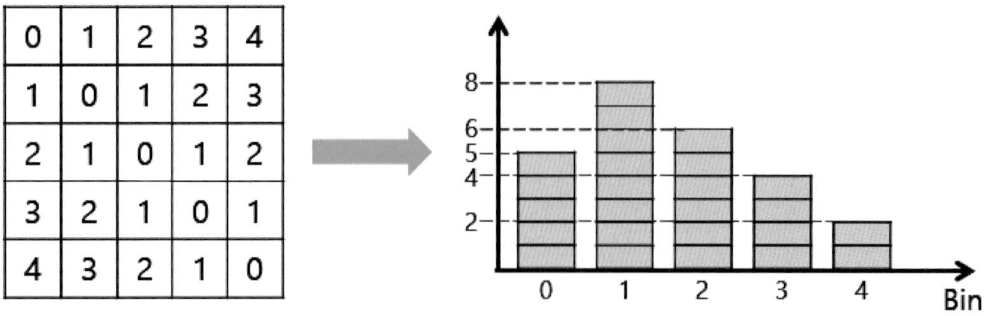

[그림 2-12] 히스토그램 계산 예시

OpenCV에서는 calcHist()를 활용하여 히스토그램을 계산할 수 있으며, 원형은 아래와 같다. 지금까지 사용한 OpenCV 함수들보다 입력 변수가 많고 복잡해 보이지만 히스토그램을 계산하기 위해 필요한 요소를 입력해 주는 것에 불과하다. 하지만 특정 입력들이 배열로 되어 있음에 유의하자.

calcHist([images], [channels], mask, [histSize], [ranges], hist=None, accumulate=None)	
기능 : 입력 영상(images)의 지정된 채널(channels)에서 특정 값 범위(ranges)에 대하여 총 빈 개수가 histSize인 히스토그램을 계산한다.	
images	히스토그램을 계산하기 위한 입력 영상
channels	입력 영상에 히스토그램을 계산하고자 하는 채널을 지정 (그레이 영상은 [0], 컬러 영상은 B,G,R에 대하여 [0], [1], [2]를 사용)
histSize	총 빈 개수
ranges	가로축의 범위
accumulate	히스토그램을 누적하여 사용할지를 지정(True이면 초기화하지 않음)

아래 히스토그램 계산 예제는 calcHist()을 이용하여 히스토그램을 구하는 코드이다. 여기서는 그레이 영상에 대해 3가지 히스토그램을 구하고자 한다. 첫 번째는 [0, 255] 구간에 대한 히스토그램이고, 두 번째와 세 번째는 각각 [0, 128]와 [128, 255] 구간에 대한 히스토그램이다. 5~7번째 코드는 히스토그램을 구하기 위한 입력 변수들을 정의하였다. histSize는 총 빈의 개수이고, ranges는 히스토그램을 구하고자 하는 구간이다. ranges를 [128, 256]로 설정하면, 이 구간에 속하는 값을 가지는 픽셀에 대해서만 히스토그램을 계산하게 된다. 여기서 반환되는 히스토그램의 빈과 ranges가 동일한 인덱스를 가지지 않는다는 것에 유의해야 한다. 예를 들어 hist3의 경우는 [128, 256]에 해당하는 픽셀에 대한 히스토그램이지만, 이들의 인덱스는 [0, 128]에 대응한다. 8~10번째 코드에서 정의한 입력들을 대입하여 히스토그램을 계산한다.

```
1  #히스토그램 계산 예제 (c2_histogram1.py)
2  # 관련 라이브러리 선언
3  from matplotlib import pyplot as plt
4  # 히스토그램 계산
```

```
5 ch1 = [0]; ch2 = [0]; ch3 = [0]
6 ranges1 = [0, 256]; ranges2 = [0, 128]; ranges3 = [128, 256]
7 histSize1 = [256]; histSize2 = [128]; histSize3 = [128]
8 hist1 = cv2.calcHist([img1], ch1, None, histSize1, ranges1)
9 hist2 = cv2.calcHist([img1], ch2, None, histSize2, ranges2)
10 hist3 = cv2.calcHist([img1], ch3, None, histSize3, ranges3)
11 # 히스토그램 출력 및 저장
12 bin_x1 = np.arange(256)
13 bin_x2 = np.arange(128)
14 bin_x3 = np.arange(128) +128
15 plt.title("Histogram")
16 plt.xlabel("Bin")
17 plt.ylabel("Frequency")
18 plt.plot(bin_x1, hist1, color='b')
19 plt.bar(bin_x2, hist2[:,0], width=6,color='r')
20 plt.bar(bin_x3, hist3[:,0], width=6,color='g')
21 plt.grid(True, lw =1, ls ='--', c='.75')
22 plt.xlim([0,255])
```

히스토그램 결과를 표시하기 위하여 3번째 코드에 선언된 matplotlib 라이브러리는 이용하였다. 이 라이브러리는 다양한 영상 입출력에 대한 함수를 지원하므로, OpenCV 함수를 이용하여 표현하기 어려운 그래프나 그림 등을 표시하고자 할 때 유용하게 사용할 수 있다. plot() 함수는 선으로 그래프를 표시하고, bar() 함수는 막대그래프를 그리는 함수이다. 예제의 결과는 아래 그림과 같다. 파란색 선은 hist1이고, 빨간색과 녹색 막대그래프는 hist2과 hist3이다. 구간을 나누어 히스토그램을 계산하여도 그 결과가 동일함을 확인할 수 있다.

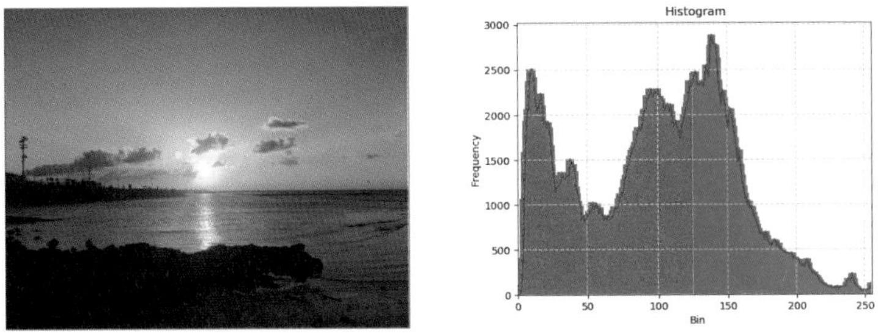

(a) (b)

[그림 2-13] 히스토그램 계산 예시

(a) 입력 영상 (b) 히스토그램

3.2 히스토그램 평활화

히스토그램은 영상이 어두울수록 낮은 값들의 구간에 분포하고, 밝은 영상의 경우에는 높은 값들의 구간에 분포한다. 이를 아래 [그림 2-14]를 통하여 확인할 수 있다. 이 그림은 입력 영상의 파란색, 녹색, 빨간색의 사각형 박스 내부의 히스토그램을 표시하였다. 녹색 박스는 영상에서 밝은 영역이고, 이에 해당하는 히스토그램 역시 높은 값들의 구간에 분포하고 있다. 반대로, 빨간색 박스는 어두운 영역에 해당하고 히스토그램도 낮은 값들의 구간에 분포하고 있다. 파란색 박스는 중간 밝기의 영역으로 히스토그램이 빨간 박스와 녹색 박스 사이의 구간에 분포하고 있다.

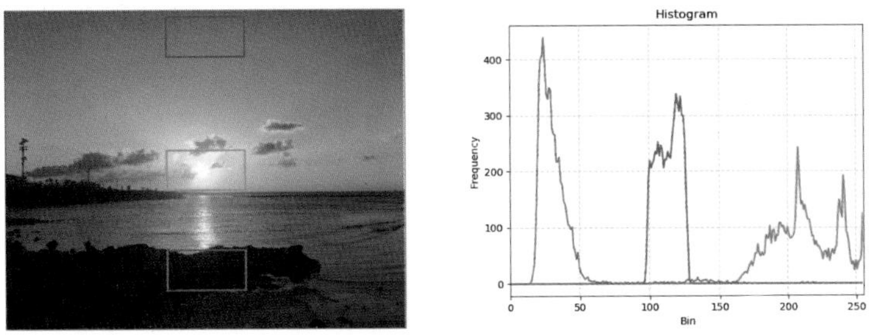

(a) (b)

[그림 2-14] 영역별 히스토그램

(a) 입력 영상 (b) 히스토그램

위의 내용을 통해 그레이 영상에서 히스토그램을 기반으로 명암비를 예측할 수 있음을 알 수 있다. 히스토그램이 좁은 구간에 분포한다면 명암비가 낮을 것이다. 반대로 넓은 구간에 걸쳐 분포하고 빈도가 균일하다면,명암비는 높을 것이다. 3장에서 변환 함수를 기반으로 명암비를 조절하는 방법을 다루었다. 히스토그램도 일종의 변환 함수로써 역할을 할 수 있다.

히스토그램의 좁은 분포를 넓은 분포([0,255])로 변환하는 것을 히스토그램 평활화(Histogram Equalization)라고 한다. 이는 아래 수식으로 구현될 수 있다.

$$b' = L \times \frac{CDF(b) - CDF_{min}}{\sum_{b=0}^{B} CDF(b) - CDF_{min}}$$

b와 b'는 평활화 이전의 빈과 평활화가 적용된 빈의 위치이다. 즉 픽셀값 b가 b'으로 변환된다는 의미이다. CDF는 누적 밀도함수(Cumulative Density Function)로 특정 픽셀값까지의 발생 빈도의 합이고, CDF_{min}는 전체 빈 구간 중에서 가장 작은 누적 값으로 $CDF_{min} > 0$을 만족해야 한다. $\sum_{b=0}^{B} CDF(b)$는 총 누적 개수로, 영상 전체의 픽셀 수와 동일하기 때문에 영상의 폭과 높이의 곱 $\omega \times h$으로 대체할 수도 있다. L은 빈의 최댓값으로, 그레이 영상에서는 255이다. 이 수식은 b의 값이 커질수록 L에 가까워지고, 반대의 경우는 0에 근접하게 된다. 위의 식을 기반으로 [그림 2-12]의 히스토그램을 $L=8$으로 평활화해 보자. 먼저 총 누적 개수 $\sum_{b=0}^{B} CDF(b)$는 25이고, CDF_{min}은 2이다. 빈에 따른 CDF는 아래 [표 2-4]의 3열과 같다. 평활화 계산은 4열에 나타내었다. 결과적으로 [0,4]의 구간이 [0,8]의 구간으로 확대됨을 확인할 수 있다.

빈	발생 개수	CDF	평활화 후의 빈
0	5	5	$8 \times \frac{5-2}{25-2} = 1$
1	8	13	$8 \times \frac{13-2}{25-2} = 3$
2	6	19	$8 \times \frac{19-2}{25-2} = 5$
3	4	23	$8 \times \frac{23-2}{25-2} = 7$
4	2	25	$8 \times \frac{25-2}{25-2} = 8$
5	0	25	0
6	0	25	0

7	0	25	0
8	0	25	0

[표 2-4] 히스토그램 평활화

OpenCV에서는 equalizeHist() 함수를 이용하여 히스토그램 평활화를 수행할 수 있으며, 이 함수의 원형은 아래와 같다. 이 함수의 입력은 8비트 단일 채널인 것에 유의하자.

equalizeHist(src, dst=None)	
기능 : 입력 영상(src)에 대하여 히스토그램 평활화를 수행한다.	
src	8비트 단일 채널 입력 영상
det	입력 영상과 동일한 크기와 자료형의 출력 영상

아래 예제는 히스토그램 평활화 등을 사용하여 명암비를 조절하는 코드이고, 그 결과를 [그림 2-15]에 나타내었다. 히스토그램 평활화에 의한 결과([그림 2-15] (b))는 입력 영상([그림 2-15] (a))에 대비하여 좌우에 위치한 바위와 해안가 영역에 대하여 시각적으로 더 상세히 보임을 알 수 있다. 또한, 히스토그램도 입력 영상에 대비하여 더 넓은 구간에 분포함을 알 수 있다. [그림 2-15]의 (c)와 (d)는 각각 로그 변환과 $\gamma = 0.4$의 거듭제곱 변환 결과이다. 마찬가지로 두 변환의 결과도 히스토그램의 분포 구간이 커지고 시각적으로 더 상세히 보인다. 다만 두 변환은 값이 큰 구간에 대하여 출력이 작은 구간으로 변환되기 때문에 히스토그램 평활화에 비하여 밝은 영역에서 포화되는 부분이 상대적으로 적다. 이는 입력 영상의 중앙 부분을 보면 확인할 수 있다. 히스토그램 평활화의 결과 영상에서는 중앙 부분의 밝은 부분이 확장되었지만, 나머지 두 변환의 결과 영상에서는 입력 영상과 유사한 패턴을 보여주고 있다.

```
# 히스토그램 평활화 예제 (c2_histogramEqualization.py)
#히스토그램 평활화 및 히스토그램 계산
res1 = cv2.equalizeHist(img1)
ch1 = [0]; ranges1 = [0, 256]; histSize1 = [256]
hist1 = cv2.calcHist([img1], ch1, None, histSize1, ranges1)
```

```
hist2 = cv2.calcHist([res1], ch1, None, histSize1, ranges1)
#상수곱, 로그곱, 거급제곱 변환 기반 명암비 조절 및 히스토그램 계산
multi_lut = np.full(shape=[256], fill_value=0, dtype=np.uint8)
log_lut = np.full(shape=[256], fill_value=0, dtype=np.uint8)
invol1_lut = np.full(shape=[256], fill_value=0, dtype=np.uint8)
multi_v =2; gamma1 =0.4
thres1 =5; thres2 =100
max_v_log =255/ np.log(1+255)
max_v_invol1 =255/ np.power(255, gamma1)
for i inrange(256):
    val = i * multi_v
    if val >255 : val =255
    multi_lut[i] = val
    log_lut[i] = np.round(max_v_log * np.log(1+i))
    invol1_lut[i] = np.round(max_v_invol1 * np.power(i, gamma1))
# 명암비 조절
res2 = cv2.LUT(img1, multi_lut)
res3 = cv2.LUT(img1, log_lut)
res4 = cv2.LUT(img1, invol1_lut)
hist3 = cv2.calcHist([res2], ch1, None, histSize1, ranges1)
hist4 = cv2.calcHist([res3], ch1, None, histSize1, ranges1)
hist5 = cv2.calcHist([res4], ch1, None, histSize1, ranges1)
```

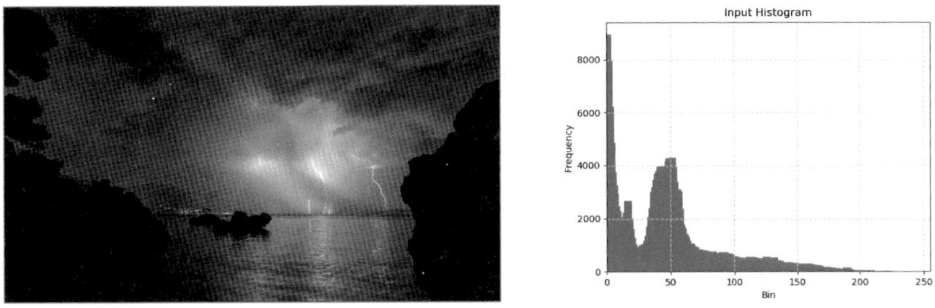

(a)

(b)

(c)

(d)

[그림 2-15] 명암비 조절 결과

(a) 입력 영상과 히스토그램 (b) 히스토그램 평활화 (c) 로그 변환 (d) 거듭제곱 변환

3.3 히스토그램 역투영

히스토그램은 원하는 목표물을 찾는 데 유용하게 사용할 수 있다. 이를 위하여 히스토그램 역투영(Histogram Backprojection)이 유용하게 사용된다. 히스토그램 역투영은 아래 수식과 같이 표현할 수 있다.

$res(i,j) = Hist_{target}[org(i,j)]$

위 수식에서 *org*는 입력 영상, *res*는 히스토그램 역투영 결과 영상, $Hist_{target}$은 역투영을 위한 히스토그램이다. 아래 [표 4-2]의 1열에 해당하는 입력을 역투영해 보자. 이때 $Hist_{target}$은 [표 4-2]의 3열이다. 입력값은 $Hist_{target}$에 의하여 4열과 같이 변환될 수 있다. 이때 중요한 점은 역투영값이 $Hist_{target}$에서 유의미한(>0) 위치에 한해서만 0이 아닌 값을 가진다는 것이다. 즉 $Hist_{target}$을 이용하여 입력에서 목표로 하는 값을 가진 위치만 추출할 수 있다는 것이다. 5열의 발생 개수를 통하여 4곳에서 유의미한 값을 가짐을 알 수 있다.

빈	입력	$Hist_{target}$	역투영 값	발생 개수
0	5	0	$Hist_{target}[5] = 0$	7
1	8	1	$Hist_{target}[8] = 0$	1
2	6	2	$Hist_{target}[6] = 0$	2
3	4	3	$Hist_{target}[4] = 0$	1
4	2	0	$Hist_{target}[2] = 2$	0
5	0	0	$Hist_{target}[0] = 0$	0
6	0	0	$Hist_{target}[0] = 0$	0
7	2	0	$Hist_{target}[2] = 2$	0
8	3	0	$Hist_{target}[3] = 3$	0
9	0	0	$Hist_{target}[0] = 0$	0
10	1	0	$Hist_{target}[1] = 1$	0

[표 2-5] 히스토그램 역투영 계산

아래 예제는 히스토그램 역투영을 이용하여 원하는 색상을 가지는 영역을 추출하는 코드이며, 그 결과를 [그림 2-16]에 나타내었다. *H* 컬러 공간의 영상에서 특정 구간의 히스토그램을 구하고, 이 히스토그램을 역투영하여 유사한 컬러 특성을 가지는 영역들을 찾는 과정에 대한 간략한 코드이다.

```
1   # 히스토그램 역투영 예제 (c2_histogramBackprojection.py)
2   # 컬러 공간 변환 및 채널 분할
3   img1_HSV = cv2.cvtColor(img1, cv2.COLOR_BGR2HSV)
4   img1_H, img1_S, img1_V = cv2.split(img1_HSV)
5   # 입력 히스토그램 생성
6   ch1 = [0]; ranges1 = [0, 256]; histSize1 = [256]; bin_x1 = np.arange(256)
7   mask1 = img1_H[110:150, 200:240]
8   hist_mask = cv2.calcHist([mask1], ch1, None, histSize1, ranges1)
9   # 히스토그램 역투영 수행
10  bp = cv2.calcBackProject([img1_H], ch1, hist_mask, ranges1, 1)
```

그레이 영상이 1채널인데 반해, 컬러 영상은 3채널을 가지며 각 채널은 그레이 영상과 동일한 형태이다. OpenCV에서는 다양한 컬러 변환을 지원하고 있다. 대표적으로 BGR2GRAY, BGR2HSV, BGR2HSV, BGR2Lab, BGR2Luv, BGR2YCrCb, BGR2YUV 등이 있으며, cvtColor() 함수가 컬러 변환을 수행한다. 변환된 컬러 영상을 각 채널별로 분할하기 위하여 split() 함수를 사용하였다. 이번 예제에서는 HSV 컬러 공간에서 색상 H(Hue) 채널만을 사용한다.

역투영을 위하여, [그림 2-16] (a)의 흰색 박스로 표시된 영역의 히스토그램을 사용하였다. 5~10번째 코드는 입력 히스토그램을 생성하고 이를 이용하여 역투영하는 과정이다. 입력 영상은 [그림 2-16] (b)와 같이 다양한 색을 가지지만, 입력 히스토그램([그림 2-16] (c))은 특정 색 구간에 대해서만 분포함을 알 수 있다. 이를 입력에 역투영하게 되면, [그림 2-16] (f)와 같이 특정 구간에 대해서만 반응하게 된다. 결과적으로, [그림 2-16] (e)와 같이 입력 마스크와 유사한 색을 가지는 영역을 추출할 수 있다.

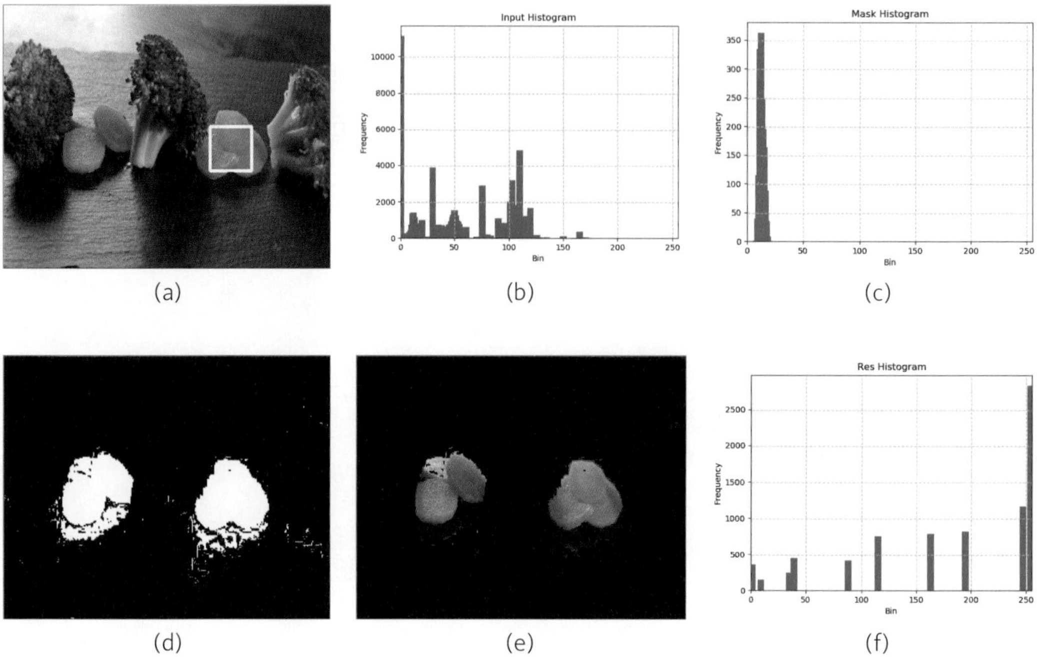

[그림 2-16] 히스토그램 역투영을 이용한 목표 영역 추출

(a) 입력 영상, 하얀색 박스는 마스크 영역 (b) 입력 영상에 대한 히스토그램 (c) 마스크 영역에 대한 히스토그램

(d) 히스토그램 역투영 결과의 이진 영상 (e) 역투영 영상과 입력 영상의 AND 연산 (f) 역투영 결과에 대한 히스토그램

04 ·· 필터링

4.1 블러링

영상 처리에서 공간적 필터링이란 입력 영상의 특정 위치의 픽셀 $org(i,j)$ 또는 그 주변의 픽셀들까지 포함한 성분들에 임의의 연산을 수행하여 그 결괏값을 목적 위치 $res(i,j)$에 대입하는 것이다. 여기서 연산을 위하여 사용하는 픽셀의 개수를 결정하는 것이 필터의 크기이고, 필터 내부의 연산은 다양하게 정의할 수 있다.

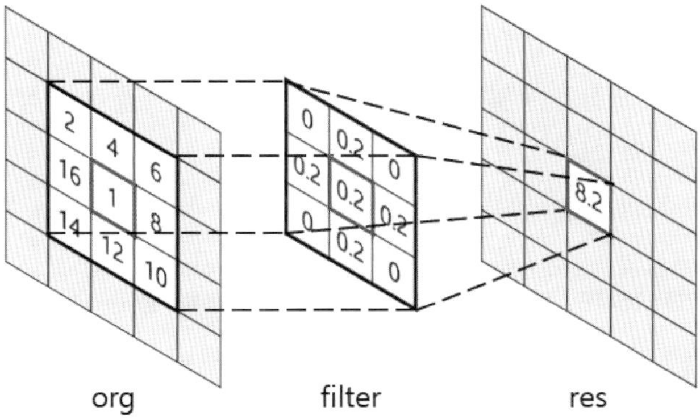

[그림 2-17] 필터링을 통한 새로운 값 생성 예시

위의 [그림 2-17]은 필터링 예시이다. 입력의 빨간 박스 위치를 중심으로 3×3의 필터를 적용하였다. 필터의 값과 이 위치에 대응하는 입력의 값을 곱한 후에, 모든 값들을 합하여 출력의 빨간 박스 위치에 새로운 값을 대입하였다. 이는 아래 수식과 같다.

$$res(i,j) = \sum_{h_f=0}^{H_f-1} \sum_{w_f=0}^{W_f-1} \left(org\left(i - \frac{W_f}{2} + w_f,\ j - \frac{H_f}{2} + h_f \right) \times v_{(w_f, h_f)} \right)$$

이 수식에서 W_f와 H_f는 필터의 가로와 세로의 크기이고, $v(\omega_f, h_f)$는 필터 위치 (ω_f, h_f)의 값이다. 필터의 크기가 커질수록 더 많은 주변 정보를 반영하여 새로운 값이 생성되고, 필터는 형태는 1×3, 5×1, 5×5 등과 같이 매우 다양하게 정의될 수 있다. 필터링은 영상 처리에서 매우 광범위하게 사용되고 있으며, 최근의 주요 연구 분야인 딥러닝도 기본 연산은 필터링이다.

블러링(Blurring)은 필터링을 이용하여 영상을 부드럽게 만드는 기법으로 잡음 제거 등의 전처리 용도로도 사용하거나, 시간적인 효과를 위하여 사용하기도 한다. 영상이 부드럽다는 것은 이웃한 픽셀들 간의 값 차이가 크지 않다는 것을 의미하는 것으로 특정 픽셀이 주변 픽셀값보다 두드러지는 값을 가지지 않게 하면 된다. 이는 다양한 방식으로 구현할 수 있다. OpenCV에서는 blur()라는 함수를 지원하며 평균값을 구하는 연산을 수행하기에 평균 필터(Average Filter)라고 할 수 있다. 이 함수의 원형은 아래와 같다.

blur(src, ksize, dst=None, anchor=None, boarderType=None)	
기능 : 입력 영상(src)을 지정된 크기(ksize)의 필터를 기반으로 평균값을 처리한다.	
src	8/16/32/64 비트의 입력 영상
dst	입력 영상과 동일한 크기와 자료형을 가지는 출력 영상
ksize	필터의 크기
anchor	좌표의 원점 위치를 지정 ((-1,-1)이면, 필터의 중심을 원점으로 사용함)
boarderType	영상의 가장 자리를 처리하는 방식 지정(BORDER_CONSTANT, BORDER_REPLICATE, BORDER_REFLECT, BORDER_WRAP 등이 있음)

boarderType은 영상의 가장 자리와 같이 필터에 해당하는 영상의 픽셀이 존재하지 않을 때 처리 방식을 지정하는 것이다. OpenCV의 기본 처리 방식은 BORDER_REFLECT_101으로 이는 아래 [그림 2-18] (g)와 같다. 이는 인접한 픽셀의 다음 픽셀값을 대칭 방향으로 가져온다. BORDER_REFLECT은 인접한 픽셀부터 대칭으로 가져오며, BORDER_REPLICATE는 가장 가까운 픽셀의 값으로 나머지 공간을 채운다. BORDER_WRAP는 가장 멀리 있는 대칭 픽셀의 값부터 반대로 가져오며, BORDER_CONSTANT는 주어진 특정 값 c로 빈 곳을 채운다. 특정 값이 주어지지 않는다면 0으로 채우게 된다. [그림 2-18]에서 연두색으로 채워진 곳은 입력 영상의 일부이고, 흰색은 입력 영상의 가장자리 외부 위치이다. 빨간 박스는 필터의 중앙 위치이고 파란색 박스는 필터가 적용된 공간을 의미한다.

		1	2	3	4
		5	6	7	8
		9	10	11	12
		13	14	15	16

(a)

c	c	c	c	c	
c	c	c	c	c	
c	c	1	2	3	4
c	c	5	6	7	8
c	C	9	10	11	12
		13	14	15	16

(b)

1	1	1	1	3	
1	1	1	2	3	
1	1	1	2	3	4
5	5	5	6	7	8
9	9	9	10	11	12
		13	14	15	16

(c)

11	12	9	10	11	
15	16	13	14	15	
3	4	1	2	3	4
7	8	5	6	7	8
11	12	9	10	11	12
		13	14	15	16

(d)

6	5	5	6	7	
2	1	1	2	3	
2	1	1	2	3	4
6	5	5	6	7	8
10	9	9	10	11	12
		13	14	15	16

(e)

11	10	9	10	11	
7	6	5	6	7	
3	2	1	2	3	4
7	6	5	6	7	8
11	10	9	10	11	12
		13	14	15	16

(f)

[그림 2-18] boarderType에 따른 가장자리 픽셀값
(a) 입력 (b) CONSTANT (c) REPLICATE (d) WARP (e) REFLECT (f) REFLECT_101

OpenCV에서는 blur() 함수는 동일한 역할을 수행할 수 있는 boxFilter()가 있으며 원형은 아래와 같다. 이 함수에서 정규화를 수행한다면 blur() 함수와 동일한 결과를 얻게 된다.

boxFilter(src, ddepth, ksize, dst=None, anchor=None, normalize=None, boarderType=None)	
기능 : 입력 영상(src)을 지정된 크기(ksize)의 필터를 이용하여 옵션(normalize)에 따라 평균값을 계산하거나 합산한다.	
ddepth	출력 영상의 깊이를 지정 (-1이면 입력 영상과 동일함)
normalize	정규화 여부를 지정 (True 또는 False)

두 함수의 계산은 아래 수식과 동일하다. W와 H는 필터의 가로와 세로의 크기이고, 필터의 중심점이 좌표의 원점이라고 가정했으며, 필터의 모든 원소는 1이다. blur() 함수는 $N=W\times H$이고, boxFilter()는 normalize가 기본값인 True이면 blue() 함수와 동일하게 $N=W\times H$이고, False이면 $N=1$이다.

$$res(i,j) = \frac{1}{N} \sum_{y=-H/2}^{H/2} \sum_{x=W/2}^{W/2} (org(i+x, j+y) \times v(x,y))$$

추가적으로, OpenCV에서는 범용적으로 사용하기 용이한 filter2D() 함수가 있으며 원형은 아래와 같다. 이 함수도 위의 수식과 동일한 연산을 수행하지만 $N=1$이다. 위의 두 함수와의 차이점은 필터를 직접 만들어서 입력할 수 있다는 것이다. 따라서 다양한 확률 분포의 형태를 필터로 사용할 수 도 있다.

filter2D(src, ddepth, kernel, dst=None, anchor=None, delta=None, boarderType=None)	
기능 : 입력 영상(src)에 주어진 필터(kernel)를 적용한다.	
kernel	단일 채널의 실수 원소를 가지는 필터 (convolution 또는 correlation kernel 이라 함)
delta	출력 결과에 추가적으로 더하는 값

아래 블러링 예제는 앞에서 설명한 다양한 함수를 이용하여 입력 영상을 부드럽게 만드는 코드이다. 필터의 크기를 다르게 하여 그 결과를 [그림 2-19]에 나타내었다. 필터의 크기가 커질수록 영상은 부드러워지지만 렌즈의 초점이 맞지 않는 것처럼 영상이 흐려지고, 사물 간의 경계가 모호해짐을 확인할 수 있다. 정사각형 형태의 필터뿐만 아니라 직사각형 형태의 필터도 적용이 가능하다. 9번째 코드가 이에 해당하는 것으로 세로축의 값들만으로 평균한 값을 사용하기 때문에 위아래로 흔들리는 것처럼 보이는 결과 영상을 얻게 된다. 만약 가로로 긴 필터(21×1)를 사용하였다면 옆으로 흔들리는 영상을 얻게 될 것이다.

```
1  # 블러링 예제 (c2_blur.py)
2  # 필터 정의 및 블러링 수행
3  ksize1 =3; ksize2 =5; ksize3 =7; ksize4 =9
4  kernel = np.full(shape=[ksize4,ksize4], fill_value=1, dtype=np.float32) /
         (ksize4*ksize4)
5  res1 = cv2.blur(img1, (ksize1,ksize1))
6  res2 = cv2.blur(img1, (ksize2,ksize2))
7  res3 = cv2.boxFilter(img1, -1, (ksize3,ksize3))
```

```python
res4 = cv2.filter2D(img1, -1, kernel)
res5 = cv2.boxFilter(img1, -1, (1,21))
```

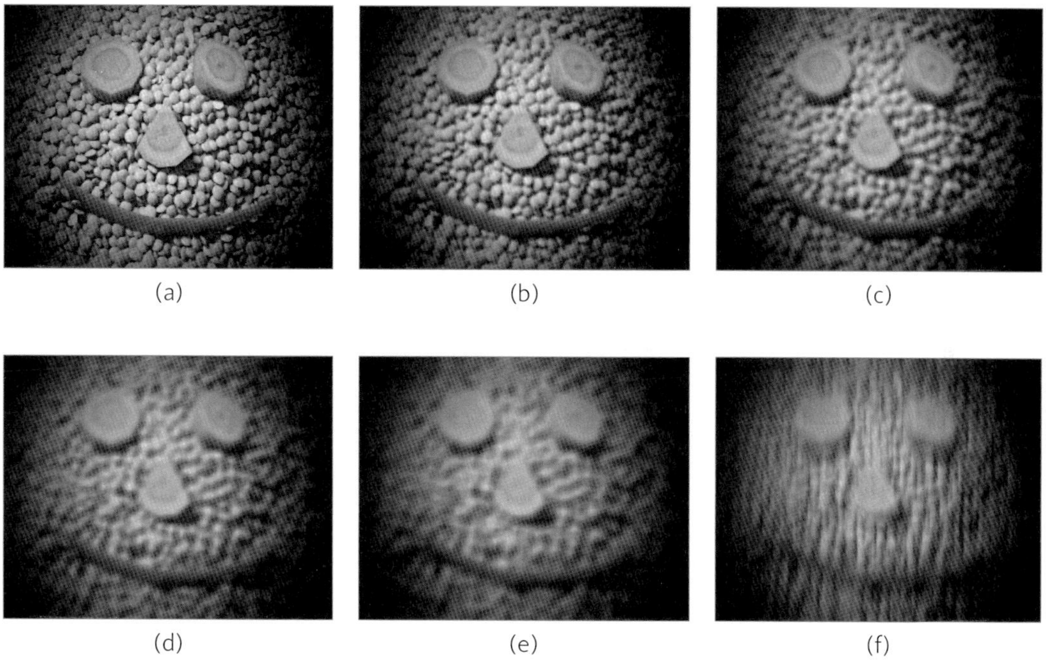

[그림 2-19] 블러링 결과

(a) 입력 영상 (b) 3×3필터 (c) 5×5 필터 (d) 7×7 필터 (e) 9×9 필터 (f) 1×21 필터

앞의 예제는 필터가 적용되는 영상의 모든 픽셀에 동일한 가중치를 적용한 것이다. 이 방법 이외에 블러링을 위하여 많이 사용하는 방법은 가우시안(Gaussian) 필터이다. 가우시안은 평균과 분산으로 분포를 표현하는 것으로 아래의 수식과 [그림 2-20]의 형태를 가진다.

$$f(x) = \frac{1}{\sigma\sqrt{2\pi}} e^{-\frac{1}{2}\left(\frac{x-\mu}{\sigma}\right)^2}$$

위 수식에서 δ는 표준편차, μ는 평균이다. 평균을 필터의 중앙이라고 가정하고 가우시안 분포의 값이 필터의 각 위치에 사용되는 값(가중치)이라고 해보자. 분산이 작을수록 중앙에 위치한 픽셀값의 영향이 커지고, 반대로 분산이 커질수록 주변 값들의 영향이 커지는 형태라는 것을 알 수 있다. 하지만 분산이 극단적으로 커지지 않는 이상에는 중앙에 위치한 픽셀이 가장 큰 가중치를 가지고 주변 픽셀들은 이보다는 작은 가중치를 가진다.

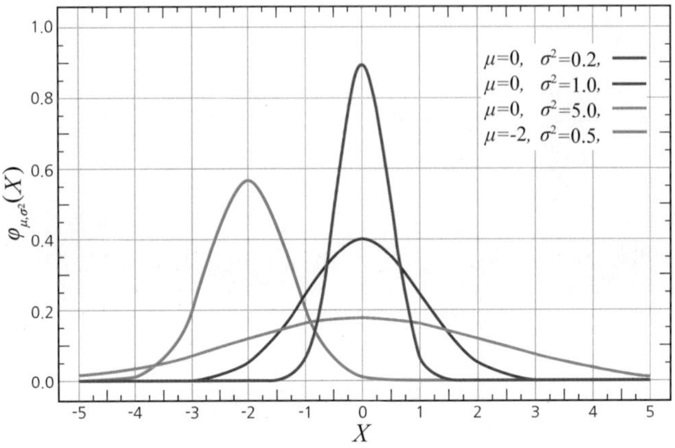

[그림 2-20] 가우시안 분포

OpenCV에서는 가우시안을 이용하여 블러링을 수행할 수 있는 GaussianBlur() 함수를 지원한다. 함수의 원형은 아래와 같고, 이를 이용한 코드가 가우시안 블러링 예제이다. 필터의 크기는 7×7, 9×9, 1×21이고 동일한 입력 영상을 사용하였다. 블러링의 결과([그림 2-21])를 보면 동일한 크기의 필터를 사용함에도 앞의 예제에서 보여 주었던 blur() 함수보다 윤곽이 잘 유지되면서 부드러워짐을 알 수 있다.

GaussianBlur(src, ksize, sigmaX, dst=None, sigmaY=None, boarderType=None)	
기능 : 입력 영상(src)에 가우시안 필터를 적용한다.	
sigmaX	가로축(X)의 표준편차
sigmaY	세로축(Y)의 표준편차 (0이면 sigmaX와 동일함, sigmaX와 sigmaY 모두 0이면 필터 사이즈(ksize)에 의해 결정됨)

```
# 가우시안 블러링 예제 (c2_gaussianBlur.py)
# 필터 정의 및 블러링
ksize1 =7; ksize2 =9
res1 = cv2.GaussianBlur(img1, (ksize1,ksize1), 0)
```

```python
res2 = cv2.GaussianBlur(img1, (ksize2,ksize2), 0)
res3 = cv2.GaussianBlur(img1, (1,21), 0)
```

(a) (b) (c)

[그림 2-21] 가우시안 필터에 의한 블러링 결과
(a) 7×7 필터 (b) 9×9 필터 (c) 1×21 필터

4.2 샤프닝

샤프닝(Sharpening)은 영상을 선명하게 만드는 기법으로 블러닝과는 반대의 결과를 가진다. 블러닝이 주변 픽셀과의 픽셀값 차이를 작게 하여 영상을 부드럽게 만든다면 샤프닝은 반대로 주변 픽셀과의 차이를 크게 하여 윤곽을 명확하게 하는 것이다.

주변 픽셀들의 값 차이를 크게 만드는 가장 간단한 필터의 형태는 필터의 중앙값을 필터의 가로와 세로의 곱의 결과로 하고, 나머지 값들은 -1로 하는 것이다. 아래 [그림2-21]은 3×3 필터을 이용한 연산의 예시이다. 입력의 빨간 박스에 해당하는 픽셀은 주변보다 5만큼 큰 값인데 출력에선 값이 40만큼 증가한 95가 되었다. 반대로 파란색 박스에 해당하는 픽셀은 주변보다 5만큼 작은 값인데 출력에서는 40만큼 감소한 5가 되었다. 만약 주변 값들과 동일한 값을 가진다면 출력의 값은 입력과 같을 것이다. 이 방법은 작은 값 차이도 크게 반영하기 때문에 그레이 영상이 흑백 영상처럼 보일 수 있다. 따라서 샤프닝의 개념에는 충실하지만, 시각적으로는 적합하지 않을 수 있다.

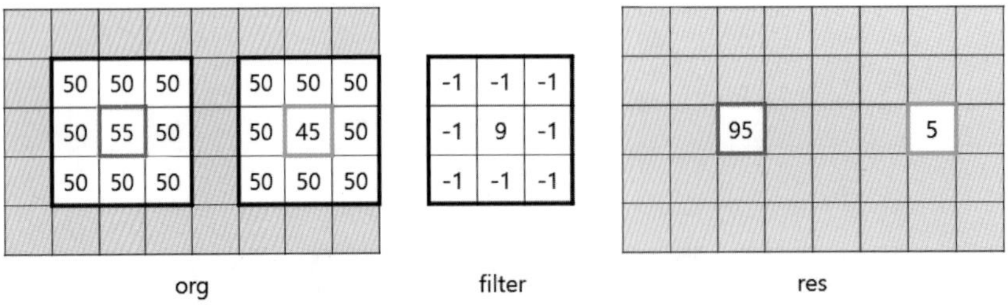

[그림 2-22] 3×3 필터를 이용한 샤프닝 연산 예시

또 다른 방법으로 언샤프(Unsharp) 기법이 있다. 이 방법은 입력 영상과 블러링 영상 간의 차이를 이용한다. 블러링 기법은 주변 픽셀과 값 차이가 큰 픽셀(윤곽 부분)일수록 원 영상의 픽셀값과 차이가 큰 값을 반환하고, 유사할수록 원 영상의 값을 그대로 반영한다. 따라서 원 영상과 블러링 영상을 비교한다면 강조해야 할 윤곽 부분을 알 수 있다. 블러링을 이용하여 강조해야 할 픽셀들의 위치를 계산한 후에는 이들의 픽셀값을 조정하면 언샤프닝이 수행된다. 지금까지의 과정을 수식으로 표현하면 아래와 같다.

$$res(i,j) = \underbrace{(1+\alpha)\times org(i,j)}_{S} - \underbrace{\frac{1}{N}\sum_{y=-H/2}^{H/2}\sum_{x=W/2}^{W/2}(org(i+x, j+y)\times v(x,y))}_{B}$$

위 수식에서 B는 블러링이 처리된 값이고, S는 원영상의 픽셀값을 α만큼 상수배한 것이다. α값이 커질수록 윤곽 부분에 대한 분별력이 커지겠지만, 지나치게 커질 경우에는 영상에서 밝은 영역들이 과도하게 많아지고 객체들의 분별력이 오히려 저하될 수 있다. 그리고 블러링을 위해 사용하는 필터의 크기가 커질수록 윤곽 부분으로 인식되는 픽셀이 증가하게 된다. 이는 처리하고자 하는 픽셀이 상대적으로 유사한 값을 가질 가능성이 높은 인접한 주변 픽셀 이외에 더 많은 주변 픽셀들로부터 영향을 받아 픽셀값이 결정되기 때문이다.

OpenCV에서는 샤프닝을 수행하는 함수를 지원하지는 않는다. 앞 절에서 배운 함수들을 이용하여 샤프닝을 수행하는 코드와 결과를 아래 샤프닝 예제와 [그림 2-23]에 나타내었다. [그림 2-23] (b) 영상은 [그림 2-22]의 필터를 적용한 결과이고, (c)와 (d)는 언샤프 기법에 따른 결과이다. (c)는 3×3 필터를 사용하여 불러링 처리된 영상을 이용하였고, (d) 15×15 필터를 이용하였다. 입력 영상과 블러링 영상과의 차이를 (e)에 (f)에 각각 나타내었다. 블러링을 위해 사용하는 필터의 크기가 커질수록 더 많은 픽셀이 언샤프에 반영되고 그 값이 크다는 것을 알 수 있다.

```
# 샤프닝 예제 (c2_Sharpening.py)
# 샤프닝 수행
kernel = np.array([[-1,-1,-1],[-1,9,-1],[-1,-1,-1]])
res1 = cv2.filter2D(img1, -1, kernel)
# 언샤프 기법 수행
ksize1 =3; ksize2 =15
img1_blur1 = cv2.blur(img1, (ksize1,ksize1))
img1_blur2 = cv2.blur(img1, (ksize2,ksize2))
res2 = cv2.subtract(img1.astype(np.uint16) *2, img1_blur1.astype(np.uint16))
res3 = cv2.subtract(img1.astype(np.uint16) *2, img1_blur2.astype(np.uint16))
res2 = res2.astype(np.uint8); res3 = res3.astype(np.uint8)
```


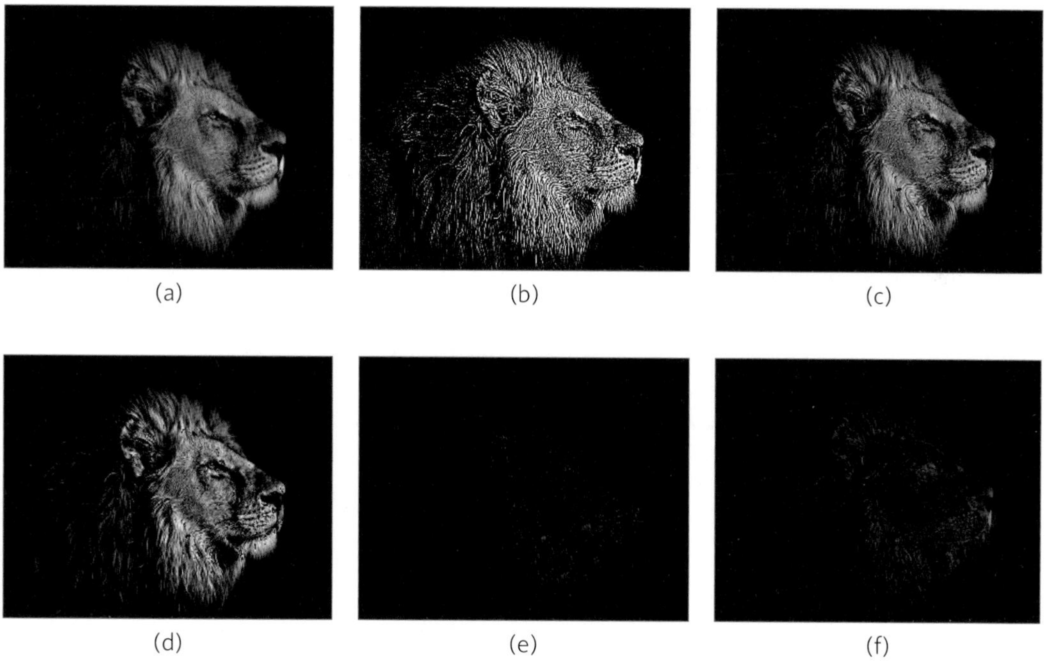

[그림 2-23] 샤프닝 결과

(a) 입력 영상 (b) 3×3 필터 이용 (c) 3×3 블러링 기반 언샤프 (d) 15×15 블러링 기반 언샤프
(e) 원 영상과 블러된 영상(3×3 필터)의 절대차 영상 (f) 원 영상과 블러된 영상(15×15)의 절대차 영상

4.3 미디언 필터링

지금까지는 블러닝과 샤프닝 기법과 같이 영상에 필터 기반의 곱과 합의 연산을 이용하여 새로운 값을 생성하는 방법을 설명하였다. 이번 절에서는 다른 방식의 필터를 소개하도록 한다.

미디언(Median) 필터링은 필터에 대응하는 입력값 중에서 중앙값을 찾는 것이 목표이다. 중앙값이란 입력값들을 오름차순 또는 내림차순으로 나열한 후에 중앙에 위치하는 값이다. 영상에서 중앙값이란, 지정된 영역 안에서 다른 픽셀들과 이질감이 가장 작은 값을 의미한다. 특정 픽셀의 이질감이 크다는 것은 주변의 픽셀값들과 차이가 큰 값을 가진다는 것으로 윤곽선 또는 잡음에 해당하는 부분이 이러한 특징을 가진다. 윤곽선은 중요한 부분이기에 그러한 특징을 유지해야 하지만, 잡음은 제거해야 할 요소이다. 소금과 후추(Sort-and-pepper) 잡음, 가우시안 잡음, 균등(Uniform) 잡음이 영상에 나타나는 대표적인 형태이고 아래 [그림 2-24]와 같이 입력 신호를 변화시킨다. 소금과 후추 잡음은 임의의 픽셀값을 0 또는 255의 값으로 변화시키고, 균등 잡음은 영상 전반에 걸쳐서 동일한 패턴을 가지는 잡음이 반영된다. 가장 일반적인 형태인 가우시안 잡음은 주어진 평균과 표준편차에 따라 임의의 잡음을 발생시킨다. 즉 소금과 후추 잡음처럼 특정 값(0 또는 255)을 발생시키거나, 균등 잡음처럼 동일한 패턴을 가지지 않는다.

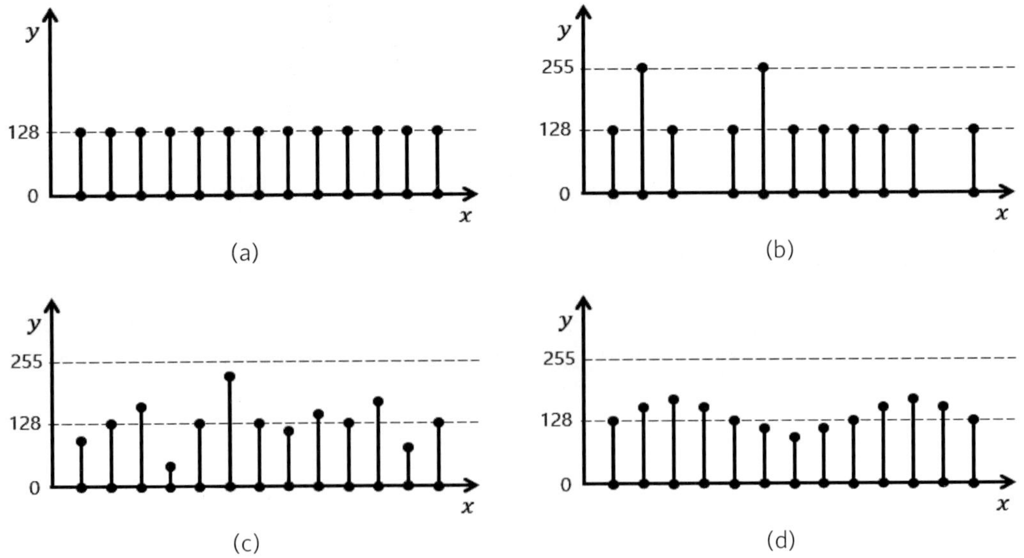

[그림 2-24] 잡음에 따른 변화
(a) 입력 신호 (b) 소금과 후추 (c) 가우시안 분포 (d) 균등 분포

미디언 필터는 소금과 후추 잡음을 제거하는 데 효과적이다. [그림 2-24] (b)에서도 알 수 있듯이 소금과 후추 잡음은 가장 작은 값 또는 가장 큰 값을 가지기 때문에 크기순으로 나열하면 측면에 위치하게 되며, 미디언 필터에 의해 반환되는 중앙값이 아니다. 따라서 미디언 필터를 적용하게 되면 최댓값 또는 최솟값을 가지는 잡음이 제거된다. 이를 위하여, OpenCV에서는 medianBlur()를 제공하며, 원형은 아래와 같다.

medianBlur(src, ksize, dst=None)

기능 : 입력 영상(src)에서 지정된 크기의 필터를 적용하여 미디언 필터를 적용한다.

가우시안 잡음이나 균일 잡음은 앞 절에서 소개한 평균 필터나 가우시안 필터를 이용하여 제거할 수 있다. 하지만 이들 방법은 잡음을 제거하면서 동시에 윤곽 부분의 손실도 초래한다. 이를 보완하기 위한 기법으로 양방향 필터(Bilateral Filter)가 있다. 이 방법은 영상을 블러닝 처리하게 되면 윤곽 부분도 흐려지는 것을 억제하기 위하여 제안된 것으로 기본적인 개념은 아래 수식과 같이 표현할 수 있다.

$$res(l) = \frac{1}{N} \sum_{y=-H/2}^{H/2} \sum_{x=W/2}^{W/2} \left(g_{\sigma_d}(\parallel org(l) - org(f) \parallel) \times g_{\sigma_v}(|l-f|) \times org(f) \right)$$

위 수식에서 $l=(i,j)$ 이고 $f=(i+x, j+y)$ 으로 각각 입력 영상과 필터에 대응하는 위치를 나타낸다. $g_{\delta}()$는 표준편차가 δ인 가우시안 분포함수이다. N은 정규화를 위한 값으로 아래와 같다.

$$N = \sum_{y=-H/2}^{H/2} \sum_{x=W/2}^{W/2} \left(g_{\sigma_d}(\parallel org(l) - org(f) \parallel) \times g_{\sigma_v}(|l-f|) \right)$$

양방향의 의미는 출력값을 계산하기 위하여 2가지 가중치를 이용한다는 것이다. 첫 번째 가중치는 픽셀값 유사도로 픽셀값이 유사하면 큰 값을 가지고, 차이가 클수록 작은 값을 가진다. 두 번째 가중치는 거리 유사도로 거리에 반비례하여 가중치를 부여한다. 가중치는 가우시안 분포에 의하여 결정되면 픽셀값과 거리에 대하여 다른 표준편차를 사용할 수 있다.

양방향 필터는 임의의 픽셀이 주변 픽셀들과 유사한 값을 가지고 필터의 중심에 가까울수록 높은 가중치를 부여하고, 픽셀값이 유사하지 않고 거리가 멀수록 낮은 가중치를 부여한다.

하지만 픽셀값이 유사하면 거리가 멀더라도 높은 가중치를 가질 수 있고 인접한 픽셀일지라도 픽셀값이 유사하지 않으면 낮은 가중치를 가질 수 있다.

양방향 필터가 윤곽 부분을 유지하면서 영상을 부드럽게 할 수 있는 원리를 알아보자. 양방향 필터의 수식에서 픽셀값 유사도를 판단하는 항을 제외하면 일반적인 가우시안을 이용한 블러링 수식과 동일하다. 따라서 기본적으로 영상을 부드럽게 하는 기능을 수행한다. 윤곽 부분을 유지하게 해주는 픽셀 값 유사도 항을 살펴보자. 윤곽에 해당하는 픽셀은 주변 픽셀들과는 차이가 큰 값을 가지므로 이들의 유사도는 가우시안 분포의 중앙에서 멀리 떨어진 구간에 해당할 것이다. 따라서 주변 픽셀들은 낮은 픽셀값 유사도를 가지게 되고, 윤곽 부분에 해당하는 픽셀은 거리 유사도와 상관없이 입력 픽셀의 값이 그대로 출력이 될 것이다. 이로 인하여 양방향 필터는 윤곽선을 유지할 수 있게 한다.

OpenCV에서는 bilateralFilter() 함수를 지원하며, 원형은 다음과 같다.

bilateralFilter(src, d, sigmaColor, sigmaSpace, dst=None, borderType=None)	
기능 : 입력 영상(src)에서 지정된 표준편차들을 이용하여 양방향 필터를 적용한다.	
src	8비트(또는 실수형) 1/3채널 입력 영상
d	필터의 반경을 지정 (음수이면, sigmaSpace에 의해 결정됨)
sigmaColor	픽셀값 유사도의 가중치를 결정하는 가우시안 분포의 표준편차
sigmaSpace	거리 유사도의 가중치를 결정하는 가우시안 분포의 표준편차
dst	입력 영상과 동일한 크기와 자료형을 가지는 출력 영상
borderType	영상의 가장 자리를 처리하는 방식 지정

아래 예제는 다양한 필터를 이용하여 잡음을 제거하는 코드이고, 그 결과를 [그림 2-25]에 나타내었다. 소금과 후추 잡음을 추가한 영상에 미디언 필터링을 수행한 결과는 (d)와 (e)이다. 필터의 크기가 증가함에 따라 잡음 제거가 잘 수행되지만, 윤곽 부분이 더 흐려짐을 확인할 수 있다. (f)~(h)는 가우시안 잡음이 추가된 영상에서 잡음을 제거한 결과이다. (f)와 (g)는 평균 필터와 가우시안 필터를 이용한 결과로, 마찬가지로 영상이 흐려짐을 알 수 있다. 반면에 (h)는 양방향 필터를 이용한 결과로, 잡음 제거와 윤곽 보존이 동시에 수행됨을 확인할 수 있다.

```
# 잡음 제거 예제 (c2_noiseCancelling.py)
# 잡음 추가
h, w = img1.shape
sort_pepper_ratio = (np.uint32)((h * w) *0.1)
sort_noise_x = np.full(shape=[sort_pepper_ratio], fill_value=0, dtype=np.uint16)
sort_noise_y = np.full(shape=[sort_pepper_ratio], fill_value=0, dtype=np.uint16)
pepper_noise_x = np.full(shape=[sort_pepper_ratio], fill_value=0, dtype=np.uint16)
pepper_noise_y = np.full(shape=[sort_pepper_ratio], fill_value=0, dtype=np.uint16)
gaussian_noise = np.full(shape=[h,w], fill_value=0, dtype=np.uint8)
cv2.randu(sort_noise_x, 0, w); cv2.randu(sort_noise_y, 0, h)
cv2.randu(pepper_noise_x, 0, w); cv2.randu(pepper_noise_y, 0, h)
cv2.randn(gaussian_noise, 0, 20)
sort_pepper_img = cv2.copyTo(img1, None)
gaussian_noise_img = cv2.add(img1, gaussian_noise)
for i inrange(sort_pepper_ratio):
    sort_pepper_img[sort_noise_y[i], sort_noise_x[i]] =255
    sort_pepper_img[pepper_noise_y[i], pepper_noise_x[i]] =0
# 잡음 제거
ksize1 =3; ksize2 =5
res1 = cv2.medianBlur(sort_pepper_img, ksize1)
res2 = cv2.medianBlur(sort_pepper_img, ksize2)
res3 = cv2.blur(gaussian_noise_img, (ksize1, ksize1))
res4 = cv2.GaussianBlur(gaussian_noise_img, (ksize1, ksize1), 0)
res5 = cv2.bilateralFilter(gaussian_noise_img, -1, 20, ksize1)
```

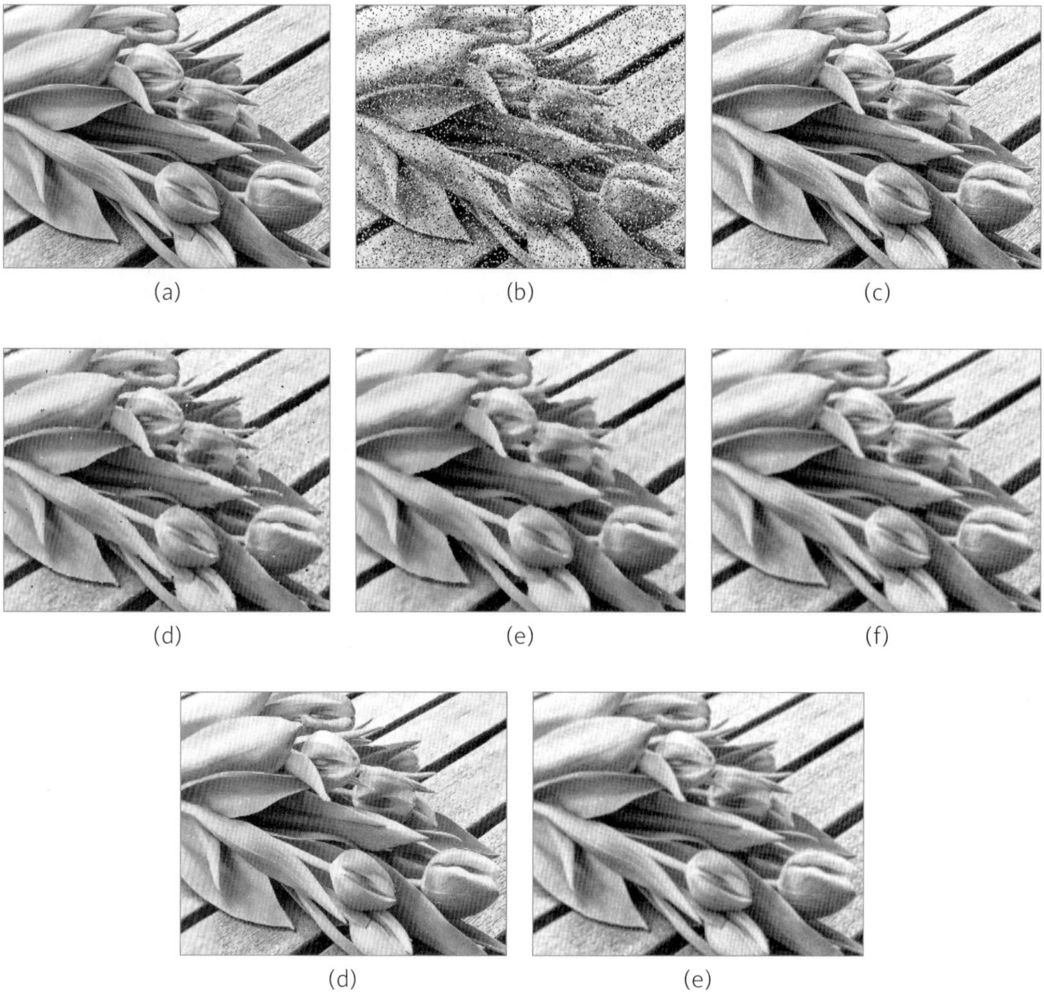

[그림 2-25] 잡음 제거 결과

(a) 입력 영상 (b) 잡음 영상(소금과 후추) (c) 잡음 영상(가우시안) (d) 미디언 필터(3×3)
(e) 미디언 필터(5×5) (f) blur 함수(3×3) (g) GaussianBlur 함수(3×3) (h) bilateralFilter

05 ·· 기하학 변환

5.1 이동 및 크기 변환

영상의 기하학적 변환(Geometric Transformation)은 영상을 구성하는 픽셀의 위치를 조정하여 형상을 변형하는 것이다. 대표적으로 이동, 확대 및 축소, 회전 등이 있다. 이들은 입력과 출력 간의 좌표 변환을 기반으로 수행되며 이러한 연산을 일반적으로 어파인 변환(Affine Transformation)이라고 한다. 좌표 변환은 기본적으로 입력 좌표에 특정 변환함수를 적용하여 새로운 좌표를 생성하는 과정으로 아래 식으로 표현할 수 있다.

$$(i',j')=T(i,j)$$

변환함수 T에 따라서 기하학적 변환 특징이 정해지며, 2D 영상에서 어파인 변환은 아래와 같이 입력과 출력의 관계를 정의한다.

$$\begin{cases} i' = ai + bj + c \\ j' = di + ej + f \end{cases} \rightarrow \begin{pmatrix} i' \\ j' \end{pmatrix} = \begin{pmatrix} a\ b\ c \\ d\ e\ f \end{pmatrix} \begin{pmatrix} i \\ j \\ 1 \end{pmatrix}$$

해당 축에 곱해지는 상수(a와 b)만 있을 경우에는 크기 변환이 수행되고, 더해지는 상수(c와 f)는 이동 변환을 수행한다. 그리고 각각의 축에 상수곱을 하고 합하는 경우(a와 b, d와 e)는 회전 변환을 수행할 수 있다. 따라서 a~f의 값을 어떻게 지정하느냐에 따라서 다양한 변환을 수행할 수 있다. a~f로 이루어진 변환을 결정하는 행렬을 어파인 변환 행렬(affine transformation matrix)이라고 한다. 임의의 변환 관계를 알고 싶을 경우에는 변환 전의 점과 변환 후의 점을 위치를 이용하여 방정식을 수립 및 풀이하여 행렬의 요소를 계산할 수도 있다.

이동 변환([그림 2-26] (a))은 영상을 수평 또는 수직 방향으로 이동시키는 연산을 의미하며 다음의 관계를 가진다.

$$\begin{cases} i' = i + c \\ j' = j + f \end{cases} \rightarrow \begin{pmatrix} i' \\ j' \end{pmatrix} = \begin{pmatrix} 1 & 0 & c \\ 0 & 1 & f \end{pmatrix} \begin{pmatrix} i \\ j \\ 1 \end{pmatrix}$$

수직축은 이동하지 않는 상황에서($f=0$), $c>0$이면 영상이 오른쪽으로 이동하게 되고, $c<0$이면 왼쪽으로 이동하게 된다. 반대로 수평축은 이동하지 않는 상황에서 ($c=0$), $f>0$이면 영상이 아래로 이동하게 되고, $f<0$이면 위로 이동하게 된다. $c\neq0$이고 $f\neq0$이면, 각 상수의 부호와 크기에 따라서 영상의 이동이 결정된다.

크기 변환([그림 2-26] (b))은 영상을 전반적으로 확대 또는 축소하는 연산으로 다음의 관계를 가진다.

$$\begin{cases} i' = ai \\ j' = ej \end{cases} \rightarrow \begin{pmatrix} i' \\ j' \end{pmatrix} = \begin{pmatrix} a & 0 & 0 \\ 0 & e & 0 \end{pmatrix} \begin{pmatrix} i \\ j \\ 1 \end{pmatrix}$$

a와 b가 0 이상의 값을 가져야 한다. 만약 0으로 한다면, 영상이 한 점으로 표시되고 아무런 정보를 얻을 수 없다. 크기 조절 상수 (a,b)가 0 이상 1 미만인 경우에는 $(0<(a,b)<1)$, 영상이 축소되고, 1인 경우에는 입력 영상의 크기를 유지한다. 1 이상인 경우에는 $((a,b)<1)$, 영상이 확대된다.

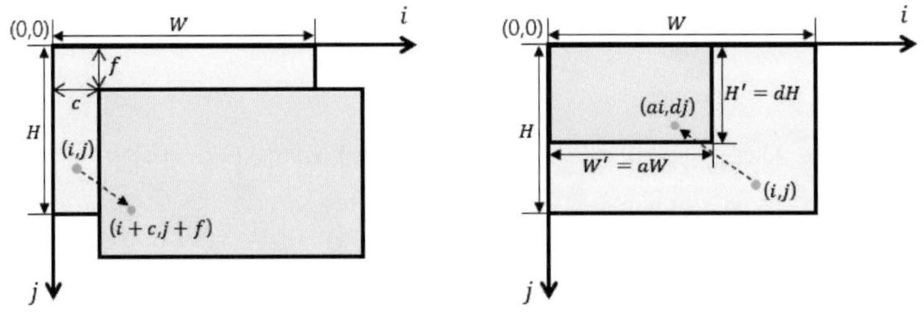

[그림 2-26] 이동 변환 및 크기 변환

(a) 이동 변환 (b)크기 변환

OpenCV에서는 기하학적 변환을 위해 어파인 변환 행렬을 이용하여 어파인 변환을 수행하는 warpAffine() 함수를 지원한다. 어파인 변환 행렬은 사용자가 임의로 지정할 수도 있고, getAffineTransform() 함수를 이용하여 계산할 수도 있다. 이들 함수의 원형은 아래와 같다.

getAffineTransform(src, dst)	
기능 : 3개의 입력점(src)을 출력점(dst)으로 변환하기 위한 어파인 변환 행렬을 계산한다.	
src	변환 전 3개의 점 위치 (float32)
dst	변환 후 3개의 점 위치 (float32)

warpAffine(src, M, dsize, dst=None, flags=None, borderMode=None, borderValue=None)	
기능 : 입력 영상(src)을 주어진 변환 행렬(M)을 이용하여 어파인 변환하고 지정된 크기 (dsize)의 영상으로 만든다.	
src	입력 영상
M	변환 행렬 (2x3 행렬)
dsize	출력 영상의 크기
dst	출력 영상
flags	보간법 방식 지정(INTER_NEAREST, INTER_LINEAR, INTER_CUBIC, INTER_AREA 등이 있음. WARP_INVERSE_MAP을 추가 지정하면 역방향 변환을 수행함(dst->src))
borderMode	영상의 가장 자리를 처리하는 방식 지정(BORDER_TRANSPARENT이면, 입력 영상에 대응하는 점이 없을 경우에는 출력 영상의 값을 유지)
borderMode	borderMode가 BORDER_CONSTANT인 경우에 해당 픽셀을 채울 값 (기본값은 0)

또한, OpenCV에서는 크기 변환을 위한 resize() 함수를 제공하며, 원형은 다음과 같다. 크기 변환만을 할 경우에는 이 함수를 이용하는 것이 편리하다.

resize(src, dsize, dst=None, fx=None, fy=None, interpolation=None)	
기능 : 입력 영상(src)을 주어진 크기(dsize)로 조절한다.	
src	입력 영상
dsize	출력 영상의 크기 (0이면, fx와 fy에 의하여 결정됨)
dst	크기가 조정된 결과 영상
fx	영상의 가로 크기를 조정 (0이면, dsize의 가로 크기를 입력 영상의 가로 크기로 나누어 결정됨)
fy	영상의 세로 크기를 조정 (0이면, dsize의 세로 크기를 입력 영상의 세로 크기로 나누어 결정됨)
interpolation	보간법 지정 (cv2.INTER_NEAREST, cv2.INTER_LINER, cv2.INTER_CUBIC, INTER_AREA 등이 있음)

아래 예제는 어파인 변환과 resize() 함수를 이용한 이동 및 크기 변환 코드이다. 이들의 결과는 [그림 2-27]에 나타내었다. 결과 그림을 통하여 getAffineTransform() 함수를 이용하여 예측한 어파인 행렬의 결과와 이동 및 크기 변화의 인자를 어파인 행렬 변환에 직접 입력한 결과가 동일함을 알 수 있다.

```
# 이동 변환, 크기 변환 예제 (c2_geometric.py)
# 이동 변환
h, w, = img1.shape
tlans_x =10; tlans_y =25
point1_src = np.float32([[15,20], [50,70], [130,140]])
point1_dst = np.float32(point1_src + [tlans_x, tlans_y])
affine_mat1 = cv2.getAffineTransform(point1_src, point1_dst)
user_mat1 = np.float32([[1,0,tlans_x], [0,1,tlans_y]])
res1 = cv2.warpAffine(img1, affine_mat1, (w,h))
res2 = cv2.warpAffine(img1, user_mat1, (w,h))
# 크기 변환
scale_x =0.8; scale_y =0.6
background = np.full(shape=[h,w], fill_value=0, dtype=np.uint8)
user_mat2 = np.float32([[scale_x,0,0], [0,scale_y,0]])
res3 = cv2.warpAffine(img1, user_mat2, (w,h))
res4 = cv2.resize(img1, (0,0), None, scale_x, scale_y)
background[:(int)(h*scale_y), :(int)(w*scale_x)] = res4; res4 = background
# 이동 및 크기 변환
user_mat3 = np.float32([[0.4, 0, 100], [0, 0.6, 50]])
res5 = cv2.warpAffine(img1, user_mat3, (w,h))
```

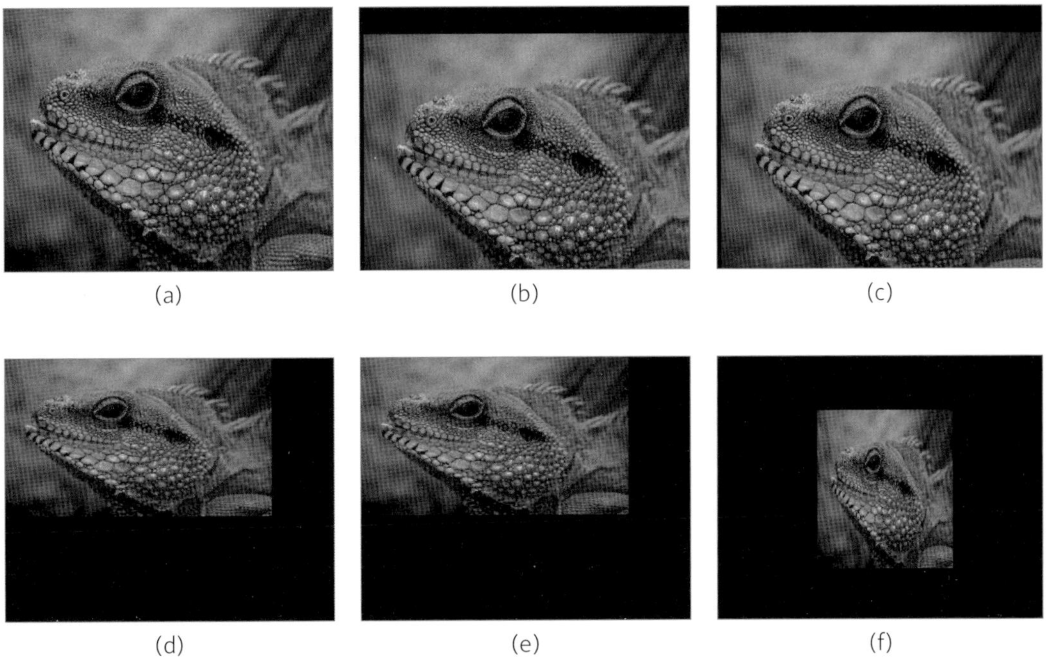

[그림 2-27] 이동 및 크기 변환

(a) 입력 영상 (b) 이동 변환(getAffineTransform 이용) (c) 이동 변환(사용자 입력)
(d) 크기 변환(warpAffine 이용) (e) 크기 변환(resize 이용) (f) 이동과 크기 변환

5.2 회전 변환

회전 변환([그림 2-27])은 영상을 특정한 축을 기준으로 회전하는 연산으로 다음의 관계를 가진다.

$$\begin{cases} i' = ai + bj \\ j' = di + ej \end{cases} \rightarrow \begin{pmatrix} i' \\ j' \end{pmatrix} = \begin{pmatrix} a\ b\ 0 \\ d\ e\ 0 \end{pmatrix} \begin{pmatrix} i \\ j \\ 1 \end{pmatrix}$$

회전 변환에 사용할 상수는 삼각함수를 이용하여 계산할 수 있다. [그림 2-27] (b)를 이용하여 상수를 유도해 보자. 기본적인 삼각함수를 이용하여 p 점과 p' 점은 아래와 같이 표현할 수 있다.

$$p = (i, j) = \begin{cases} i = r \times cos\ \theta_1 \\ j = r \times sin\ \theta_1 \end{cases},\ p' = (i', j') = \begin{cases} i' = r \times cos\ (\theta_1 + \theta_2) \\ j' = r \times sin\ (\theta_1 + \theta_2) \end{cases}$$

p'점의 코사인과 사인 내부의 덧셈을 삼각함수 공식으로 풀이하면 다음과 같이 정리할 수 있다.

$$p' = \begin{cases} i' = r \times \{cos(\theta_1)cos(\theta_2) - sin(\theta_1)sin(\theta_2)\} \\ j' = r \times \{sin(\theta_1)cos(\theta_2) + cos(\theta_1)sin(\theta_2)\} \end{cases}$$

$$= \begin{cases} i' = r \times cos(\theta_1)cos(\theta_2) - r \times sin(\theta_1)sin(\theta_2) \\ j' = r \times sin(\theta_1)cos(\theta_2) + r \times cos(\theta_1)sin(\theta_2) \end{cases}$$

여기서 $r \times cos\theta_1$와 $r \times sin\theta_1$은 점 p의 i와 j의 위치이므로 이들 값을 이용하여 아래와 같이 정리할 수 있다.

$$p' = \begin{cases} i' = i \times cos(\theta_2) - j \times sin(\theta_2) \\ j' = i \times sin(\theta_2) + j \times cos(\theta_2) \end{cases}$$

정리된 수식을 통하여 점 p가 θ_2만큼 회전한 p' 좌표를 알 수 있다. 수식의 형태가 어파인 변환 행렬과 동일하며 $a = cos\theta$, $b = -sin\theta$, $d = sin\theta$, $e = cos\theta$가 된다.

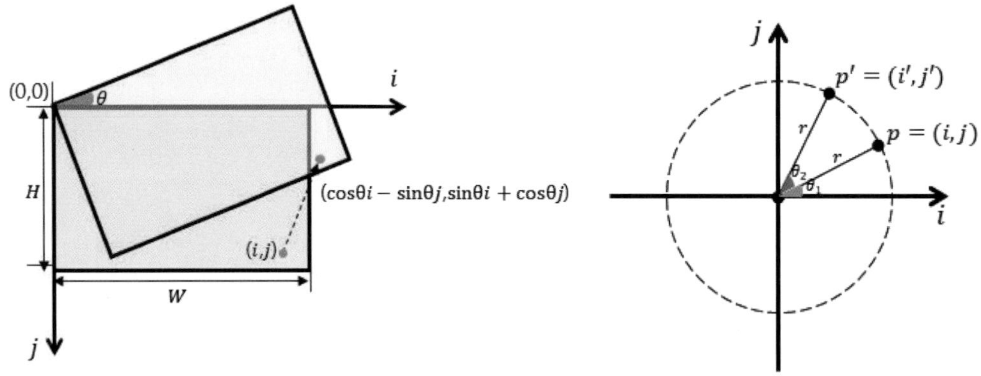

[그림 2-28] 회전 변환

OpenCV에서는 회전 변환을 위한 어파인 행렬 변환을 계산해 주는 getRotationMatrix2D() 함수를 지원하며 원형은 다음과 같다.

getRotationMatrix2D(center, angle, scale)	
기능 : 입력 영상(src)을 주어진 중심축(center)을 기준으로 특정 각도(angle)만큼 회전할 수 있는 어파인 변환 행렬을 계산한다.	
center	회전 축의 원점
angle	회전 각도 (양수이면 반시계방향, 음수이면 시계방향으로 회전함)
scale	회전 변환 후 출력 영상을 확대 또는 축소할 비율

회전 변환은 이동 및 크기 변환과 동일하게 warpAffine() 함수를 이용하면 된다. 특정 각도의 회전에 대해서는 rotate() 함수를 지원하며, 90°의 상수배 회전이 가능하다. 또한, 회전 변환 이외에 영상의 좌우 또는 상하를 반전시키는 flip() 함수도 지원한다. 이들 함수의 원형은 아래와 같다.

rotate(src, rotateCode, dst=None)	
기능 : 입력 영상(src)을 정해진 각도(rotateCode)로 회전시킨다.	
src	입력 행렬
rotateCode	회전 각도를 지정하는 플래그 (ROTATE_90_CLOCKWISE, ROTATE_180, RORATE_90_COUNTERCLOCKWISE)
dst	입력 행렬과 동일한 자료형의 출력 행렬

flip(src, flipCode, dst=None)	
기능 : 입력 영상(src)을 지정된 형태(flipCode)로 반전시킨다.	
src	입력 행렬
flipCode	반전을 지정하는 플래그 (0: 상하 반전, >0: 좌우 반전, <0: 상하 및 좌우 반전)
dst	입력 행렬과 동일한 자료형의 출력 행렬

아래 예제는 앞에서 설명한 각종 함수를 이용한 회전 변환 코드이다. 이들의 결과는 [그림 2-29]에 나타내었다. 이 그림의 (c)와 (d)를 통하여 warpAffine() 함수는 지정된 출력 영상의 크기 밖의 영역은 표시하지 않지만, rotate() 함수는 입력 영상의 크기를 회전된 출력 영상에 적용함을 알 수 있다.

```python
# 회전 변환 예제 (c2_rotate.py)
# 영상 회전
h, w, = img1.shape
c_h = h //2; c_w = w //2
rot_mat1 = cv2.getRotationMatrix2D((c_w, c_h), 45, 1)
rot_mat2 = cv2.getRotationMatrix2D((c_w, c_h), -45, 1)
res1 = cv2.warpAffine(img1, rot_mat1, (w,h))
res2 = cv2.warpAffine(img1, rot_mat2, (w,h))
res3 = cv2.rotate(img1, cv2.ROTATE_90_CLOCKWISE)
res4 = cv2.flip(img1, 1)
res5 = cv2.flip(img1, -1)
```

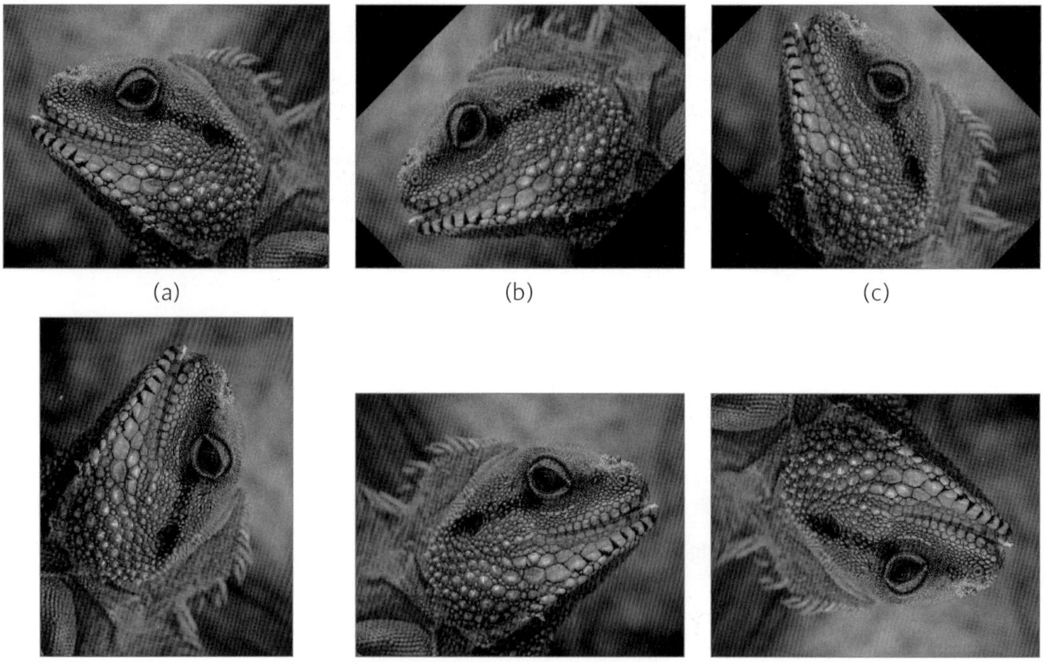

(a) (b) (c)

(d) (e) (f)

[그림 2-29] 회전 변환 결과

(a) 입력 영상 (b) 45° 회전 (c) 45° 회전

(d) 90° 회전 (e) 좌우 반전 (f) 상하 및 좌우 반전

5.3 투시 변환

앞 절에서 설명한 어파인 변환은 3개의 기준점들의 이동 전후 관계를 통하여 영상의 형상을 변형하였다. 하지만 3개의 점을 사용하기 때문에 좀 더 복잡한 형상으로의 변화는 어렵다. 즉 3개의 점만으로 형태의 변화를 다 포함하지 못하는 경우에는 원하는 형상을 얻지 못한다. 예를 들어 [그림 2-29]와 같이 직사각형 형태의 영상을 사다리꼴의 형태로 변환하기 위해서는 4개의 점에 대한 이동 관계가 필요하다. 만약 3개의 점에 대한 정보만을 사용한다면 세 점에 의해 나머지 한 점의 이동이 결정되기 때문에 그림과는 다른 형태의 결과를 얻게 된다.

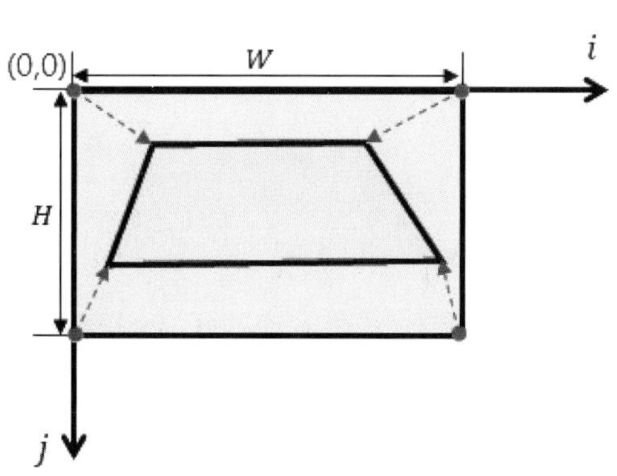

[그림 2-30] 투시 변환이 필요한 예

투시 변환(Perspective transformation)은 4개의 기준점을 이용하여 임의의 변형을 수행하며, 아래와 같이 입력과 출력의 관계를 정의한다.

$$\begin{pmatrix} wi' \\ wj' \\ w' \end{pmatrix} = \begin{pmatrix} a & b & c \\ d & e & f \\ g & h & 1 \end{pmatrix} \begin{pmatrix} i \\ j \\ 1 \end{pmatrix}$$

위 좌표계는 동차 좌표계(Homogeneous Coordinate)상에 표현되어 있다. 이 좌표계는 사영기하학(Projective Geometry)에서 무한 원점과 같은 확장된 점의 표현을 위하여 만든 좌표계로 뫼비우스의 띠를 고안한 독일의 수학자이자 천문학자인 뫼비우스에 의해 처음 소개되었다. 사영기하학은 3차원의 입체 물체를 2차원의 평면에 나타내기 위하여 평행선들과 소실점의 관계를 연구하였고, 그 결과로 다양한 분야에서 유용하게 사용되고 있는 원근법을 탄생시킨 분야이다. 위 수식에서 ω는 동차좌표계에서 무한대 요소를 표현하기 위하여 사용한다. 즉 ω에 따라서 어떤 점이 우리가 일반적으로 사용하는 유클리드 공간(Euclidean space)에서의 한 점이 될 수도 있고, 무한대에 있는 점이 될 수도 있다. 수학적으로 ω는 다음의 수식을 표현하는 것이다.

$$\begin{pmatrix} i \\ j \\ z \end{pmatrix} \rightarrow \begin{pmatrix} 1/z \\ j/z \\ 1 \end{pmatrix}$$

z가 1이면 앞 절에서 지금까지 살펴본 좌표계와 동일하게 되고, z가 0로 수렴할수록 이 점은 무한대의 점으로 대응하게 된다. 동차 좌표계의 수식을 전개하면 다음과 같이 출력 좌표를 얻게 된다.

$$wi' = ai + bj + c$$
$$wj' = di + ej + f$$
$$w = gi + hj + 1$$

최종적으로 우리가 원하는 출력 좌표 (i', j')는 아래와 같이 계산할 수 있다.

$$\begin{cases} i' = \dfrac{ai + bj + c}{w} = \dfrac{ai + bj + c}{gi + hj + 1} \\ j' = \dfrac{di + ej + f}{w} = \dfrac{di + dj + f}{gi + hj + 1} \end{cases}$$

위의 식에서 필요한 변수들의 값을 구하기 위해서는 4개 이상의 점에 대한 이동 전후의 좌표가 필요하다. 4개의 점에 대한 좌표를 이용하여 연립방정식을 만들고, 이들을 행렬의 형태로 표현하면 다음과 같다.

$$\begin{bmatrix} {i_1}' \\ {j_1}' \\ {i_2}' \\ {j_2}' \\ {i_3}' \\ {j_3}' \\ {i_4}' \\ j_4 \end{bmatrix} = \begin{bmatrix} i_1 & j_1 & 1 & 0 & 0 & 0 & -i_1{i_1}' & -{i_1}'j_1 \\ 0 & 0 & 0 & i_1 & j_1 & 1 & -i_1{j_1}' & -j_1{j_1}' \\ i_2 & j_2 & 1 & 0 & 0 & 0 & -i_2{i_2}' & -{i_2}'j_2 \\ 0 & 0 & 0 & i_2 & j_2 & 1 & -i_2{j_2}' & -j_2{j_2}' \\ i_3 & j_3 & 1 & 0 & 0 & 0 & -i_3{i_3}' & -{i_3}'j_3 \\ 0 & 0 & 0 & i_3 & j_3 & 1 & -i_3{j_3}' & -j_3{j_3}' \\ i_4 & j & & & & & & \end{bmatrix}$$

위 함수에서 8×8 행렬의 역행렬을 구하고 출력점에 곱하여 변수들의 값을 계산할 수 있다. OpenCV에서는 어파인 변환과 마찬가지로, 투시 변환의 변환 행렬을 구할 수 있는 getPerspectiveTransform() 함수와 변환을 수행하는 warpPerspective() 함수를 지원한다. 이들의 원형은 다음과 같다.

getPerspectiveTransform(src, dst, solveMethod=None)	
기능 : 4개의 입력 점(src)을 출력점(dst)으로 변환하기 위한 투시 변환 행렬을 계산한다.	
src	변환 전 4개의 점 위치 (float32)
dst	변환 후 4개의 점 위치 (float32)
solveMethod	행렬의 변수를 계산하기 위한 방식 지정 (DECOMP_LU, DECOMP_SVD, DECOMP_EIG, DECOMP_CHOLESKY, DECOMP_QR, DECOMP_NORMAL)

warpAffine(src, M, dsize, dst=None, flags=None, borderMode=None, borderValue=None)	
기능 : 입력 영상(src)을 주어진 변환 행렬(M)을 이용하여 투시 변환하고 지정된 크기(dsize)의 영상으로 만든다.	
src	입력 영상
M	변환 행렬
dsize	출력 영상의 크기
dst	출력 영상
flags	보간법 방식 지정(INTER_NEAREST, INTER_LINEAR, INTER_CUBIC, INTER_AREA 등이 있음. WARP_INVERSE_MAP을 추가 지정하면 역방향 변환을 수행함(dst->src))
borderMode	영상의 가장 자리를 처리하는 방식 지정(BORDER_TRANSPARENT이면, 입력 영상에 대응하는 점이 없을 경우에는 출력 영상의 값을 유지)
borderMode	borderMode가 BORDER_CONSTANT인 경우에 해당 픽셀을 채울 값 (기본값은 0)

아래 예제는 투시 변환 코드이고 결과는 [그림 2-31]에 나타내었다. 이 그림의 (b)는 영상의 외곽에 위치한 점을 기준점으로 잡고 전반적인 형태를 변형한 것이다. (c)는 입력 영상의 복도의 원근감을 없애고 수평으로 보이도록 변환한 것이다.

```
# 투시 변환 예제 (c2_perspective.py)
# 투시 변환 수행
h, w = img1.shape
```

```python
point1_src = np.float32([[1,1], [w-10,10], [5,h-5], [w-4,h-4]])
point1_dst = np.float32([[15,15], [w-60,15], [10,h-25], [w-100,h-50]])
point2_src = np.float32([[148,145], [168,144], [136,223], [188,222]])
point2_dst = np.float32([[136,145], [188,144], [136,223], [188,222]])
per_mat1 = cv2.getPerspectiveTransform(point1_src, point1_dst)
per_mat2 = cv2.getPerspectiveTransform(point2_src, point2_dst)
res1 = cv2.warpPerspective(img1, per_mat1, (w,h))
res2 = cv2.warpPerspective(img1, per_mat2, (w,h))
```

(a) (b) (c)

[그림 2-31] 투시 변환 결과

(a) 입력 영상 (b) 영상의 전체 형상 변환 (c) 특정 위치(기차 복도)를 직사각형 형상으로 변환

5.4 모폴로지 연산

모폴로지(Morphology)는 관심 대상의 형태를 분석하고 처리하는 분야이다. 대상의 경계, 블록 등의 형태를 표현하는 데 필요한 정보를 추출하기 위한 전처리 기법으로 많이 사용된다. 대표적으로 이진 영상에서 잡음 제거 또는 공간(Hole) 채우기 등으로 불명확한 대상 물체의 영역을 명확하게 구분하기 위해 사용할 수 있다.

모폴로지 연산은 주어진 필터에 대응하는 입력 영상의 픽셀값이 유의미한 값을 가지는지 여부를 판단하여 출력 영상의 픽셀값을 정하는 것으로 두 가지 규칙으로 구성된다. 입력 영상과 필터가 모두 이진화(0, 1)되어 있다고 가정해 보자. 첫 번째 규칙은 '필터에서 1에 해당하는 영역에 대응하는 입력 영상의 모든 위치가 1이면 출력은 1이 된다'이며, AND 연산과 동일한 개념이다. 두 번째 규칙은 '필터에서 1에 해당하는 영역에 대응하는 입력 영상의 위치 중에서 한 곳이라도 1이면 출력은 1이 된다'로 OR 연산과 동일한 개념이다. 이들 규칙에 의한 결과는 아래 [그림 2-32]와 같다. 입력(*org*)에 필터를 수평 방향으로 이동하면서 적용하였다. *res*1은 첫 번째 규칙에 의한 결과로 처음 두 곳의 위치만 1의 값을 가지고 마지막 위치는 0이 된다. *res*2는 두 번째 규칙에 의한 결과로 출력의 모든 위치가 1의 값을 가진다.

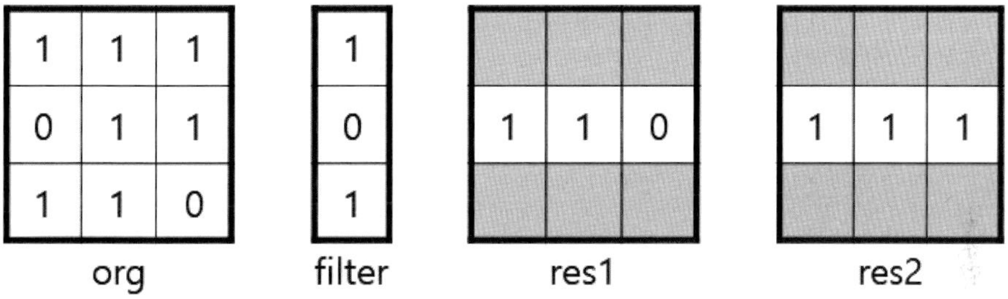

[그림 2-32] 모폴로지 연산을 위한 기본 2가지 규칙

5.4.1 침식 팽창

침식(Erosion)과 팽창(Dilation)은 앞 절에서 설명한 기본적인 규칙만을 적용한 것이다. 침식은 첫 번째 규칙을 적용한 것으로, 잡음을 제거하거나 관심 대상의 돌출부를 제거하여 형상을 단순화할 수 있다. 하지만 관심 대상 내부에 빈 곳이 존재할 경우에는 해당 공간이 확대되는 문제가 발생할 수 있다. 또한, 이진 영상에서 관심 대상(1로 표현)의 영역은 줄어들고 배경(0으로 표현) 영역은 확대되는 효과가 있다.

팽창은 두 번째 규칙을 적용한 것으로, 관심 대상 내부에 존재하는 공간을 채울 수 있다. 하지만 배경에 존재하는 잡음도 확대될 수 있다. 또한, 침식과는 반대로 관심 대상의 영역이 확대되고 배경 영역이 줄어드는 효과가 있다.

침식과 팽창을 위한 필터는 다양한 형태로 정의될 수 있다. 사용자가 임의로 만들어 사용할 수도 있으며, 특정한 형태(사각형, 더하기 모양, 타원)를 사용하고자 할 경우에는 OpenCV에서 제공하는 getStructuringElement() 함수를 사용할 수 있다. 이 함수의 원형은 다음과 같다.

getStructuringElement(shape, ksize, anchor=None)	
기능 : 지정된 크기(ksize)의 필터에 원하는 형상(shape)으로 값을 채운다.	
shape	필터에서 적용할 형상 지정(MORPH_RECT, MORPH_CROSS, MORPH_ELLIPSE)
ksize	필터의 크기
anchor	좌표의 원점 위치를 지정 ((-1,-1)이면 필터의 중심을 원점으로 사용함)

OpenCV에서는 침식과 팽창 연산을 위하여 erode()와 dilate() 함수를 지원한다. 이들의 원형은 아래와 같다.

erode(src, kernel, dst=None, anchor=None, iterations=None, borderType=None, borderValue=None)	
기능 : 입력 영상(src)에 주어진 구조(kernel)를 이용하여 침식 연산을 지정된 횟수(iterations)만큼 수행한다.	
src	입력 영상
kernel	연산에 사용할 구조 (UMat()이면 3×3크기의 MORPH_RECT 형상을 사용)
dst	출력 영상
anchor	좌표의 원점 위치를 지정 ((-1,-1)이면 필터의 중심을 원점으로 사용함)
iterations	연산의 반복 횟수
boarderType	영상의 가장 자리를 처리하는 방식 지정(BORDER_CONSTANT, BORDER_REPLICATE, BORDER_REFLECT, BORDER_WRAP 등이 있음)
borderMode	borderType가 BORDER_CONSTANT인 경우에 해당 픽셀을 채울 값 (기본값은 double형의 양수 최댓값인 DBL_MAX)

dilate(src, kernel, dst=None, anchor=None, iterations=None, borderType=None, borderValue=None)	
기능 : 입력 영상(src)에 주어진 구조(kernel)를 이용하여 팽창 연산을 지정된 횟수(iterations)만큼 수행한다.	
src	입력 영상
kernel	연산에 사용할 구조 (UMat()이면 3×3크기의 MORPH_RECT 형상을 사용)
dst	출력 영상
anchor	좌표의 원점 위치를 지정 ((-1,-1)이면 필터의 중심을 원점으로 사용함)
iterations	연산의 반복 횟수

boarderType	영상의 가장자리를 처리하는 방식 지정(BORDER_CONSTANT, BORDER_REPLICATE, BORDER_REFLECT, BORDER_WRAP 등이 있음)
borderMode	borderType가 BORDER_CONSTANT인 경우에 해당 픽셀을 채울 값 (기본값은 double형의 양수 최댓값인 DBL_MAX)

그레이 영상에 이 함수들을 적용하면 필터에 대응하는 입력 영상의 값 중에서 최솟값 또는 최댓값을 반환하는 연산을 수행한다. erode() 함수는 필터에 대응하는 값 중에서 가장 작은 값을 결괏값으로 반환하고, dilate() 함수는 가장 큰 값을 반환한다. 이를 통하여 영상 내에 존재한 객체들의 구조를 축소 및 확대한다.

아래 예제는 침식 및 팽창에 대한 코드이며, 그 결과를 [그림 2-33]에 나타내었다. 이 그림의 (a)는 실행화면, (b)는 입력 영상을 나타내었다. (c)와 (d)는 3×3 필터를 한 번 적용하였을 때의 침식과 팽창 결과이고, (e)는 동일 필터를 기반으로 팽창을 6번 반복하였을 때의 결과이다. 그레이 영상에서 침식에 의하여 어두운 값이 확대되고 팽창에서는 밝은 값이 확대됨을 알 수 있다.

```
# 침식 팽창 예제 (c2_erodeDilate.py)
#트랙바 호출 함수
def nothing(x):
    pass
def check_odd(num):
    if num % 2==0:
        num +=1
    return num
def set_run(pos):
    global img1
    global img_index
    method = cv2.getTrackbarPos('method', "morphology")
    itr = cv2.getTrackbarPos('iter', "morphology")
    ksize = cv2.getTrackbarPos('ksize', "morphology")
    run = cv2.getTrackbarPos('run', "morphology")
```

```
    if run ==1:
        ksize = check_odd(ksize)
        kernel = cv2.getStructuringElement(cv2.MORPH_RECT, (ksize, ksize))
        if method ==0:
            res = cv2.erode(img1, kernel, iterations=itr)
        else:
            res = cv2.dilate(img1, kernel, iterations=itr)
        cv2.imshow("morphology", res)
        cv2.imwrite(save_dir +"/res"+str(img_index) +".jpg", res)
        img_index +=1
# 영상 읽기
img1 = imgRead('./images/img9.jpg', cv2.IMREAD_GRAYSCALE, 320, 240)
# 트랙바 생성
img_index =1
save_dir ="./code_res_imgs/c2_erodeDilate"
createFolder(save_dir)
cv2.namedWindow('morphology')
cv2.createTrackbar('method', 'morphology', 0, 1, nothing)
cv2.createTrackbar('ksize', 'morphology', 3, 10, nothing)
cv2.createTrackbar("iter", 'morphology', 1, 10, nothing)
cv2.createTrackbar("run", 'morphology', 0, 1, set_run)
cv2.setTrackbarPos("method", "morphology", 0)
cv2.setTrackbarPos("ksize", "morphology", 3)
cv2.setTrackbarPos("iter", "morphology", 1)
cv2.setTrackbarPos("run", "morphology", 0)
cv2.imshow("morphology", img1)
cv2.waitKey(0)
cv2.destroyAllWindows()
```

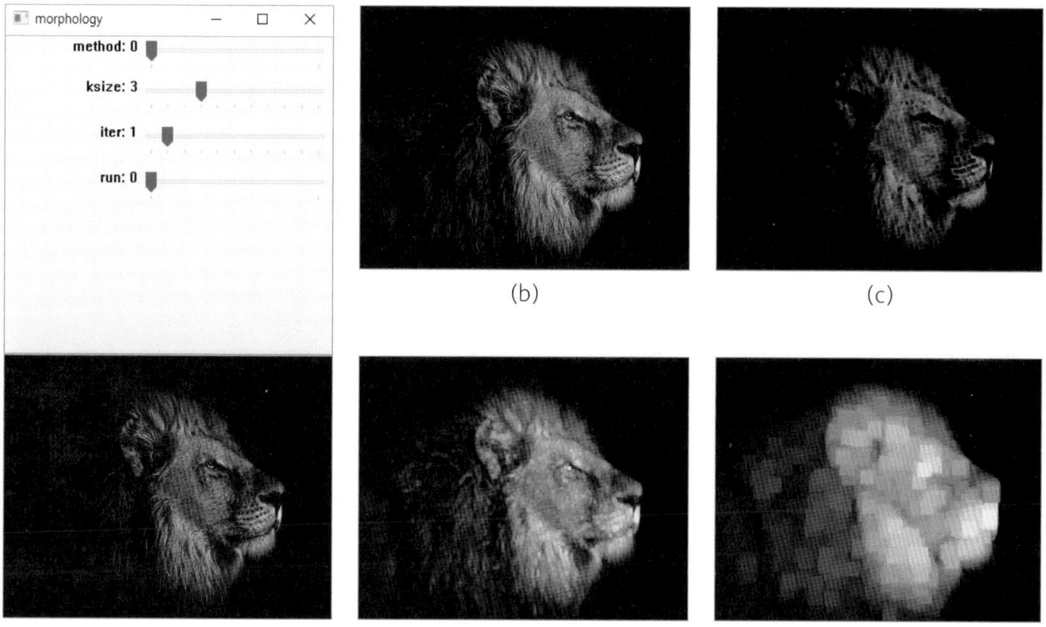

(a) (b) (c) (d) (e)

[그림 2-33] 침식 및 팽창

(a) 실행 화면 (b) 그레이 입력 영상 (c) 침식(3×3)

(d) 팽창(3×3) (e) 팽창(3×3, 6회 반복)

5.4.2 열기 닫기

침식과 팽창은 관심 대상의 형상과 크기에 대하여 의도치 않은 결과를 가져올 수도 있다. 예를 들어 잡음을 제거하기 위하여 침식을 수행하게 되면 관심 대상의 윤곽 부분이 줄어들거나 내부에 공간이 확대될 수 있다. 반대로 내부의 공간을 채우기 위하여 팽창을 수행한다면 주변에 인접한 잡음이 관심 대상의 형상에 포함이 되거나 관심 대상의 크기가 확대될 수 있다.

열기(Opening)와 닫기(closing)는 침식과 팽창을 순차적으로 수행하여 위에서 언급한 문제점을 최소화하는 기법이다. 열기는 침식을 먼저 수행하고 그 결과 영상에 팽창을 수행한다. 반대로 닫기는 팽창을 먼저 수행한 후에 침식을 수행한다. 두 기법 모두 침식과 팽창을 순차적으로 사용하기에 관심 대상의 크기 변화가 미비하다.

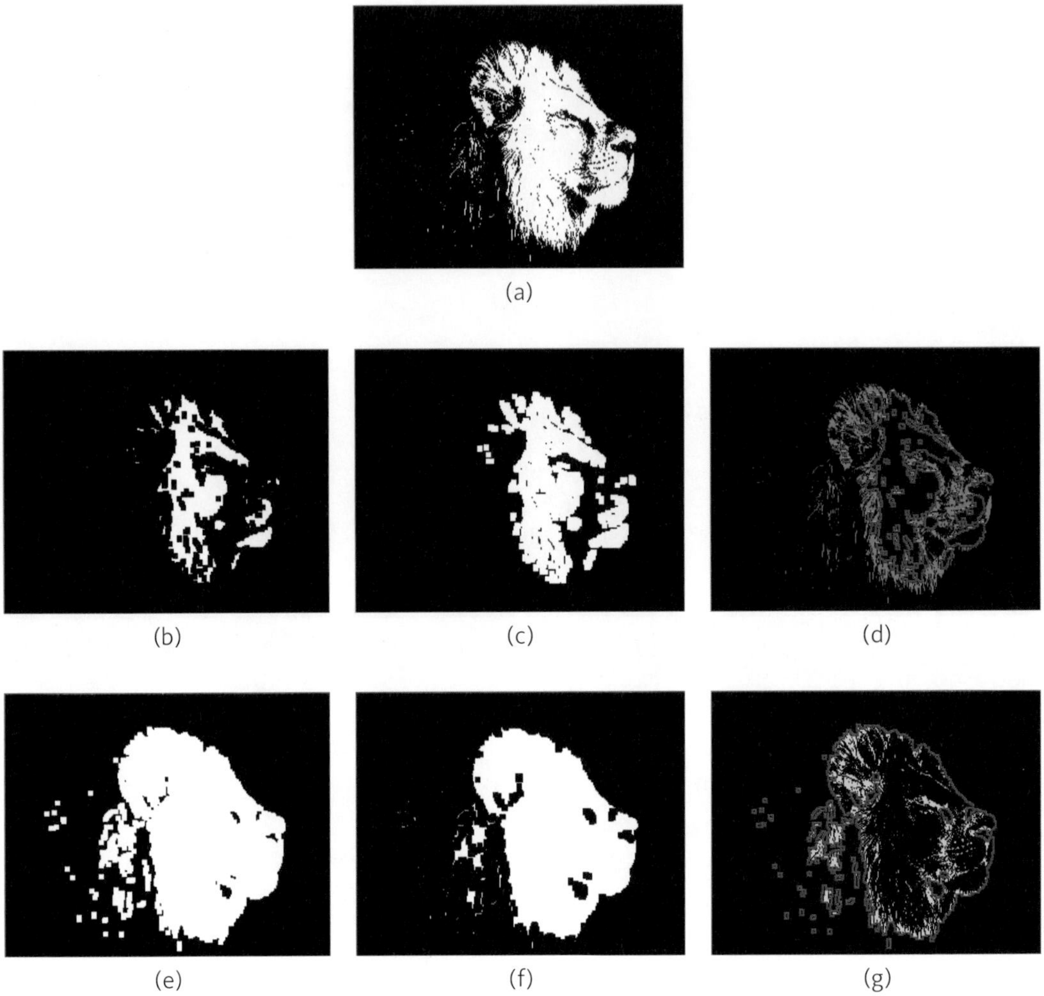

[그림 2-34] 열림과 닫힘 효과

(a) 입력 이진 영상 (b)~(c) 입력을 침식 후 팽창

(d) 열기 효과 (e)~(f) 입력을 팽창 후 침식 (g) 닫기 효과

관심 대상에 대하여 열기 효과를 생각해 보자. 먼저 침식을 수행하여, 전반적으로 대상의 크기를 줄이면서 윤곽선의 돌출 영역을 제거하거나 소수의 픽셀으로 연결되어 있는 부분의 연결을 끊는다. 다음으로 팽창을 수행하여 윤곽선의 크기를 다시 확대하면서 인접한 픽셀 간의 연결성을 보완한다. 결과적으로 윤곽 부위를 부드럽게 하면서, 주변에 인접한 잡음처럼 보이는 영역들과의 연결성을 끊는 효과를 가진다.

다음으로, 닫기의 효과를 생각해 보자. 먼저 팽창을 수행하여 대상의 형상에서 오목하게 들어간 부분이나 공간을 채운다. 그리고 침식을 수행하여 윤곽 부분의 미세하게 돌출된 부분을 제거한다. 결과적으로 열기와 유사하게 윤곽 부위를 부드럽게 하고 대상의 공간을 채우는 효과를 가진다.

[그림 2-35]는 열림과 닫힘의 효과 차이를 나타내었다. 이 그림의 (a)는 입력으로 사용한 이진 영상이고, (b)와 (c)는 열기(침식 후 팽창) 과정이다. (d)에서 빨간색으로 표시된 부분은 침식 및 팽창에 의하여 축소되었다가 확대된 곳이고, 녹색으로 표시된 부분은 침식에 의하여 제거된 곳이다. 구조가 넓게 연결된 부분은 유지를 하면서 좁게 연결되거나 잡음과 같이 임펄스로 분포된 부분은 제거됨을 알 수 있다. (e)~(f)는 닫기(팽창 후 침식) 과정이다. (g)에서 빨간색으로 표시된 부분은 팽창 후 침식 의하여 확대되었다가 축소된 곳이고, 노란색으로 표시된 부분은 팽창에 의하여 확대된 곳이다. 구조가 좁게 연결되어 있던 부분들이 확대되어 내부와 윤곽 부분의 공간이 채워져 있음을 알 수 있다. 또한, 두 기법 모두 관심 대상의 크기를 유지하고 있다.

OpenCV에서는 침식과 팽창을 포함한 열기와 닫기를 수행할 수 있는 morphologyEx() 함수를 지원하며, 원형은 아래와 같다.

morphologyEx(src, op, kernel, dst=None, anchor=None, iterations=None, borderType=None, borderValue=None)	
기능 : 입력 영상(src)에 주어진 구조(kernel)를 이용하여 모폴로지 연산(op)를 지정된 횟수(iterations)만큼 수행한다.	
src	입력 영상
op	모톨로지 연산 지정(MOTPH_ERODE, MORPH_DILATE, MORPH_OPEN, MORPH_CLOSE, MORPH_GRADIENT, MORPH_TOPHAT, MORPH_BLACKHAT, MORPH_HITMISS)
kernel	연산에 사용할 구조 (UMat()이면 3×3크기의 MORPH_RECT 형상을 사용)
dst	출력 영상
anchor	좌표의 원점 위치를 지정 ((-1,-1)이면 필터의 중심을 원점으로 사용함)
iterations	연산의 반복 횟수
boarderType	영상의 가장자리를 처리하는 방식 지정(BORDER_CONSTANT, BORDER_REPLICATE, BORDER_REFLECT, BORDER_WRAP 등이 있음)
borderMode	borderType가 BORDER_CONSTANT인 경우에 해당 픽셀을 채울 값 (기본값은 double형의 양수 최댓값인 DBL_MAX)

아래 예제는 다양한 모폴로지 연산에 대한 코드이며 그 결과를 [그림 2-35]에 나타내었다. 이 그림 (b) 열기와 (c) 닫기 연산은 영상을 전반적으로 어둡거나 밝게 조절하면서 부드러운 느낌을 준다. 그림의 중앙 하단에 위치한 사람의 형상을 보면 열기는 사람의 형상이 확대되었고, 닫기는 주변 밝은 값들의 확대되어 사람의 형상이 축소하였음을 알 수 있다. (d)의 MORPH_GRADIENT는 팽창을 적용한 영상과 침식을 수행한 영상과의 차이를 통하여 기울기를 구하여 나타낸다. (e)의 MORPH_TOPHAT은 입력 영상과 오픈을 수행한 영상과의 차이를 나타내고, (f)의 MORPH_BLACKHAT은 닫기를 수행한 영상과 입력 영상과의 차이를 표시한다.

```
# 열기, 닫기 예제 (c2_morphology.py)
# 영상 읽기
img1 = imgRead("./images/img13.jpg", cv2.IMREAD_GRAYSCALE, 320, 240)
# 모톨로지 연산 수행
methods = [cv2.MORPH_OPEN,
           cv2.MORPH_CLOSE,
           cv2.MORPH_GRADIENT,
           cv2.MORPH_TOPHAT,
           cv2.MORPH_BLACKHAT,
           cv2.MORPH_HITMISS]
ress = []
for method in methods:
    res = cv2.morphologyEx(img1, method, cv2.UMat(), iterations=1)
    ress.append(res)
```

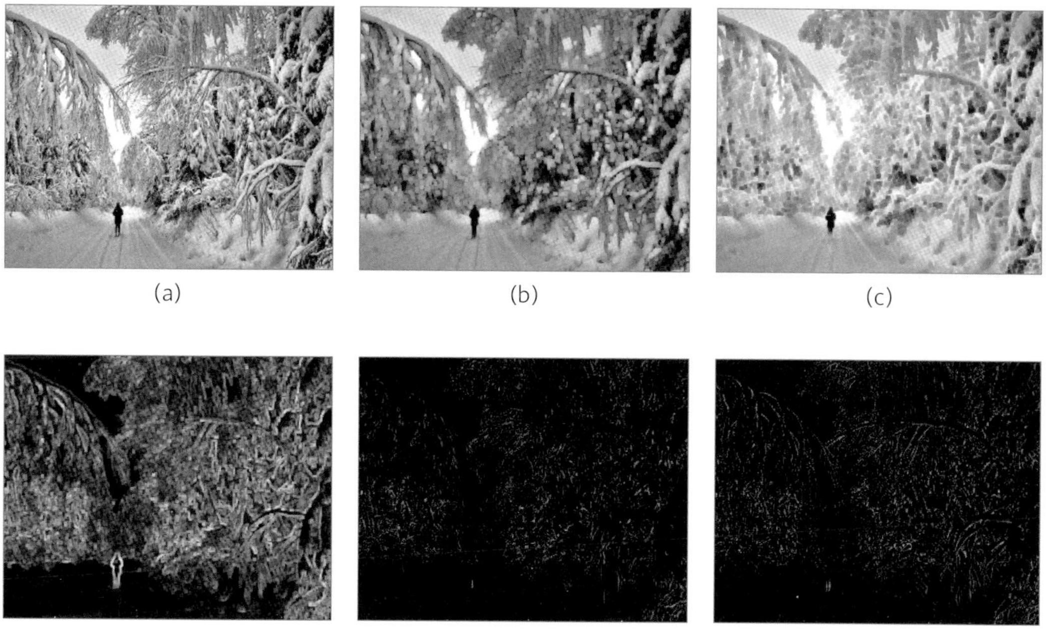

[그림 2-35] 모폴로지 연산 결과

(a) 입력 그레이 영상 (b)MORPH_OPEN (c) MORPH_CLOSE
(d) MORPH_GRADIENT (e) MORPH_TOPHAT (f) MORPH_BLACKHAT

06 ·· 에지 검출

6.1 미분 연산 기반의 에지 검출

에지(Edge)는 주로 객체의 윤곽이나 급격히 변화되는 부분에 해당하는 것으로, 영상에서는 이웃한 픽셀들과 값 차이가 큰 픽셀이 여기에 해당한다. 주변 픽셀과의 값 변화 차이를 계산하기 위하여 미분(Differentiation) 연산을 이용한다. 미분은 기울기를 계산하기 위한 수학적 방법으로 아래와 같은 수식으로 표현된다.

$$f'(x) = \lim_{\Delta x \to 0} \frac{\Delta y}{\Delta x} = \lim_{\Delta x \to 0} \frac{f(x+\Delta x) - f(x)}{\Delta x}$$

위 수식을 도함수라고 하며 구하고자 하는 성분인 미분계수를 함수화하여 표시한 형태이다. 이는 $y=f(x)$의 그래프 위의 임의의 점 $(x, f(x))$에 대한 접선의 기울기이다. 위 식을 살펴보면 변화량 Δx와 이에 대응하는 변화량 Δy의 비율을 계산하는 것이라는 것을 알 수 있다.

영상 처리에서는 위의 수식을 근사화하여 사용하는 것이 일반적이다. 변화량 Δx는 좌표의 변화, Δy는 이에 해당하는 픽셀값의 변화량으로 볼 수 있다. 즉 특정 픽셀의 좌우 또는 위아래에 위치한 픽셀값의 차이를 통하여 기울기를 알 수 있다. $\Delta x = 1$일 때, 위의 수식으로 기울기를 근사화하면 다음과 같다.

$$f''(x) \cong \frac{f(x+\Delta x) + f(x-\Delta x)}{2\Delta x}$$

영상은 2차원 공간에 표현되는 정보이다. 따라서 2개의 미분계수를 이용하여 기울기를 표현한다. 가로축에 대해서만 미분을 하게 되면 세로 방향으로 발생하는 에지만을 검지하게 되고, 반대로 세로축에 대하여 미분을 하게 되면 가로 방향의 에지만을 검지한다. 두 방향 모두를 미분한다면 모든 에지를 검지할 수 있다. 영상에 대하여 가로축(i)과 세로축(j)에 대하여 편미분하여 하나의 벡터로 표현한 것을 그레디언트(Gradient)라고 한다. 이는 아래와 같이 표현하며, 여기서 ∇는 그레디언트이고, ‖ ‖와 θ는 크기(Magnitude)와 방향(Direction)을 의미한다.

$$\nabla f(i,j)=\begin{bmatrix} f'_i \\ f'_j \end{bmatrix},\ \ \| \nabla f(i,j) \| = \sqrt{f'^2_i + f'^2_j},\ \ \theta = atan\left(\frac{f'_j}{f'_i}\right)$$

OpenCV에서는 미분 연산을 기반으로 에지를 검지하는 Sobel(), Scharr(), Laplacian() 함수를 제공한다. 필터 크기가 3×3과 같이 작을 때는 Scharr 방법이 Sobel 방법보다 더 정밀한 결과를 반환한다. Sobel() 함수의 인자 ksize에 cv2.FITER_SCHARR 또는 -1을 지정하면 Scharr 마스크가 적용된다. 각 함수의 원형은 아래와 같으며 사용하는 인수의 의미가 동일하기에, Scharr()와 Laplacian() 함수에 대한 인수 설명은 생략하였다.

Sobel(src, ddepth, dx, dy, dst=None, ksize=None, scale=None, delta=None, borderType=None)	
연산 : 입력 영상에 소벨 마스크를 적용하여 미분한다.	
src	입력 영상
ddepth	출력 영상의 깊이
dx	가로축(x)의 미분 차수
dy	세로축(y)의 미분 차수
dst	결과 영상 (입력 행렬과 동일한 크기와 채널의 수를 가짐)
ksize	소벨 연산을 위한 필터 크기
scale	필터의 출력값에 추가적으로 곱하는 값
delta	필터의 출력값에 추가적으로 더하는 값
boarderType	영상의 가장 자리를 처리하는 방식 지정

Scharr(src, ddepth, dx, dy, dst=None, scale=None, delta=None, borderType=None)
연산 : 입력 영상에 샤르 마스크를 적용하여 미분한다.

Laplacian(src, ddepth, dst=None, ksize=None, scale=None, delta=None, borderType=None)
연산 : 입력 영상에 라플라시안 마스크를 적용하여 미분한다.

3×3 필터를 사용할 때 각 함수는 아래 그림의 마스크를 가진다. Sobel과 Scharr은 가로와 세로 방향에 대한 각각의 마스크가 적용 가능하며, Laplacian은 양방향을 함께 고려한다.

-1	0	1
-2	0	2
-1	0	1

-1	-2	-1
0	0	0
1	2	1

(a)

-3	0	3
-10	0	10
-3	0	3

-3	-10	-3
0	0	0
3	10	3

(b)

0	1	0
1	-4	1
0	1	0

(c)

[그림 2-36] 3×3 필터 마스크
(a) Sobel (b) Scharr (c) Laplacian

아래 예제와 [그림 2-37]는 에지 검지 코드과 그 결과 영상을 보여 준다. Sobel 방법에 의한 가로 방향의 에지가 (b), Scharr 방법을 적용한 세로 방향의 에지가 (c), Laplacian() 함수에 의한 에지가 (d)이다. 결과를 보면 *dx*(가로축)에 대하여 미분한 결과가 세로 방향의 에지, *dy*(세로축)는 가로 방향의 에지가 찾아진다. 이는 *dx*는 좌우의 픽셀을 비교하여 에지를 찾고, *dy*는 위아래 픽셀을 비교하여 에지를 찾기 때문이다. 대각선은 가로와 세로의 성분을 모두 가지기에 두 결과에 모두 표시된다.

```
#에지 검지 예제 (c2_edge.py)
# 에지 추출
img1_blue = cv2.GaussianBlur(img1, (3,3), 0)
res1 = cv2.Sobel(img1, cv2.FILTER_SCHARR, 1, 0, ksize=3)
res2 = cv2.Scharr(img1_blue, cv2.CV_32FC1, 0, 1)
res3 = cv2.Laplacian(img1_blue, cv2.CV_32FC1)
res4 = cv2.Canny(img1, 50, 200, apertureSize=5, L2gradient=True)
```

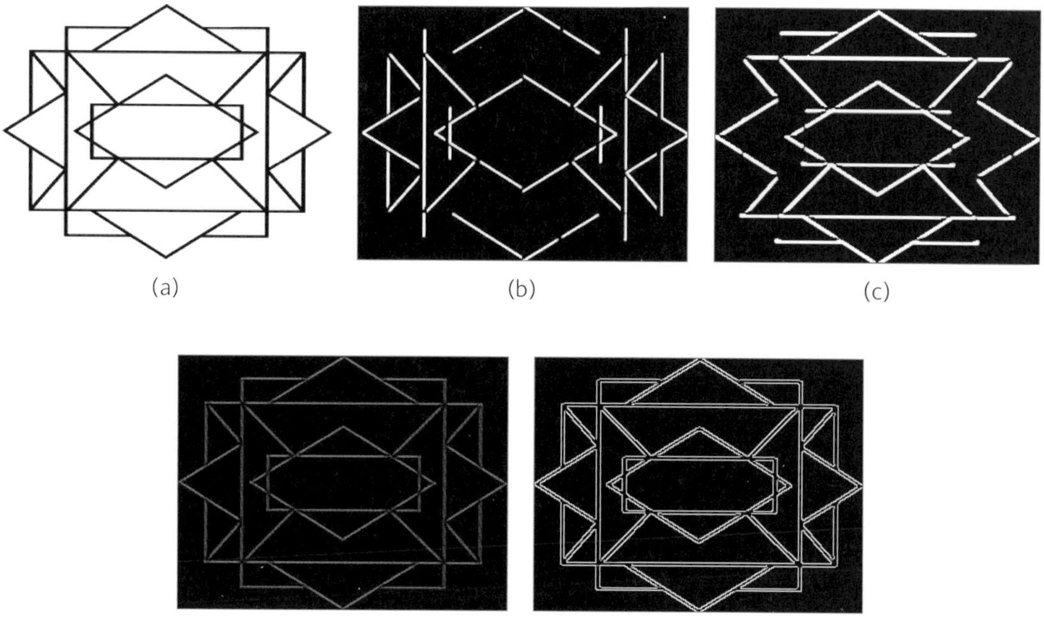

(a) (b) (c) (d) (e)

[그림 2-37] 에지 검출

(a) 입력 영상 (b) Sobel(dx=1) (c) Scharr(dy=1) (d) Laplacian (e) Canny

6.2 케니 에지

에지를 검지하기 위하여 가장 많이 사용되는 알고리즘 중 하나가 케니(Canny) 에지 검출기이다. 앞 장에서 설명한 Sobel과 Scharr 방법은 그레디언트의 크기를 기반으로 에지를 결정하기 때문에 임계치에 민감하고 에지 부분이 명확하지 않을 수 있다. 이를 보완하기 위하여 4단계의 과정을 통하여 에지를 검출하는 방법이 케니 에지 검출기이다. 검출 과정은 아래 그림과 같다.

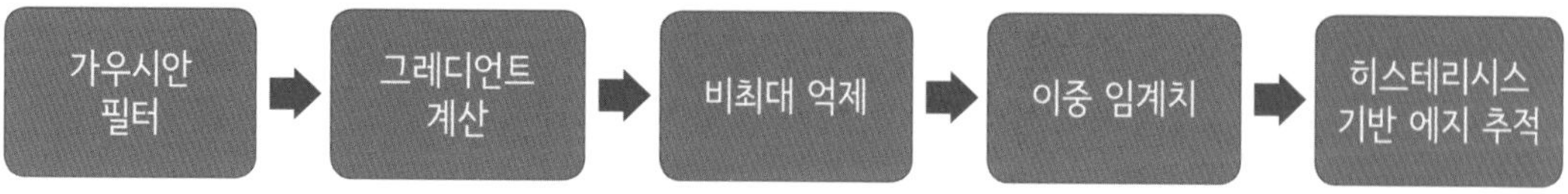

[그림 2-38] 케니 에지 검지 과정

첫 번째 과정은 입력 영상에 가우시안 필터를 적용하는 것이다. 이 과정은 영상에 존재하는 잡음을 제거하는 것이 목적이며, 잡음에 의하여 잘못된 에지 성분이 검지될 수 있기 때문에 정밀한 에지 검지를 위하여 필수적이다. 사전에 영상에 존재하는 잡음의 특성을 알고 있다면 해당 잡음 제거에 적합한 필터를 적용한 영상을 케니 에지 검출기의 입력으로 하는 것도 좋은 방법이 될 수 있다.

두 번째 과정은 그레디언트를 계산하는 것이다. 이 과정은 Sobel 연산를 통하여 수행된다. 앞 절에서 소개한 방법의 그레디언트의 크기만을 고려하지만, 케니 에지 검출기는 방향도 함께 고려하기에 모두 계산해야 한다.

세 번째 과정은 비최대 억제이다. 이 과정에서는 인접한 픽셀들이 동일한 방향의 에지를 가질 때, 가장 큰 크기를 가지는 픽셀의 위치에만 값을 유지하고 나머지 픽셀들의 크기는 0으로 대체한다. 이를 통하여 에지의 윤곽을 명확히 표현할 수 있게 한다. Sobel 연산은 이 과정이 없기 때문에 에지가 두껍게 표시된다.

네 번째 과정은 이중 임계치를 적용하여 에지를 구분하는 것이다. 케니 에지 검출기는 2개의 임계치를 사용하여 픽셀을 3가지로 분류한다. 첫 번째 임계치는 에지를 찾기 위한 값이다. 이 값보다 큰 크기를 가지는 픽셀들은 에지 성분으로 분류된다. 두 번째 임계치는 에지가 아닌 픽셀을 구분하기 위한 값으로, 지정된 임계치보다 작은 값을 가지는 픽셀은 에지 성분이 아닌 것으로 분류한다. 그 이외에 2개의 임계치 사이에 존재하는 값들이 존재한다. 이들은 다음 과정인 에지 추적을 통하여 에지 여부가 결정된다.

마지막 다섯 번째 과정은 히스테리시스(Hysteresis) 기반 에지 추적이다. 전 단계인 이중 임계치 적용을 통하여 찾아낸 임계치 사이에 존재하는 픽셀을 중간층 픽셀이라고 명명해 보자. 중간층 픽셀은 강한 윤곽에 연결되어 있는 약한 윤곽 부분일 수도 있고, 단순히 윤곽 사이에 존재하는 그레디언트의 크기가 큰 픽셀일 수도 있다. 이를 분류하기 위하여 에지 또는 에지가 아니라고 판단된 픽셀과 중간층 픽셀 간의 연결성을 고려하는 것이 히스테리시스 기반 에지 추적이다. 중간층 픽셀 중에서 에지 픽셀과 연결성을 가지는 부분은 에지로 판단하고, 에지가 아니라고 판단된 픽셀과 연결성을 가지는 부분은 에지가 아닌 것으로 판단한다.

OpenCV에서는 케니 에지를 검출하는 Canny() 함수를 지원하며, 원형은 아래와 같다.

Canny(image, threshold1, threshold2, edges=None, apertureSize=None, L2gradient=None)	
연산 : 입력 영상에 케니 에지 검출기를 적용한다.	
image	8비트 입력 영상
threshold1	히스테리시스를 위한 첫 번째 임계치
threshold2	히스테리시스를 위한 두 번째 임계치
edges	결과 영상 (입력 영상과 동일한 크기의 8비트 단일 채널)
apertureSize	Sobel 연산을 위한 필터의 크기 (3~7 사이의 홀수: 3,5,7)
L2gradient	그레디언트의 크기를 계산하는 방법, 기본값(False)이면 L1방식이고 True 이면 L2방식으로 계산 ($L1=\|a\|+\|b\|$, $L2=\sqrt{a^2+b^2}$)

[그림 2-37]의 (e)가 Canny() 함수를 이용한 결과이다. 다른 방법들보다 윤곽 부분의 시작과 끝이 명확하게 나타나 있음을 알 수 있다.

6.3 허프 변환 직선 및 원 검출

허프 변환은 투표(voting) 과정을 통하여 목표로 하는 형상을 찾아내는 방법으로 직선, 원, 타원 등을 검출하고자 할 때 많이 사용된다. 직선 검지를 통하여 허프 변환을 알아보자. 아래 그림의 (a)는 xy 평면상의 임의의 점 A를 지나는 직선 l_1과 점 A와 B를 모두 지나는 직선 l_2를 나타내었다. 직선 l_1에서 원점 O에 수직으로 내린 직선의 길이와 사잇각이 각각 r_1과 θ_1이고, x절편과 y절편이 각각 x_1과 y_1이다.

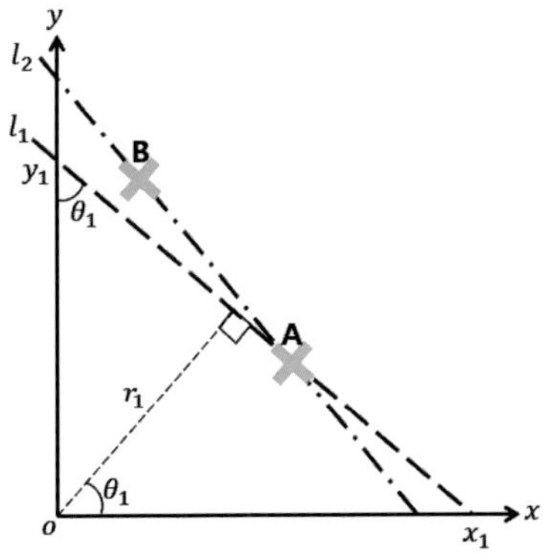

(a)

θ \ r	…	r_1	…	r_2	…
⋮	1	1	1	1	1
θ_1	1	1	1	1	1
⋮	1	1	1	1	1
θ_2	1	1	1	2	1
⋮	1	1	1	1	1

(b)

[그림 2-39] 임의의 점을 지나는 직선과 투표

(a) 평면상의 점을 지나는 직선 (b) 투표 결과

기본적인 직선의 방정식은 아래 수식과 같다.

$$y = ax + b$$

위 수식에서 a는 직선의 기울기이고 b는 y 절편이다. l_1에 대한 직선의 방정식을 생각해 보자. 직선의 기울기와 y 절편은 다음과 같이 구할 수 있다.

$$a = \frac{y_1}{x_1} = \frac{1}{\tan\theta_1} = -\frac{\cos\theta_1}{\sin\theta_1},\ b = y_1 = \frac{r_1}{\sin\theta_1}$$

기울기와 y 절편을 대입하여 아래와 같이 r과 θ에 대한 식으로 정리할 수 있다.

$$y = -\frac{\cos\theta_1}{\sin\theta_1} + \frac{r_1}{\sin\theta_1}$$

$$\sin\theta_1 y = -\cos\theta_1 x + r_1$$

$$r_1 = \cos\theta_1 x + \sin\theta_1 y$$

위의 수식을 기반으로 임의의 직선을 $r\theta$ 평면상의 점으로 표현할 수 있음을 알 수 있다. 따라서 점 A를 지나는 모든 직선을 $r\theta$에 표현한다는 것은, r과 θ로 구성된 표([그림2-39] (b))에 투표를 한 것과 동일하다. 임의의 모든 점에 대하여 동일한 표에서 투표를 실시하여, 가장 많은 점을 지나는 직선을 찾을 수 있다. 허프 변환은 이러한 과정을 통하여 임의의 점이 주어질 때 직선을 찾는다. [그림 2-39] (a)에서는 투표 결과를 통하여 직선 l_2가 xy 평면상에 표시된 두 점 A와 B를 모두 지나감을 확인할 수 있고 이에 해당하는 r_2와 θ_2의 값을 이용하여 평면의 값을 구할 수 있다.

원과 타원을 찾는 방법 또한 직선을 찾는 과정과 동일하다. 다만 이때는 원의 경우에는 중심점과 반지름으로 구성된 표에 투표를 하고, 타원의 경우에는 중심점과 장축 및 단축의 구성 요소를 가지는 표에 투표한다는 것만 다르다.

원의 경우를 고려해 보자. 기본적인 원의 방정식은 아래와 같다.

$$(x-a)^2+(y-b)^2=r^2$$

원의 중심점에 해당하는 것이 (a, b)이고 반지름이 r이다. xy 평면을 abr 공간으로 변환시키기 위하여 중심과 반지름을 아래와 같이 표현할 수 있다.

$$x-a=rcos\theta \;\rightarrow\; a=x-rcos\theta$$

$$y-b=rsin\theta \;\rightarrow\; b=y-rcos\theta$$

반지름 r이 가질 수 있는 모든 범위 내에서 에지가 존재하는 모든 x와 y의 범위에 대한 투표 결과를 통하여 abr 공간에서 최댓값들을 찾고, 이를 다시 xy 평면에 표현하여 원을 구할 수 있다.

OpenCV에서는 직선을 검지하는 HoughLines()와 HoughLinesP() 함수를 지원하고, 원 검지를 위하여 HoughCircles() 함수를 제공한다. HoughLines()는 투표 결과를 기반으로 영상에 존재하는 직선을 검출하고, HoughLinesP()는 영상에 존재하는 실제 직선 영역을 찾는 데 이용할 수 있다. 함수의 원형은 다음과 같다.

HoughLines(image, rho, theta, threshold, lines=None, srn=None, min_theta=None, max_theta=None)	
연산 : 이진 영상에서 허프 변환을 이용하여 직선을 찾는다.	
image	8비트, 단일 채널, 이진 입력 영상
rho	직선의 거리 크기
theta	사잇각 크기

threshold	누적(투표 결과)에 대한 임계치
lines	결과 벡터, 벡터는 2 또는 3개의 요소를 가짐 (rho, theta, votes)
srn	다중-크기 허프 변환으로 rho/srn 처리를 함. 양수이여야 함. 0으로 설정되면, 일반적인 허프 변환으로 동작
min_theta	다중-크기 허프 변환인 경우에, 최소 theta 값
max_theta	다중-크기 허프 변환인 경우에, 최대 theta 값

HoughLinesP(image, rho, theta, threshold, lines=None, minLineLength=None, maxLineGap=None)	
연산 : 이진 영상에서 확률 허프 변환을 이용하여 직선 조각(Segment)을 찾는다.	
image	8비트, 단일 채널, 이진 입력 영상
rho	직선의 거리 크기
theta	사잇각 크기
threshold	누적(투표 결과)에 대한 임계치
lines	결과 벡터, 벡터는 4개의 요소를 가짐 (x_1, y_1, x_2, y_2)
minLineLength	최소 직선 조각의 값
maxLineGap	직선을 이루는 점사이의 최대 거리 값

HoughCircles(image, method, dp, minDist, circles=None, param1=None, param2=None, minRadius=None, maxRadius=None)	
연산 : 입력 그레이 영상에서 원을 찾는다.	
image	8비트, 단일 채널, 그레이 입력 영상
method	검지 방법, 현재는 HOUCH_GRADIENT만 지원
dp	원을 찾기 위한 영상 누적 해상도. 만약 1로 설정되면 입력 영상과 동일한 크기를 가지고, 2로 설정되면 누적 해상도는 절반이 됨
minDist	원의 중심점 간의 최소 거리
circles	결과 벡터. 벡터는 3 또는 4개의 요소를 가짐 (x, y, radius, votes)
param1	method가 HOUGH_GRADIENT로 설정된 경우, 케니 에지 검출기에 대한 임계치
param2	method가 HOUGH_GRADIENT로 설정된 경우 누적에 대한 임계치
minRadius	최소 원 반지름의 크기
maxRadius	최대 원 반지름의 크기

아래 코드는 OpenCV 함수들을 이용하여 영상에서 원과 직선, 직선 조각을 찾는 예제이다. 먼저 입력으로 사용할 에지 영상을 생성하였다. 이 후에 HoughLines() 함수와 HoughLinesP 함수를 이용하여 직선과 직선 조각을 검지하였고, HoughCircles() 함수를 이용하여 원을 검지하였다. 예제에서 사용한 변수들은 각각의 입력 영상을 고려하여 임의로 지정하였으며 최적의 값들은 아니다. 직선 또는 직선 조각이나 원에 대하여 많은 후보들을 생성하고자 한다면 변수들이 많은 범위를 반영할 수 있도록 설정하고, 소수의 명확한 후보만을 검출하고자 한다면 목적에 적합하게 조정하는 과정이 필요하다.

```
# 허프 변환 기반으로 직선 및 원 검출 예제 (c2_houghTransform.py)
# 직선 검출
img1_edge = cv2.Canny(img1, 50, 150, apertureSize=3)
lines = cv2.HoughLines(img1_edge, 2, np.pi/180, 100)
linesP = cv2.HoughLinesP(img1_edge, 2, np.pi/180, 50, minLineLength=1, maxLineGap=100)
# 원 검출
circles = cv2.HoughCircles(img2, cv2.HOUGH_GRADIENT, 1, 20, param1=50, param2=20,
                          minRadius=30, maxRadius=50)
# 결과 출력
img1_color1 = cv2.cvtColor(img1, cv2.COLOR_GRAY2BGR)
if lines.any() != None:
    for line in lines:
        rho, theta = line[0]
        a = np.cos(theta); b=np.sin(theta)
        x0 = a*rho; y0 = b*rho
        x1 =int(x0 +1000*(-b)); y1 =int(y0 +1000*a)
        x2 =int(x0 -1000*(-b)); y2 =int(y0 -1000*a)
        cv2.line(img1_color1, (x1,y1), (x2,y2), (0,0,255), 2)
img1_color2 = cv2.cvtColor(img1, cv2.COLOR_GRAY2BGR)
if linesP.any() != None:
    for line in linesP:
        x1, y1, x2, y2 = line[0]
```

```
        cv2.line(img1_color2, (x1,y1), (x2,y2), (0,255,0), 2)
circles = np.uint16(np.around(circles))
img2_color1 = cv2.cvtColor(img2, cv2.COLOR_GRAY2BGR)
if circles.any() != None:
    for i in circles[0, :]:
        cv2.circle(img2_color1, (i[0], i[1]), i[2], (0, 0, 255), 2)
```

(a) (b) (c)

(d) (e)

[그림 2-40] 허프 변환을 이용한 직선 및 원 검출

(a) 입력 영상 (b) 직선 검출 (c) 직선 조각 검출 (d) 입력 영상 (e)원 검출

III. 머신러닝(Machine Learning)

01. 객체 검출
02. 특징 추출 및 기술자
03. 영상 분할 및 합성
04. 비디오 분석

머신러닝(Machine Learning)

단원 소개

머신러닝은 기계, 즉 컴퓨터에 사물을 인지 및 판단할 수 있도록 학습시키는 것이며, 영상에서 원하는 대상을 검지하거나 분류시키는 것이 머신러닝의 대표적인 목적 중 하나이다. 일부 독자들에게 기계를 학습시킨다는 개념이 생소하고 받아들이기 어려울 수도 있을 것이다. 머신러닝의 일부분만을 표현하는 설명이지만, 개념적으로 기계를 학습시킨다는 것은 컴퓨터에게 특정 문제에 대한 샘플들을 제공한 후에 이를 해결하기 위한 기준 또는 근거를 조정하도록 하는 것이다. 여기서 기준 또는 근거는 설계자에 의해 주어질 수 있다. 이번 장에서는 영상에서 원하는 대상을 찾기 위한 기초적인 접근법과 이를 활용한 응용 기술들을 설명하여 머신러닝을 다양하게 활용할 수 있는 기초를 쌓을 수 있도록 하였다. OpenCV에서 제공하는 함수를 기반으로 유용한 예제를 다루어 독자들이 흥미를 가질 수 있도록 하였다. 또한, 예제 코드에 대한 이해를 돕기 위해 본문에서 코드에 대한 전반적인 설명을 하였다.

01 ·· 객체 검출

1.1 템플릿 매칭

탬플릿 매칭은 전체 이미지에서 관심 있는 특정한 이미지 영역을 검색하기 위한 매우 단순한 기술이다. 일반적으로는 관심 영역 또는 대상을 나타내기 위하여 이미지 샘플을 이용하며, 이는 매우 단순하면서도 효율적이다.

아래 그림과 같이 템플릿 매칭을 통하여 원하는 객체를 찾는데 사용될 수 있다. 그림의 (a)는 입력 영상이고, (b)는 입력 영상에서 선택한 관심 영역, (c)는 템플릿 매칭에 의해 찾아진 결과를 나타낸다.

[그림 3-1] 템플릿 매칭에 의한 관심 영역 찾기
(a) 입력 영상 (b) 템플릿 (c) 결과

탬플릿 매칭은 다양한 분야에 많이 사용되고 있다. 대표적으로 반도체 제품의 패턴 검사와 장비 검사가 있다. 이들 분야에서는 반도체와 같은 최종 제품이 지정된 규격을 만족하려면 이를 검사하는 과정이 필수적이고 중요하다. 이를 위하여 정상적인 제품을 템플릿으로 사용하여 제품이 템플릿과 정확히 일치하는지를 통하여 오류를 검사한다. 또한, 객체 검지 및 추적과 원하는 형상을 찾기 위해서도 사용된다.

템플릿 매칭은 주어진 입력 이미지에 템플릿을 슬라이딩 윈도우(Sliding Window) 방식으로 적용하여 유사함을 평가하는 과정이다. 슬라이딩 윈도우 기법은 주어진 템플릿을 입력 이미지에 겹치게 하여 일정 간격으로 템플릿을 이동시키면서 유사함을 계산해 가는 방식이다.

유사도를 평가하는 방식은 다양하다. 일반적으로 제곱 차이 매칭 방법(Square Differences), 정규화된 제곱 차이 매칭 방법(Normalized Square Differences), 상관관계 매칭 방법(Cross Correlation), 정규화된 상관관계 매칭 방법(Normalized Cross Correlation) 등이 많이 사용된다. 제곱 차이 매칭 방법은 아래 식과 같다. T와 I는 각각 템플릿과 입력 이미지를 의미하고, i'과 j'은 템플릿 상의 픽셀 위치, i와 j는 입력 이미지상의 픽셀 위치이다.

$$D_{SD} = \sum_{(i',j')} [T(i',j') - I(i+i',j+j')]^2$$

위 수식은 템플릿의 값과 이에 매칭되는 입력 이미지상의 값의 차이를 제곱하여 모두 합한 값을 결과로 반환한다. 따라서 완벽하게 일치하는 경우에는 0의 결과를 가지고, 템플릿과 상이할수록 큰 값을 가진다.

정규화된 제곱 차이 매칭은 제곱 차이 매칭의 값을 정규화하여 표현한 것으로 아래 식과 같다. 템플릿과 완벽하게 일치하는 경우에 0의 값을 가진다.

$$D_{NSD} = \frac{\sum_{(i',j')} [T(i',j') - I(i+i',j+j')]^2}{\sqrt{\sum_{(i',j')} T(i',j')^2 \sum_{(i',j')} I(i+i',j+j')^2}}$$

상관관계 매칭 방법은 아래 식과 같다. 이는 템플릿과 이에 매칭되는 입력 이미지상의 값을 곱하여 모두 합한 값을 결과로 반환한다. 따라서 매칭이 잘 될수록 큰 값을 가지고, 반대의 경우에는 작은 값이나 0의 값을 가질 수도 있다.

$$D_{CC} = \sum_{(i',j')} T(i',j') I(i+i',j+j')$$

정규화된 상관관계 매칭 방법은 상관관계 매칭의 값을 정규화하여 표현한 것으로 아래 식과 같다. 템플릿과 불일치할수록 0에 가까운 값을 가진다.

$$D_{NCC} = \frac{\sum_{(i',j')} T(i',j') I(i+i',j+j')}{\sqrt{\sum_{(i',j')} T(i',j')^2 \sum_{(i',j')} I(i+i',j+j')^2}}$$

위의 매칭 방법들은 입력 이미지와 템플릿의 값을 그대로 사용한다. 따라서 조명 등의 영향으로 상이한 환경에서 획득한 입력 이미지 또는 템플릿을 사용할 경우에는 유의미한 매칭 영역을 찾는 것이 용이하지 않을 수도 있다. 이를 보완하기 위하여 상관계수 매칭 방법과 정규화된 상관계수 매칭 방법이 있다. 이들은 아래 수식과 같으며, 입력 이미지와 템플릿을 각각의 이미지 값의 평균을 반영하여 매칭하므로 외부 환경에 강인한 결과를 반환한다.

$$D_{CF} = \sum_{(i',j')} T'(i',j') I'(i+i',j+j')$$

$$T'(i',j') = T(i',j') - \frac{\sum_{i'',j''} T(i'',j'')}{wh}, \quad I'(i+i',j+j') = I(i+i',j+j') - \frac{\sum_{i'',j''} I(i'',j'')}{wh}$$

$$D_{NCF} = \frac{\sum_{(i',j')} T'(i',j') I'(i+i',j+j')}{\sqrt{\sum_{(i',j')} T'(i',j')^2 \sum_{(i',j')} I'(i+i',j+j')^2}}$$

템플릿 매칭은 계산량이 많은 작업이므로, 효율적으로 사용하는 것이 중요하다. 이를 위하여 사용하는 입력 이미지와 템플릿의 크기를 적절하게 선택해야 한다. 입력 이미지와 템플릿의 크기가 클수록, 더 많은 픽셀들을 비교해야 함으로 연산량이 증가할 수밖에 없고, 이는 처리 속도를 저하시킨다. 또한, 템플릿 매칭을 수행하는 간격이나 지속 여부에 대한 기준도 적절하게 선택해야 한다. 입력 이미지에서 매칭이 되어야 할 위치가 한 곳이라고 가정해 보자. 만약 특정 위치에서 매칭 방법이 가질 수 있는 최적의 값을 얻었다면 그 이후에는 탬플릿 매칭을 수행하지 않는 것이 효율적일 것이다. 그리고 모든 위치에 대해 템플릿 매칭을 수행하기보다는 입력 이미지의 임의의 위치에서 탬플릿 매칭을 수행한 후에 최적의 반환값에 근접한 값을 가지는 위치 주변을 더 세밀하게 매칭해 보는 것이 효율적일 수 있다.

OpenCV에서는 템플릿 매칭을 위하여 matchTemplate() 함수를 지원하며, 함수의 원형은 다음과 같다.

matchTemplate(image, templ, method, result=None, mask=None)	
연산 : 입력 영상과 주어진 템플릿을 윈도우 슬라이딩 방식으로 비교한다.	
image	8/32비트, 입력 영상
templ	찾고자 하는 템플릿
method	비교 방법
result	템플릿 매칭 결과, 32비트 단일 실수 점수 맵, 크기는 입력 영상에서 템플릿의 크기만큼이 작아짐
mask	템플릿에 대한 마스크. 현재는 TM_SQDIFF, TM CCORR_NORM 방식에 대해서만 지원함

method는 앞에서 설명한 매칭 방법을 의미하며 아래와 같다.

	method
D_{SD}	CV_TM_SQDIFF
D_{NSD}	CV_TM_SQDIFF_NORMED
D_{CC}	CV_TM_CCORR
D_{NCC}	CV_TM_CCORR_NORMED
D_{CF}	CV_TM_CCOEFF
D_{NCF}	CV_TM_CCOEFF_NORMED

아래 예제와 그림은 템플릿 매칭을 이용하여 원하는 영역을 검출하는 코드와 그 결과를 나타내었다. 매칭 방법에 따라서 유사도의 패턴이 상이함을 알 수 있다.

```
#템플릿 매칭을 통한 객체 검출 예제 (c3_templateMatching.py)
# 탬플릿 매칭 및 결과 출력
template = img1[5:70, 5:70]
w, h = template.shape[::-1]
methods = ['cv2.TM_CCOEFF',
           'cv2.TM_CCOEFF_NORMED',
```

```
            'cv2.TM_CCORR',
            'cv2.TM_CCORR_NORMED',
            'cv2.TM_SQDIFF',
            'cv2.TM_SQDIFF_NORMED']
for meth in methods:
    input = img1.copy()
    method = eval(meth)
    res = cv2.matchTemplate(img1, template, method)
    min_val, max_val, min_loc, max_loc = cv2.minMaxLoc(res)
    if method in [cv2.TM_SQDIFF, cv2.TM_SQDIFF_NORMED]:
        top_left = min_loc
    else:
        top_left = max_loc
    bottom_right = (top_left[0] + w, top_left[1] + h)
    cv2.rectangle(input, top_left, bottom_right, 0, 2)
    plt.figure()
    plt.subplot(121), plt.imshow(res, cmap='gray')
    plt.title('Matching Result'), plt.xticks([]), plt.yticks([])
    plt.subplot(122), plt.imshow(input, cmap='gray')
    plt.title('Detected Point'), plt.xticks([]), plt.yticks([])
    plt.suptitle(meth)
plt.show()
```

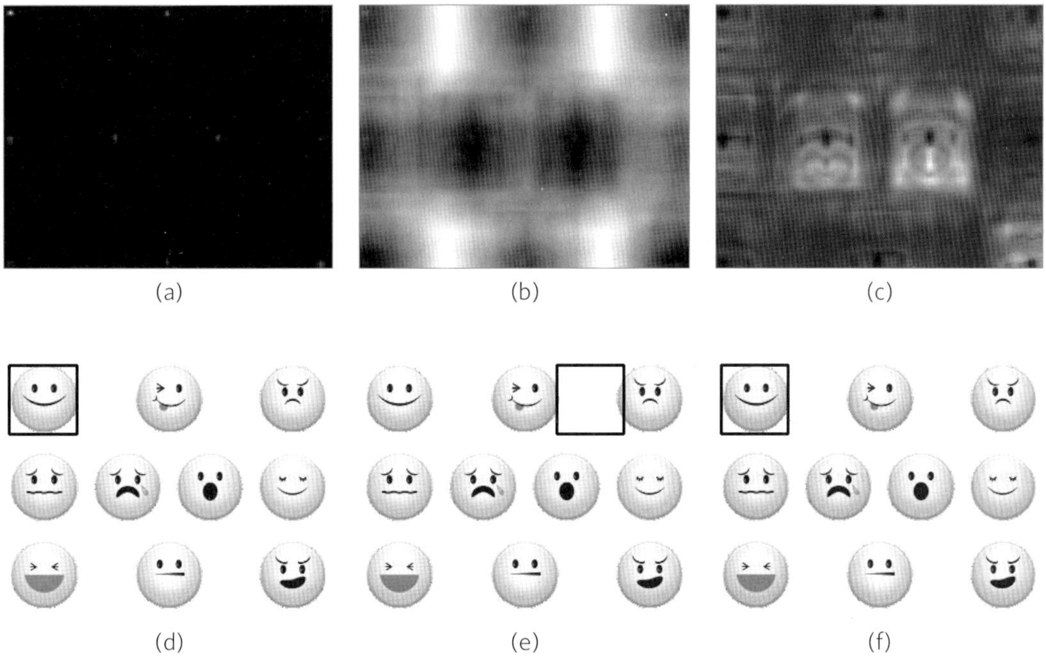

[그림 3-2] 탬플릿 매칭에 의한 객체 검출
(a) TM_CCOEFF 유사도 (b) TM_CCORR 유사도 (c) TM_SQDIFF 유사도
(d) TM_CCOEFF 결과 (e) TM_CCORR 결과 (f) TM_SQDIFF 결과

1.2 코너점 검출

코너점은 두 모서리의 교차점으로 정의할 수 있으며, 영상에서는 모든 방향으로 밝기 값의 차이가 큰 영역을 의미한다. 많은 방법들이 다음의 과정을 통하여 코너점을 찾는다.

1. 코너값 계산: 영상의 각 픽셀에 대하여 주변 픽셀들을 기반으로 코너점일 가능성을 계산한다. 이 계산은 영상에 존재하는 대부분의 코너의 후보점을 구별하기 위한 것이며, 출력은 코너맵(Corner Map)이 된다.
2. 비최대 억제: 동일한 코너에 대해 여러 개의 코너점이 검출되지 않도록 특정한 거리 이내의 코너값 중에서 작은 값들을 제거한다. 이를 통하여 일정한 범위 내에서 크기가 큰 코너값만이 존재하도록 코너맵이 필터링된다.

3. 코너점을 결정하기 위한 임계치 설정: 코너맵에 남아 있는 의미 있는 코너값을 선택하기 위하여 임계값을 지정한다.

모라벡 코너 검출기(Moravec, 1980)는 코너점 검출을 위한 초기의 방법 중 하나이며 검출 방법도 매우 단순하다. 이 방법은 로컬 영상 패치(Local Iimage Patches)를 비교하고 이들 사이의 비정규화된 지역 자기 상관(Local Autocorrelation)을 계산하여 임의의 점 주위의 지역적 변화를 조사하여 코너점 여부를 결정한다. 이를 위하여 각 픽셀마다 해당 픽셀을 중심으로 한 패치와 8개의 로컬 패치를 비교한다. 8개의 로컬 패치는 현재 패치의 위치에서 일정한 크기만큼 이동하는데, 일반적으로 상하, 좌우, 대각선의 8개 방향으로 각각 1개의 픽셀씩 이동한다. 패치 사이의 자기 상관은 아래의 식으로 계산된다.

$$v_{i',j'}(i,j) = \sum_{\forall\, x,y \in\, Patch} (I(i+i'+x,\, j+j'+y) - I(i+x,\, j+y))^2$$

위 수식은 임의의 점 (i,j)을 기반으로 설정한 패치와 해당 점을 (i',j') 만큼 이동하여 설정한 패치에 대하여 동일한 위치에 해당하는 값들을 비교하는 것으로, 패치의 크기는 일반적으로 3×3, 5×5, 7×7이 많이 사용되고, 8개의 패치를 얻기 위하여 점을 이동시키는 방법은 $(i',j') \in \{(-1,-1),(0,-1),(1,-1),(-1,0),(1,0),(-1,1),(0,1),(1,1)\}$로 설정하는 것이다. 8개의 패치에 대하여 가장 작은 값을 해당 점 (i,j)에 대한 코너값으로 설정한다. 위 방법은 아래 그림을 통하여 알 수 있다. 왼쪽 그림은 코너점 바로 옆에 위치하는 점에 해당하는 패치로 주변 패치와의 차이 값 중에서 가장 작은 1의 값을 가지며, 오른쪽 그림은 직선 바로 위의 점으로 주변 패치와의 가장 작은 차이 값이 0임을 알 수 있다. 모라벡 코너 검출기는 이러한 자기 상관 값을 구하고 임계치 기반으로 코너점을 검출하기에 매우 단순하고 빠르게 계산할 수 있다. 하지만 에지에 포함된 잡음에 민감하고, 특히 대각선 방향의 에지에 대하여 강하게 반응하여 잘못된 코너점을 검출하는 단점이 있다.

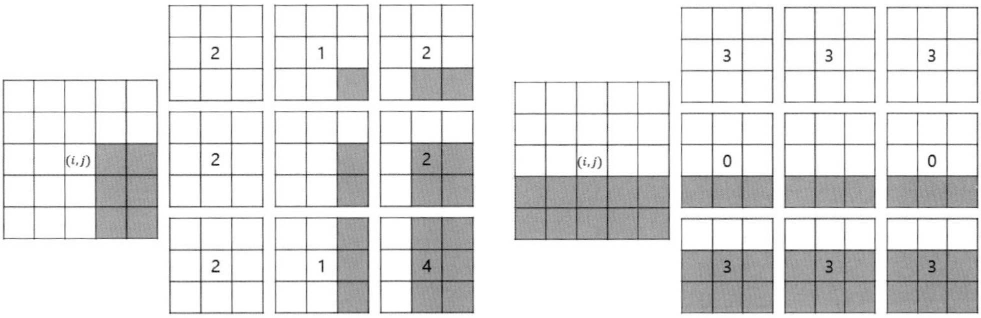

[그림 3-3] 코너점과 직선 주변일 경우의 자기 상관 값의 차이

해리스 코너 검출기(Harris and Stephen, 1988)는 모라벡 검출기와는 다르게 코너값을 결정하기 위하여 고윳값(eigenvalues)을 사용한다. 모라벡 검출기에서는 제곱 차이의 합을 이용하여 코너 값을 구하지만 해리스 코너 검출기에서는 부분 미분, 가우스 가중 함수 및 방정식의 행렬 표현의 고윳값을 사용한다.

임의의 위치 (i,j)에서 $(\Delta i,\Delta j)$ 만큼 이동한 특정 패치 P에 대한 제곱 차이의 합 v_P를 아래와 같이 계산할 수 있다.

$$v_P(\Delta i, \Delta j) = \sum_{(i,j)\in P} (I(i,j) - I(i-\Delta i, j-\Delta j))^2$$

위 수식에서 임의 위치 변화에 의한 값 변화에 해당하는 값은 아래와 같이 근사할 수 있다.

$$I(i-\Delta i, j-\Delta j) \approx f(i,j) + \begin{bmatrix} \frac{\delta I(i,j)}{\delta i} & \frac{\delta I(i,j)}{\delta i} \end{bmatrix} \begin{bmatrix} \Delta i \\ \Delta j \end{bmatrix}$$

위 수식은 각 방향에 대한 밝기 값의 변화를 미분을 통하여 계산한 것이다. 즉 코너점이 여러 방향으로 밝기 값의 차이가 크게 존재한다는 특징을 반영한 수식이다. 근사화된 수식을 이용하여 v_P를 아래와 같이 정리할 수 있다.

$$v_P(\Delta i, \Delta j) = [\Delta i \ \Delta j] \begin{bmatrix} \sum_{(i,j)\in P} \left(\frac{\delta I(i,j)}{\delta i}\right)^2 & \sum_{(i,j)\in P} \frac{\delta I(i,j)}{\delta i} \frac{\delta I(i,j)}{\delta j} \\ \sum_{(i,j)\in P} \frac{\delta I(i,j)}{\delta i} \frac{\delta I(i,j)}{\delta j} & \sum_{(i,j)\in P} \left(\frac{\delta I(i,j)}{\delta j}\right)^2 \end{bmatrix} \begin{bmatrix} \Delta i \\ \Delta j \end{bmatrix}$$

위 수식은 중간에 위치하는 행렬의 고윳값 (λ_1, λ_2)를 통하여 계산할 수 있으며, 고윳값에 따라서 아래 표와 같이 정리할 수 있다.

상태	의미
λ_1와 λ_2가 모두 큰 값을 가지며 두 값의 차이가 작음	영상의 가로와 세로 방향으로 밝기 값의 변화가 크게 존재함
λ_1와 λ_2 둘 중에 하나만 큰 값을 가짐	영상의 가로와 세로 방향 중에서 하나의 방향으로만 밝기 값의 변화가 크게 존재함
λ_1와 λ_2가 모두 작은 값을 가짐	영상의 어느 방향으로도 밝기 값의 변화가 없음

해리스 코너 검출기는 위의 정리를 기반으로 특정 위치 (i,j)에 대한 코너값 C을 아래와 같이 정의하였다.

$$C_{i,j} = det(M) - k(trace(M))^2$$

위의 식에서, k는 0.04~0.06의 값이 많이 사용되며 $det(M)$와 $trace(M)$는 다음과 같이 계산할 수 있다.

$$M = \begin{bmatrix} \sum_{(i,j)\in P} \left(\frac{\delta I(i,j)}{\delta i}\right)^2 & \sum_{(i,j)\in P} \frac{\delta I(i,j)}{\delta i}\frac{\delta I(i,j)}{\delta j} \\ \sum_{(i,j)\in P} \frac{\delta I(i,j)}{\delta i}\frac{\delta I(i,j)}{\delta j} & \sum_{(i,j)\in P} \left(\frac{\delta I(i,j)}{\delta j}\right)^2 \end{bmatrix} = \begin{bmatrix} A\ B \\ B\ C \end{bmatrix}$$

$$det(M) = \lambda_1\lambda_2 = AC + B^2$$

$$trace(M) = \lambda_1 + \lambda_2 = A + C$$

해리스 코너 검출기에서는 이미지에 패치를 적용한 밝기 값에 임의의 값을 가중하여 사용하는데, 중앙에 위치한 값에 더 많은 가중치를 주고 외곽으로 갈수록 작은 가중치를 반영한다. 이를 위하여, 가우시안 함수를 통하여 가중치 행렬을 계산할 수 있다.

OpenCV에서는 해리스 코너 검출를 위한 cornerHarris() 함수를 지원하며, 원형은 다음과 같다.

cornerHarris(src, blockSize, ksize, k, dst=None, borderType=None)	
연산 : 입력 영상에서 해리스 코너 검출을 수행한다.	
src	8비트 단일 채널 영상, 실수 영상
blockSize	코너를 찾기 위해 비교하는 이웃 픽셀의 크기
ksize	소벨 연산을 위한 변수
k	해리스 코너를 계산하기 위해 사용하는 값
dst	해리스 코너 검출기 결과. CV_32FC1의 데이터형을 가지며, 크기는 입력 영상과 동일함
borderType	영상의 가장 자리를 처리하는 방식 지정

아래 예제와 그림은 해리스 코너 검출기를 이용하여 코너를 검출한 코드와 결과 영상이다. 그림의 (b)에서 대부분의 코너 영역이 검지되지만, 일부 코너는 검지가 되지 않음을 알 수 있다. 반면에 (c) 에서는 모든 코너가 검지되었는데, 이유는 코너를 찾기 위해 비교하는 이웃 픽셀의 크기 blockSize가 더 크기 때문이다. blockSize를 크게 할수록 비교하는 픽셀이 증가하며, 이로 인하여 밝기 값 변화가 큰 영역이 포함될 가능성이 커진다. 그 결과로 더 많은 코너를 찾게 된다.

```
# 코너 검출 예제 (c3_cornerHarris.py)
# 코너 검지
dst = cv2.cornerHarris(img1, 2, 3, 0.06)
dst = cv2.dilate(dst,None)
res1 = cv2.cvtColor(img1, cv2.COLOR_GRAY2BGR)
res1[dst>0.1*dst.max()] = [0,0,255]
```

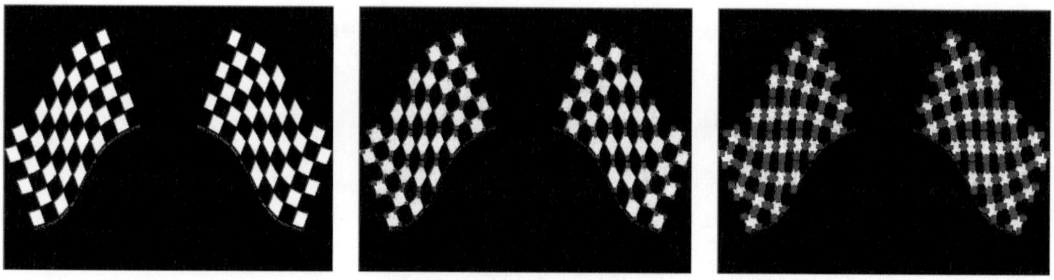

(a) (b) (c)

[그림 3-4] 해리스 코너 검출

(a) 입력 영상 (b)해리스 코너(blockSize=2) (c) 해리스 코너(blockSize=5)

1.3 하라이크 특징

하라이크(Haar-like) 특징은 아래 그림과 같이 +1과 -1의 조합으로 이루어진 단순한 필터를 이용하여 다양한 패턴을 판별하기 위해 사용된다. 아래 그림의 필터에서 흰색 부분은 +1의 가중치를 가지고, 검은색 부분은 -1의 가중치를 가진다. 이들 필터가 이미지에 적용되어 특징 값이 얻어지게 된다.

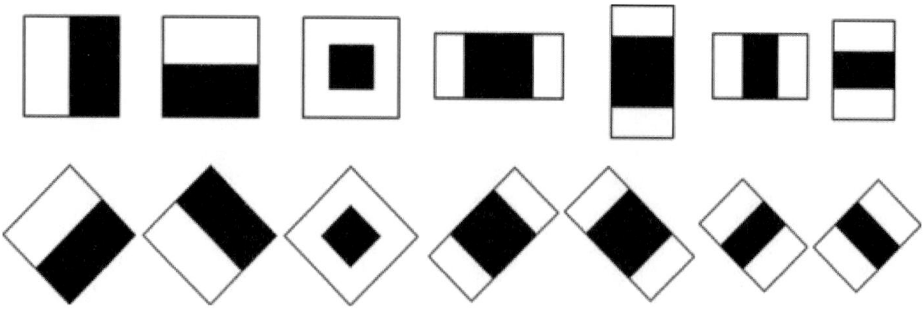

[그림 3-5] 하라이크 필터의 예

이 특징은 얼굴 검지[Viola, 2001]에서 우수한 성능을 보이면서, 알려지기 시작했으며, 필터의 크기를 다양하게 하여 많은 수의 하라이크 필터를 생성할 수 있다. 이 필터는 계산이 단순하지만, 필터의 크기에 따라서 많은 픽셀들을 합하고 빼는 과정이 필요하기 때문에 처리 시간이 오래 걸린다는 단점이 있다. 이를 보완하기 위하여 적분 영상(Integral Image)을 사용하였다. 적분 영상은 입력 영상과 동일한 크기를 가지고, 각 픽셀은 이미지 좌표계에서 그 위치보다 작은 위치의 모든 픽셀들의 값을 합한 값을 가진다. 이는 아래 수식과 같다.

$$II(i,j) = \sum_{i'=0}^{i} \sum_{j'=0}^{j} I(i',j')$$

아래 그림에서 각 위치 p, q, r, s의 위치에 해당하는 픽셀값은 다음의 사각형 내부에 포함된 모든 픽셀의 값을 합한 결과이다. p 위치의 값은 사각형 A에 대한 모든 합, q 위치의 값은 사각형 A와 B에 대한 모든 합, r 위치의 값은 사각형 A와 C에 대한 모든 합, s 위치의 값은 사각형 A, B, C, D의 모든 값을 합한 것이다. 적분 영상에서 임의의 사각형의 면적은 한 번의 덧셈과 두 번의 뺄셈을 통하여 구할 수 있다. 예를 들어 사각형 D에 해당하는 픽셀들의 합은 다음과 같이 계산할 수 있다.

$$Rect_D = area(p,q,s,r) = II(i_p,j_p) + II(i_s,j_s) - II(i_q,j_q) - II(i_s,j_s)$$

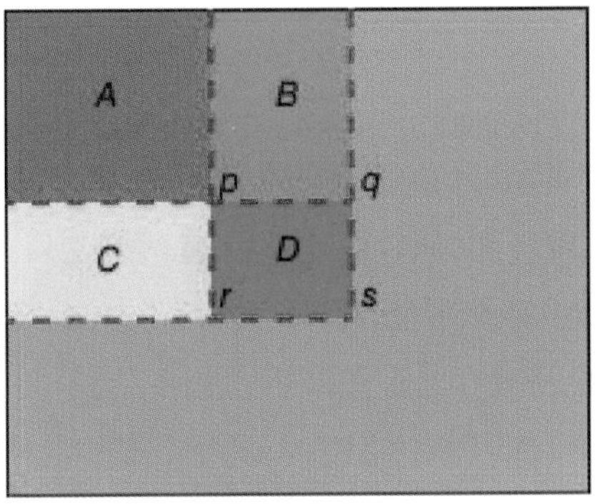

[그림 3-6] 적분 영상에서의 면적

Opencv에서는 하라이크 특징과 cascade 분류기를 이용한 객체 검지 함수를 지원한다. 아래 예제는 OpenCV에서 제공하는 정면 얼굴을 검지할 수 있도록 학습된 모델(haarcascade_frontalface_default.xml)을 불러와서 얼굴을 찾는 코드이다.

```
# 얼굴 검출 예제 (c3_haarFaceDetection.py)
# 얼굴 검지
face_cascade = cv2.CascadeClassifier('haarcascade_frontalface_default.xml')
faces = face_cascade.detectMultiScale(img1, 1.1, 3)
# 결과 영상 출력
res1 = cv2.cvtColor(img1, cv2.COLOR_GRAY2BGR)
for (x, y, w, h) in faces:
    cv2.rectangle(res1, (x, y), (x+w, y+h), (255, 0, 0), 2)
```

CascadeClassifier() 함수는 사전에 학습된 모델을 불러오기를 할 수 있도록 지원하는 함수이다. 임의의 모든 모델을 읽어 들일 수 있지는 않으며, OpenCV에서 지원하는 학습 방법을 이용하여 생성된 모델만을 지원해 준다. 예제에서 사용한 모델 이외에도 OpenCV에서는 눈, 사람의 신체(몸통, 상체, 하체), 고양이 얼굴 등을 검지할 수 있는 모델을 제공해 준다.

detectMultiScale() 함수는 입력 영상의 크기를 조정하면서 객체를 검지하는 역할을 수행하며, 원형은 아래와 같다.

detectMultiScale(self, image, scaleFactor=None, minNeighbors=None, flags=None, minSize=None, maxSize=None)	
연산 : 입력 영상의 크기를 다르게 조정하면서 객체를 검지한다.	
image	8비트 단일 채널 영상
scaleFactor	각 영상의 스케일에서 이미지 크기를 얼마나 줄일지 지정하는 변수로 이미지 피라미드에서 스케일 변수와 동일한 역할을 함. 1보다 큰 값을 가져야 함.
minNeighbors	각 후보 사각형이 보유해야 하는 이웃 수를 지정하는 변수
flags	이전 버전의 OpenCV에서 사용했으며, 현재는 사용하지 않음
dst	해리스 코너 검출기 결과. CV_32FC1의 데이터형을 가지며, 크기는 입력 영상과 동일함
minSize	객체의 최소 크기. 이 값보다 작으면 객체로 인식하지 않음
maxSize	객체의 최대 크기. 이 값보다 크면 객체로 인식하지 않음

아래 그림은 위의 예제에 대한 결과 영상이다. 그림의 (b)와 (c)는 scaleFactor를 각각 1.1과 2.0으로 하였을 때의 결과이다. 입력 영상에서 얼굴이 차지하는 영역의 크기가 작기 때문에, 이미지 스케일을 줄이게 되면 얼굴이 잘 검지되지 않음을 알 수 있다. 이를 통하여 하라이크 특징 기반의 검지 기술은 영상에서 검지하고자 하는 대상의 크기에 민감하게 반응함을 알 수 있다. scaleFactor가 1.1인 경우에는 입력 영상 대비하여 약 90%(1/1.1)의 크기를 가지고, 1.5인 경우에는 약 66(1/1.5)%의 크기를 가지게 된다.

(a) (b) (c)

[그림 3-7] 라이크 기반 얼굴 검지

(a) 입력 영상 (b) 얼굴 검지(scaleFactor=1.1) (c) 얼굴 검지(scaleFactor=1.5)

1.4 HOG 특징

OpenCV에서는 하라이크 특징 이외에도 유용한 두 가지 특징에 대한 학습된 모델을 제공하고 있다. 이들은 각각 HOG(Histogram of Oriented Gradients)와 LBP(Local Binary Pattern) 이다.

일반적으로 HOG 알고리즘은 보행자 등의 사람 형태에 대한 검출에 많이 사용되는 특징을 생성하는 것으로, 영상의 지역적인 에지를 특징으로 사용한다. HOG에서 가장 중요한 것은 에지의 방향과 크기를 구분할 수 있는 특징이 생성된다는 것이며, 이러한 특성이 HOG가 특정 대상을 인식할 수 있도록 해 준다. 에지에 대하여 다시 생각해 보자. 에지는 이웃한 픽셀들 간의 변화가 표현된 것이라고 설명하였고, 이들은 변화의 방향과 크기로 표현된다. 즉 영상의 가로 방향과 세로 방향으로의 변화량을 이용하여 변화의 크기와 각도가 계산될 수 있는 것이다.

우리가 관심 대상에 대한 에지의 크기와 각도를 알고 있다면, 이를 이용하여 임의의 영상에서 관심 대상을 찾는데 활용할 수 있다. 하지만 단순하게 윈도우 슬라이딩 방법들을 이용하여 픽셀들 간의 에지의 크기와 각도를 비교하는 것으로는 정확한 결과를 기대하기 어렵다. 왜냐하면, 다수의 영상 잡음 발생, 화면의 기울기 변화, 햇빛이나 인공적인 장치에 의한 조명의 변화 등에 의해 발생하는 영상의 변화로 인하여 에지가 영향을 받으며 관심 대상의 형상도 달라질 수 있기 때문이다.

HOG 알고리즘의 처리 과정을 아주 단순하게 설명한다면 다음과 같으며 자세한 방법 및 원리를 알고 싶다면 관련 논문을 참고하는 것을 추천한다. 먼저 영상의 조명 변화에 대한 영향을 최소화하기 위한 전처리 과정으로 입력 영상에 감마 보정을 수행하여 균일한 영상으로 표현한다. 그다음으로 에지를 계산하고, 계산된 에지의 크기와 각도를 이용하여 히스토그램으로 생성한다.

HOG를 계산하는 과정에 대하여, 중요한 몇 가지 단계만 설명하고자 한다. 처음 제안된 HOG 알고리즘에서는 관심 대상을 표현하기 위한 영상의 크기를 64×128 픽셀로 정의하고, 이 영상을 다시 8×8 픽셀 크기의 셀(Cell)과 16×16 픽셀 크기의 블록(Block)으로 구분하여 처리하였다. 이렇게 셀과 블록의 단위를 도입한 이유는 픽셀 단위로만 처리할 경우에는 잡음에 대한 민감도가 너무 크고, 형상(얼굴, 머리 상단, 어깨 등)에 대한 정보를 포함할 수 없기 때문이다. 셀의 크기를 8×8로 한 이유는 알고리즘을 설계와 관련된 것으로, 64×128 크기의 입력 영상에서 중요한 형상들이 표현되기에 충분한 크기라고 판단했기 때문이다. 컬러 영상에 대한 HOG 계산을 위해서는 채널의 수가 반영된 크기가 반영되어야 한다. 여기서는 설명의 편의를 위하여, 채널을 1이라고 가정하였다.

입력 영상에서 에지를 계산하기 위하여 다양한 에지 검출 방법이 사용될 수 있지만, 소벨(Sobel) 기법이 많이 사용된다. 에지가 계산이 되면, 먼저 셀 단위로 에지에 대한 크기와 방향의 정보를 이용하여 히스토그램을 계산한다. 히스토그램은 가로축은 방향, 세로축은 크기에 대한 값을 사용한다. 아래의 그림은 8×8 크기의 셀에 대한 에지 정보의 일부분만을 표현하고 있으며, 이를 통하여 히스토그램을 생성하는 방법을 알아보자. 컬러 영상에서는 R, G, B 채널 중에서 가장 큰 방향 값을 가지는 채널의 값을 사용한다.

0	30	30	40	100	155		

4	5	2	5	4	4		

[그림 3-8] 계산된 에지의 일부분 (a) 방향(각도) (b) 크기

먼저 히스토그램을 생성하기 위하여 가로축의 방향 정보를 몇 개의 빈으로 구분하여야 한다. 히스토그램을 빈으로 표현하는 이유는 셀 단위를 도입한 이유와 유사하다. 아주 작은 방향의 변화까지 모두 반영하는 것은 잡음에 대한 민감도가 크며, 작은 각도의 오차는 성능에 대한 영향이 미비하기 때문이다. 어떠한 환경에서도 에지가 일정하게 유지되게 할 수 있거나 관심 대상의 형상을 일관적으로 나타나게 할 수 있는 전처리 기술이 존재하지 않는다면, 모든 각도를 반영하여 히스토그램을 생성하는 것은 오히려 성능이 저하되기도 한다.

우리는 초기 HOG와 마찬가지로 방향의 범위를 0°~180°로 하고 이를 9개의 빈으로 나타내도록 한다. 가로축의 위치는 방향에 의해 결정되고, 해당 위치에 누적되는 히스토그램의 양은 크기의 값이 된다. 첫 번째 픽셀의 방향 값 0에 해당하는 위치에 크기 값 4를 반영하면 아래 그림의 (a)와 같다.

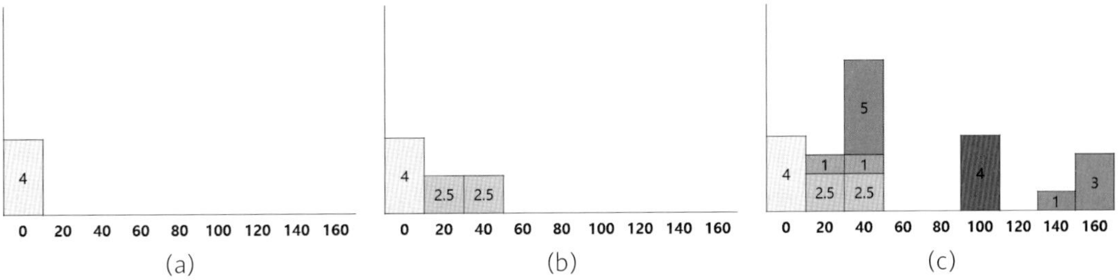

[그림 3-9] HOG의 셀 단위 히스토그램 생성 과정

두 번째 픽셀은 방향 값이 30으로 히스토그램의 가로축 20과 40의 사이에 위치하고 있다. 이러한 상황에서는 방향 값 차이에 반비례하도록 크기 값을 반영한다. 방향 값 30은 20과 10의 차이를 가지고, 40과도 10만큼 차이를 가진다. 따라서 두 각도와의 차이가 동일하므로 두 번째 픽셀의 크기 값 5를 히스토그램의 20에 해당하는 위치에 2.5, 40에 해당하는 위치에 2.5 만큼 반영하며 되며, 위 그림의 (b)와 같다. 이어지는 픽셀들에 대해서도 동일한 방식으로 히스토그램을 채워나가면 그림의 (c)와 같은 결과를 얻게 된다. 6번째 픽셀의 방향 값 155은 히스토그램의 140과 160의 사이에 위치한다. 140과는 15만큼의 차이를 가지고, 160과는 5만큼의 차이를 가진다. 이를 반영하여 픽셀의 크기 값 4를 할당하는 수식은 아래와 같으며, 이에 따라서 히스토그램 140의 위치에는 1, 160의 위치에는 3의 값이 누적되었다.

$$Hist_{bin=140} \leftarrow 4 \times \frac{5}{20}, \quad Hist_{bin=160} \leftarrow 4 \times \frac{15}{20}$$

에지를 계산하기 이전에 감마 보정이라는 입력 영상에 대한 전처리 과정이 존재하지만 여전히 조명 변화에 의해서 히스토그램은 크게 영향을 받는다. 조명이 절반으로 줄어든다면 히스토그램에 누적된 값도 절반으로 줄어들 것이다. 이에 대한 영향을 줄이기 위하여 정규화가 필요하다. 히스토그램에서 정규화는 누적 값들의 비율로써 히스토그램들을 표현하는 것이다.

다음 상황을 고려해 보자. 첫 번째 입력 영상에서 계산된 히스토그램이 h_1=[2, 4, 6]이었는데, 동일한 촬영 조건에서 조명이 어두워진 달라진 두 번째 입력 영상에서 계산된 히스토그램은 h_2=[1, 2, 3]이었다. 주어진 히스토그램의 각 빈의 값을 비교한다며 두 개의 히스토그램이 동일하다고 판단할 수 없을 것이다. 일반적으로, 많이 사용되는 *L2-norm* 방식의 정규화를 히스토그램에 적용해 보자. 임의의 벡터 $[x_1, x_2]$에 대하여 *L2-norm*를 이용하여 정규화하기 위한 수식은 아래와 같다.

$$N(x_1) = \frac{x_1}{\sqrt{x_1^2 + x_2^2}}$$

위 수식을 이용하여 두 개의 히스토그램을 정규화하면 아래와 같으며, 정규화를 위한 상수는 $k_1 \approx 7.48$, $k_2 \approx 3.74$이다.

$$N(h_1) = \left[\frac{2}{k_1}, \frac{4}{k_1}, \frac{6}{k_1}\right] \approx [0.26, 0.53, 0.80], \quad N(h_2) = \left[\frac{1}{k_2}, \frac{2}{k_2}, \frac{3}{k_2}\right] \approx [0.26, 0.53, 0.80]$$

정규화 이전에 다른 값을 가지던 히스토그램이 정규화 이후에는 동일한 히스토그램이 되는 것을 알 수 있다. 이러한 정규화는 히스토그램 기반의 검지 기술에서 다양하게 사용되고 있다. 위와 같이 정규화를 수행하게 되면 조명에 의하여 히스토그램이 영향을 받는 것을 억제할 수 있다. 물론 지역적으로 변화하는 조명이나 극단적으로 어둡거나 밝아지는 조명에 의하여 영상이 포화되는 상황까지 정규화를 통하여 극복할 수는 없다.

초기 HOG 알고리즘에서는 크게 3가지 종류의 정규화 방법을 제안하였으며, 이는 아래와 같다.

$$L2\text{-}norm \ : \ f = \frac{v}{\sqrt{\| v \|_2^2 + e^2}}$$

$$L1\text{-}norm \ : \ f = \frac{v}{(\| v \|_1 + e)}$$

$$L1\text{-}sqrt \ : \ f = \sqrt{\frac{v}{(\| v \|_1 + e)}}$$

일반적인 정규화 수식들과 다른 상수가 존재하는데, 이는 아주 작은 값으로, 실험적이나 경험적으로 설정할 수 있다.

HOG 알고리즘에서는 16×16 픽셀 크기의 블록 단위로 정규화를 수행하는 데, 이는 2×2 셀의 히스토그램을 연속적으로 나열하는 방식으로 연결하여 하나의 큰 히스토그램으로 만든 후에 정규화를 수행하게 되는 것이다. 이러한 과정을 블록을 셀 단위로 이동하면서 진행하면 된다. 지금까지의 과정을 정리해 보자.

과정 1: 입력 영상에서 관심 대상을 64×128 픽셀로 생성하기

① 입력 영상과 관심 대상(흰색 박스)　② 흰색 박스 잘라내기 (M×N 픽셀 크기)　③ 크기 조절 (64×128 픽셀크기)

과정 2: 에지(Gradient)의 크기와 방향 계산하기

가로 방향의 Sobel 필터를 적용한 결과 영상

세로 방향의 Sobel 필터를 적용한 결과 영상

에지의 크기 영상

과정 3: 관심 대상에 대한 영상을 셀과 블록으로 구분하기

하나의 셀(검은색 작은 박스)은 8×8 픽셀 크기이고,하나의 블록(흰색 박스)는 16×16 픽셀 크기를 가짐

과정 4: 셀 단위로 히스토그램 생성하기

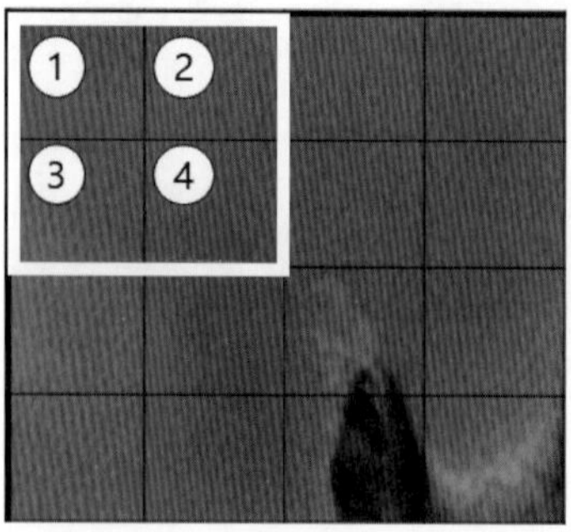

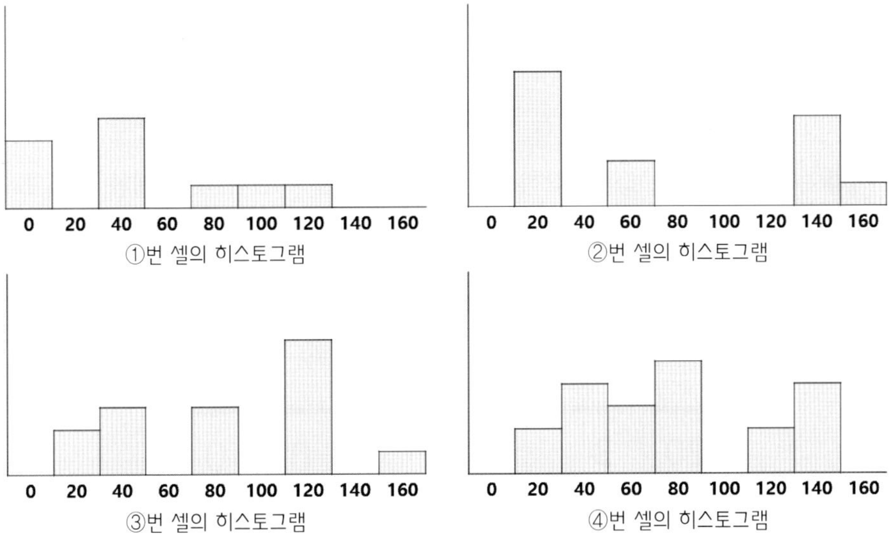

셀 단위의 히스토그램의 예

과정 5: 셀 단위의 히스토그램을 연결하여 블록 단위로 표현하고 정규화 수행

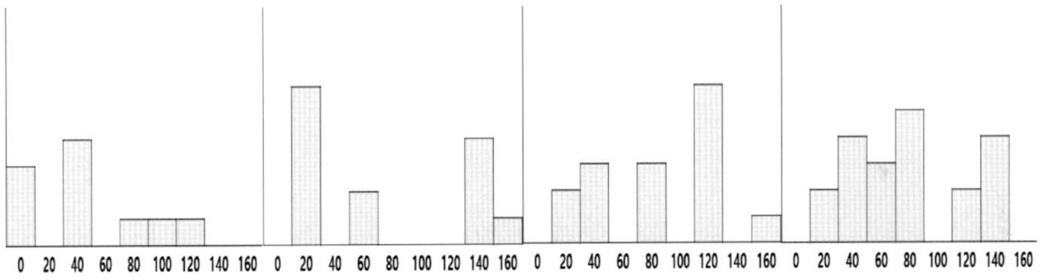

셀 단위의 히스토그램 합치기 및 정규화

과정 6: 블록을 하나의 셀씩 이동하면서 과정 4~5를 반복

입력이 64×128 픽셀로 구성되므로, 16×16 크기의 블록은 총 64×128개 발생하게 된다. 모든 블록에 대한 히스토그램을 생성한 후에 이들을 1차원으로 나열하게 되면, 가로축이 3780개인 히스토그램을 얻게 된다. 히스토그램의 누적된 수만을 고려한다면, 3780×1 차원의 특징 벡터가 HOG 알고리즘을 통하여 생성된다.

1.5 LBP 특징

*LBP*는 이웃한 픽셀들 간의 관계를 기반으로 특정 형상들을 분류할 수 있는 특징이다. HOG에 비하여 계산이 단순하고 복잡하지 않기 때문에 얼굴 검지 및 미세한 질감 표현 등에 많이 사용되고 있다. *LBP*는 지역적인 이진 패턴을 계산하는 방법으로, 원리를 설명하기 위하여 이웃한 8개의 픽셀을 기반으로 *LBP*를 계산하는 과정을 알아보자. 8개의 이웃한 픽셀을 고려하기 위하여 아래 그림의 (a)와 같은 3×3 형태의 임의의 픽셀들을 고려해 보자.

20	3	5
15	10 (C)	8
10	20	25

(a)

1	0	0
1		0
1	1	1

(b)

[그림 3-10] *LBP* 계산 과정 (a) 입력 (b) 이진화

여기서는 (c) 픽셀이 이 윈도우의 패턴을 대표하는 위치이다. 먼저 이진 패턴을 얻기 위해서는 주어진 윈도우 내의 값들을 이진화해야 하며, 이를 위한 조건은 중앙(c) 위치에 있는 픽셀의 값 10 이상의 값을 가지는 픽셀은 1, 반대의 경우에는 0을 할당한다. 즉 중앙 위치의 픽셀값을 임계치(Threshold)로 사용하여 이진화를 수행하는 것으로 아래 식과 같다.

$$T(x) = \begin{cases} 1 \text{ if } x \geq \text{Threshold} \\ 0 \text{ otherwise} \end{cases}$$

이 수식을 이용하여 주어진 픽셀들을 이진화를 진행하면 그림의 (b)와 같은 결과를 얻게 된다. 이를 기반으로 이진 패턴을 생성하기 위해 9시 방향에서 시계반대방향으로 값을 나열하면 11110001과 같은 이진 값을 얻게 되며, 이를 십진수로 표현하다면 아래와 같다.

$$11110001_{(2)} \rightarrow (2^7 \times 1) + (2^6 \times 1) + (2^5 \times 1) + \cdots + (2^1 \times 0) + (2^1 \times 1) = 241$$

위와 같은 단순한 과정을 통하여, 하나의 픽셀 주변의 이웃한 픽셀으로 *LBP*를 생성할 수

있다. 주어진 관심 대상에 대하여 모든 픽셀에 대하여 *LBP*를 생성한 후에 이를 히스토그램으로 나타내는 것이 *LBP*를 기반으로 특징을 표현하는 방법이다.

HOG 알고리즘에서는 조명에 의한 영향을 줄이기 위하여 정규화를 수행하였지만, *LBP*는 정규화가 필요치 않다. 아래와 같이 입력 변화를 고려해 보자.

20	3	5
15	10 (C)	8
10	20	25

(a)

30	13	15
25	20 (C)	18
20	20	35

(a)

15	0	0
10	5 (C)	3
5	15	20

(a)

[그림 3-11] *LBP* 계산 과정

(a) 입력 (b) 밝기가 10 증가된 입력 (c) 밝기가 5 감소된 입력

그림의 (a)는 초기 입력이고, (b)는 (a)보다 밝기가 10 증가된 입력, (c)는 (a)보다 밝기가 5 감소된 입력이다. 이들 입력에 대하여 이진 패턴을 구하면, 모두 11110001이 된다. 이는 중앙 위치의 픽셀값을 임계치로 사용하기 때문이다. 즉 조명의 영향으로 픽셀값이 전반적으로 변하더라도 이들 간의 크기 관계가 바뀌지 않는다면 이진 패턴은 유지된다. 이로 인하여, *LBP*는 밝기 변화에 강인한 특징으로 알려져 있다.

*LBP*에 대하여, 좀 더 일반적인 표현식은 아래와 같다.

$$LBP_p^r = 2^{p-1}b_{p-1} + 2^{p-2}b_{p-1} + \cdots + 2^0 b_0$$

위 식에서 r은 이웃한 픽셀의 반경을 결정하기 위한 값이며, p는 패턴을 생성하기 위해 사용할 이웃한 픽셀의 개수를 의미한다. r과 p의 값을 증가시킬수록 *LBP*로 표현할 수 있는 패턴의 수가 급격히 증가하게 된다. 이는 계산 복잡도의 증가시키고 급격히 증가된 패턴 중에서는 분별력 없는 특성들도 다수 포함되어 있을 것이다. 그리고 회전에 의해서 동일한 특성이 다양한 패턴으로 표현될 수도 있다. 이러한 단점을 보완하기 위해 다양한 변형된 방법들이 제안되었다.

아래 예제는 HOG 특징을 이용한 사람 검지와 *LBP*를 이용한 얼굴 검지 코드이다. 코드의 구성은 앞에서 설명한 하라이크 기반의 얼굴 검지 예제와 동일하다.

```python
# HOG, LBP 기반 사람, 얼굴 검출 예제 (c3_HOG_LBP_Detection.py)
# HOG 기반 사람 검지
hog = cv2.HOGDescriptor()
hog.setSVMDetector(cv2.HOGDescriptor_getDefaultPeopleDetector())
(hog_peoples, weights) = hog.detectMultiScale(img1, winStride=(8,8),
                                              padding=(32,32), scale=1.05)
# LBP 기반 얼굴 검지
lbp_cascade = cv2.CascadeClassifier('lbpcascade_frontalface_improved.xml')
lbp_faces = lbp_cascade.detectMultiScale(img2, 1.5, 1)
# 결과 영상 출력
res1 = cv2.cvtColor(img1, cv2.COLOR_GRAY2BGR)
for (x, y, w, h) in hog_peoples:
    cv2.rectangle(res1, (x, y), (x + w, y + h), (255, 0, 0), 2)
res2 = cv2.cvtColor(img2, cv2.COLOR_GRAY2BGR)
for (x, y, w, h) in lbp_faces:
    cv2.rectangle(res2, (x, y), (x + w, y + h), (255, 0, 0), 2)
```

아래 그림은 위 예제의 결과이다. HOG 기반의 사람 검지는 영상에서 모든 사람을 검지하지 못했다. 이는 학습된 형태에 부합되는 형상이 입력 영상에 포함되지 못했기 때문이다. 즉 사람이라는 포괄적 범주 중에서 학습을 위하여 사용된 예제에 속하는 사람들만 찾을 수 있다. 이는 *LBP* 기반의 얼굴 검지도 동일하다. 그림의 (b) 영상에서는 얼굴 영역을 정확하게 검출하였지만 그림의 (a) 영상에 대해서는 얼굴을 검출하지 못한다.

(a) (b)

[그림 3-12] HOG, LBP 기반의 사람, 얼굴 검지

(a) 사람 검지 (b) 얼굴 검지

02 ·· 특징 추출 및 기술자

2.1 특징 및 기술자

영상 분석은 영상의 내용을 이해하고 관심 대상이 무엇인지를 알아내기 위해 수행된다. 사람은 뇌는 특정 영상에서 주목해야 할 영역을 인지하고, 그 영역을 구별할 수 있는 특징을 잘 찾아낼 수 있도록 오랜 기간 동안 훈련되어 왔다. 하지만 컴퓨터를 이용한 분석은 사람의 인지 과정을 완벽히 수행하지는 못한다. 이는 다양한 이유가 존재하지만 대표적으로 어떤 것에 관심을 가져야 하는지를 컴퓨터 스스로가 적절히 찾아내지 못하기 때문이다.

관심이라는 것은 어떠한 영역을 두드러지게 하거나, 그 영역에서 유일하게 구별되어지는 무엇이다. 예를 들어 코너점, 영역, 에지 등이 있을 수 있고 이를 특징(Feature)이라고 한다. 그리고 기술자(Descriptor)는 특징점 주변의 색상, 밝기, 기울기 등의 매칭 정보를 나타낸다. 즉 특징점은 관심 영역을 나타낼 수 있는 중요한 위치이고, 해당 특징점의 주변 정보를 이용하여 관심 영역을 찾을 수 있도록 설명한 것이 기술자이다.

아래 그림을 통하여 정교한 특징이 요구되는 이유를 알아보자. 특징을 기반으로 관심 대상을 인식하기 위해서는 영상에서 특징이 명확히 식별되어야 한다. 아래 그림의 파란색 실선은 $(t-1)$ 프레임에서의 에지이고, 검은색 실선은 t 프레임에서의 에지이다. 왼쪽 그림을 먼저 생각해 보자. 여기서는 직선 위의 한 점을 특징으로 선택하고 동일한 점을 찾기 위해 시도할 것이다. 하지만 t 프레임에서 직선 위의 점은 매우 많으며, 그중에서 어느 점이 $(t-1)$ 프레임에서 선택한 특징점인지 판단하기 어렵다. 이는 직선 위의 점이라는 특징이 독특하지 않기 때문에 후보가 다수 존재하고, 또한 이들을 구분하기 위한 추가적인 정보를 정의하기 어렵기 때문이다.

반면에 오른쪽 그림에서는 코너점을 특징으로 선택하였다. $(t-1)$ 프레임과 t 프레임에서 코너점이 하나씩만 존재하기 때문에 직관적으로 특징을 찾을 수 있다. 두 가지 경우의 비교를 통하여 특징이 정교할수록 관심 대상을 더욱 명확하게 쉽게 찾을 수 있음을 알 수 있다. 이것이 정교한 특징이 필요한 이유이며 분야 및 적용 환경에 따라서 다양한 특징이 사용될 수 있다.

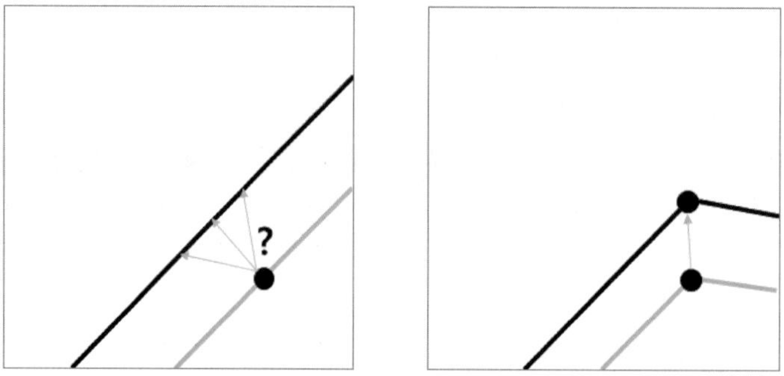

[그림 3-13] 사용된 특징에 따른 지역적 매칭 문제

관심 대상을 검출하기 위해서는 색상, 에지 등의 단순한 정보보다는 코너점과 같은 특징이 더 우수한 성능을 보이지만, 영상에서 동일하고 반복적으로 발생하지 않는 경우도 있다. 예를 들어 코너의 위치가 연속된 이미지에서 차이가 날 수 있거나 이전의 코너가 사라지고 새로운 코너가 나타날 수도 있다. 따라서 특징을 설계 시에는 발생 빈도, 식별의 용이성과 영상 환경 변화에 대한 강인성 등 많은 부분을 고려하여야 한다.

2.2 OpenCV의 특징 및 기술자

OpenCV에서는 다양한 특징 및 기술자를 지원하다. 앞에서 설명한 Harris 코너 검출기를 포함한 Good Features to Track, FAST 코너 검출기 등이 특징으로 많이 사용되고, SIFT, SUFR, BRIEF, ORB 등의 더욱 정교한 특징 및 기술자도 제공한다.

Good Features to Track은 해리스 코너 검출기에서 코너점 여부를 결정하기 위한 코너 값을 $C_{i,j} = min(\lambda_1, \lambda_2)$으로 대체한 방법이다. FAST(Features from Accelerated Segment Test) 코너 검출기는 관심 위치의 픽셀과 주변 픽셀과의 밝기 값의 비교만으로 코너점 여부를 결정하는 방법으로 다른 방법들보다 빠른 처리 속도를 가진다. 이 방법은 관심 픽셀과 주변 픽셀의 밝기 값의 차이를 패턴으로 학습하여 코너를 검출하기 때문에 잡음에 의해 잘못된 코너점이 검출될 수도 있다. SIFT(Scale Invariant Feature Transform)은 크기 변화 및 회전에 불변하고 조명 및 시점 변경에 부분적으로 영향이 적은 특징을 선별할 수 있는 방법으로, 객체 인식 및 추적, 파노라마 스티칭 등의 특징이 반복적이고 강인하게 생성되어야 하는 응용 분야에 많이 사용된다.

OpenCV에서는 goodFeaturesToTrack() 함수를 이용하여 Good Features to Track 특징을 추출할 수 있고, FAST 코너 검출을 위해서는 FastFeatureDetector_create()와 이 함수의 내부 함수인 detect()를 이용할 수 있다. SIFT도 FAST와 동일한 방식으로, SIFT_create()와 detect() 함수를 이용하여 구할 수 있다. SIFT의 속도를 향상시킨 SUFR 함수도 지원한다. ORB도 SIFT와 동일한 방식으로 지원하며, BRIEF는 기술자만 제공한다. 하지만 OpenCV의 최신 버전(4.x)에는 더 이상 SIFT 등의 특징을 지원하지 않음을 유의해야 한다. 이들을 사용하고자 한다면 3.x 버전의 OpenCV를 설치하여야 한다.

아래 코드는 다양한 함수를 이용하여 특징을 검출하는 예제이며 SIFT, SUFR, FAST, ORB, goodFeatureToTrack에 해당하는 특징을 검출한다. 이 예제는 OpenCV 3.x 버전과 opencv-contrib-python이 설치된 환경에서 작동하며 opencv-contrib-python 모듈에 features2d가 포함되어 있다.

```
# 특징 검지 예제 (c3_featureDetection.py)
# 특징 검지 및 결과 영상 저장
img1_gray= cv2.cvtColor(img1,cv2.COLOR_BGR2GRAY)
keyPoint = cv2.goodFeaturesToTrack(img1_gray, 25, 0.01, 10)
keyPoint = np.int0(keyPoint)
img2 = cv2.cvtColor(img1_gray, cv2.COLOR_GRAY2BGR)
for i in keyPoint:
    x,y = i.ravel()
    cv2.circle(img2, (x,y), 5, (0,0,255))
   cv2.imshow("goodToTrack", img2)
sift = cv2.xfeatures2d.SIFT_create()
surf = cv2.xfeatures2d.SURF_create()
fast = cv2.FastFeatureDetector_create()
orb = cv2.ORB_create()
methods = [(sift, 'sift'),
           (surf, 'surf'),
           (fast, 'fast'),
```

```python
        (orb, 'orb')]
for (method, name) in methods:
    print(name)
    keyPoint = method.detect(img1_gray, None)
    res = cv2.drawKeypoints(img1_gray, keyPoint, img1)
    cv2.imshow(name, res)
```

goodFeaturesToTrack()와 drawKeypoints() 함수의 원형은 아래와 같다. drawKeypoints()는 특징 검출 함수에 의해 추출된 점을 표시하기 위한 용도로 제공되고 있으며 추출된 점은 vector 형식으로 저장되어 있어야 한다.

goodFeaturesToTrack(image, maxCorners, qualityLevel, minDistance, corners=None, mask=None, blockSize=None, useHarrisDetector=None, k=None)	
연산 : 입력 영상에서 명확한 코너점을 검출한다.	
image	8비트 또는 32비트 실수형 단일 채널 영상
maxCorners	검지하는 최대 코너의 개수
qualityLevel	최소 고윳값을 결정하기 위한 변수로 이 값에 의해 결정되는 quality보다 작은 값을 가지는 코너는 제거됨
minDistance	코너 간의 최소 유클라디안 거리
corners	반환하는 코너 위치들
mask	관심 영역을 설정하여, 해당 영역에서만 코너를 검출함
blockSize	픽셀의 밝기 값 변화를 계산하기 위한 블록의 크기를 지정하는 변수
useHarrisDetector	해리스 검출기의 사용 여부 설정하는 변수
k	해리스 코너를 계산하기 위해 사용하는 값

drawKeypoints(image, keypoints, outImage, color=None, flags=None)	
연산 : keypoint를 그린다	
image	입력 영상
keypoints	image에서의 keypoints
outImage	keypoint를 그리기 위한 영상

color	keypoint의 색을 지정하는 변수
flags	그리기 특성 정의된 flag를 지정하는 변수임. DrawMatchesFlags에 정의되어 있음

아래 그림은 예제에 대한 결과 영상이다. 대부분의 특징들이 밝기 값의 변화가 크게 존재하는 에지 영역에 집중되어 있는 것을 확인할 수 있다. 함수에 사용되는 변수의 설정을 변경하지 않고 사용했을 때에 FAST에 의해 검지되는 특징의 수가 가장 많은 것을 알 수 있다. 이는 FAST가 일정 크기 이상의 밝기 값의 변화를 가지는 코너점을 모두 검지하기 때문이다.

(a) (b) (c) (d) (e)

[그림 3-14] 특징 추출

(a) goodFeaturesToTrack (b) FAST (c) SIFT (d)SURF (e) ORB

각각의 특징에 해당하는 함수들을 생성할 때(_create()), 고유한 변수들을 가지고 있다. 예를 들어 FastFeatureDetector_create()는 아래와 같은 변수들을 가진다.

threshold	코너로 인식하기 위한 밝기 변화의 임계치
nonmaxSuppression	인접한 코너 중에서 상대적으로 약한 코너를 제거하는 설정
type	코너 여부를 계산하기 위해 사용되는 이웃한 픽셀의 설정

만약 threshold에 높은 임계치와 nonmaxSuppression 설정을 TRUE로 한다면, 검지되는 코너점의 개수가 줄어들게 되고, 반대의 경우에는 많은 코너점들이 검지될 것이다. 따라서 이러한 특징들을 사용할 경우에는 응용 분야에 맞도록 변수를 적절히 설정해야 한다. 이들 변수를 설정하기 위한 정형화된 수식은 존재하지 않기 때문에 반복적인 실험을 통하여 적용 환경에 최적화된 값을 찾아야 한다.

2.3 특징점 매칭

특징점 매칭은 특정 영상에서 생성한 특징을 다른 영상에서 추출한 특징과 비교하는 방법이다. OpenCV에서 제공하는 대표적인 방법은 Brute-Force Matcher와 FLANN Matcher이다.

Brute-Force 매칭 방법은 관심 특징의 기술자과 후보 기술자들을 사전에 정의된 NORM_L2, NORM_HAMMING 등의 거리를 기반으로 비교하고 가장 유사한 하나 또는 사용자가 정의한 K개의 후보를 결정한다. 반면에 FLANN(Fast Library for Approximate Nearest Neighbors)는 대규모 데이터 세트에서 가장 인접한 이웃 찾기와 고차원의 특징을 위한 최적화된 알고리즘 모음이 포함되어 있다. 이를 통하여 대용량의 데이터 세트인 경우에 Brute-Force 방법보다 빠르게 작동한다.

특징점 매칭을 위해서 마우스 이벤트를 이용하여 관심 영역(ROI: Region Of Interest)을 설정하고 매칭 함수를 호출하여 처리하는 예제를 다루고자 한다. 코드의 기본 구조는 아래와 같다. 특징은 SIFT, SURF, BRISK(FAST 기반 방법), ORB를 사용하였고 기본 설정을 그대로 사용하였다. 필요한 이벤트 함수는 마우스, Brute-Force, FLANN의 총 3개이다. 마우스 이벤트는 매칭을 수행하기 위한 영역을 입력받고 매칭 함수를 호출하기 위해 사용하고, 나머지 2개의 이벤트 함수에서는 다양한 특징 기술자를 기반으로 각각 Brute-Force와 FLANN 매칭을 수행하도록 작성한다.

```
1   # 특징 매칭 예제 (c3_featureMatching.py)
2   mouseDrawing = False
3   startX, startY, endX, endY =-1, -1, -1, -1
4   minMatchCount =1
5   viewName ='input image'
6   # 특징 선언
7   sift = cv2.xfeatures2d.SIFT_create()
8   surf = cv2.xfeatures2d.SURF_create()
9   brisk = cv2.BRISK_create()
10  orb = cv2.ORB_create()
11  # Brute-Force 기반 매칭
12  def BruteForce(img1, img2):
13  # FLANN 기반 매칭
14  def flann(img1, img2):
15  # 마우스 이벤트
16  def mouse_callback(event, x, y, flags, param):
17          BruteForce(roi, cv2.cvtColor(img1, cv2.COLOR_BGR2GRAY))
18          flann(roi, cv2.cvtColor(img1, cv2.COLOR_BGR2GRAY))
19  # 영상 읽기
20  img1 = imgRead("./images/img20.jpg", cv2.IMREAD_UNCHANGED, 320, 240)
21  # 마우스 이벤트 기반 특징 매칭
22  cv2.imshow(viewName, img1)
23  cv2.setMouseCallback(viewName, mouse_callback)
24  # 키보드 입력을 기다린 후 모든 영상창 닫기
25  cv2.waitKey(0)
26  cv2.destroyAllWindows()
```


먼저 mouse_callback() 함수는 아래와 같이 작성한다. 6~10번째 줄까지의 코드는 마우스 왼쪽 버튼을 누르면 관심 영역의 시작 지점을 생성하고, 이를 영상에 표시하는 동작을 한다. 12~15번째 줄까지의 코드는 마우스 왼쪽 버튼을 누른 상태에서 마우스를 이동하여 만들어지는 사각형 영역을 영상에 표시해 주는 동작을 한다. 17~28번째 줄까지의 코드는 누른 상태에 있던 마우스 왼쪽 버튼의 상태가 변화되면 그때의 마우스의 위치를 관심 영역의 끝 지점으로 생성하고, 이를 영상에 표시한다. 이때 시작점과 끝점 간의 위치를 비교하여 위치를 보정하는 부분도 반영되어 있다. 만약 우측 하단에서 좌측 상단으로 마우스를 이동시켜 사각형을 그리게 되면 시작점보다 끝점의 값이 더 작은 값을 가진다. 이러한 관계의 위치를 기반으로 영상 데이터에 접근하게 되면 잘못된 위치를 참조하게 되어 오류가 발생할 수 있다.

```
1   # 마우스 이벤트
2   def mouse_callback(event, x, y, flags, param):
3       global startX, startY, mouseDrawing
4       imgROI = img1.copy()
5       # 마우스 이벤트 시작 위치
6       if event == cv2.EVENT_LBUTTONDOWN:
7           mouseDrawing = True
8           startX, startY = x, y
9           cv2.circle(imgROI, (x, y), 2, (255, 255, 255), -1)
10          cv2.imshow(viewName, imgROI)
11      # 마우스 이동 위치
12      elif event == cv2.EVENT_MOUSEMOVE:
13          if mouseDrawing:
14              cv2.rectangle(imgROI, (startX, startY), (x, y), (255, 255, 255), 2)
15              cv2.imshow(viewName, imgROI)
16      # 마우스 이벤트 종료 위치
17      elif event == cv2.EVENT_LBUTTONUP:
18          mouseDrawing = False
19          endX = x; endY= y
20          # 마우스 움직임 보정
21          if startX > endX:
22              tempX = startX
23              startX = endX; endX = tempX
```

```python
        if startY > endY:
            tempY = startY
            startY = endY; endY = tempY
        cv2.rectangle(imgROI, (startX, startY), (endX, endY), (255, 255, 255), 2)
        cv2.imshow(viewName, imgROI)
        # 매칭 함수 호출
        roi = cv2.cvtColor(img1[startY:endY, startX:endX], cv2.COLOR_BGR2GRAY)
        BruteForce(roi, cv2.cvtColor(img1, cv2.COLOR_BGR2GRAY))
        flann(roi, cv2.cvtColor(img1, cv2.COLOR_BGR2GRAY))
```

아래는 BruteForce() 함수이다. 각각의 특징의 기술자를 생성하기 위해 OpenCV에서 제공하는 detectAndCompute() 함수를 이용하였으며, 검출된 특징 위치와 해당 지점을 기반으로 생성된 기술자를 반환한다. 기술자 기반의 매칭을 위해 match()와 knnMatch()를 사용할 수 있다. 두 함수의 차이는 knnMatch()은 사용자가 설정한 k개 개수만큼 매칭 결과를 반환하고, match()는 가장 좋은 매칭 결과만을 반환한다. 24~34번째 줄까지의 코드는 매칭 지점 간의 기하학적인 관계를 계산하여 잘못된 매칭들을 제거하여 표시하는 역할을 한다.

```python
1  # Brute-Force 기반 매칭
2  def BruteForce(img1, img2):
3      methods = [(sift, cv2.NORM_L2, 'bf_sift'),
4                 (surf, cv2.NORM_L2, 'bf_surf'),
5                 (brisk, cv2.NORM_L2, 'bf_brisk'),
6                 (orb, cv2.NORM_HAMMING, 'bf_orb')]
7      flag = cv2.DrawMatchesFlags_NOT_DRAW_SINGLE_POINTS
8      for (method, dist, name) in methods:
9          keyP1, des1 = method.detectAndCompute(img1, None)
10         keyP2, des2 = method.detectAndCompute(img2, None)
11         # Brute Force 선언 및 매칭 수행
12         bf = cv2.BFMatcher_create(dist, True)
```

```
    mat = bf.match(des1, des2)
    mat = sorted(mat, key=lambda x:x.distance)
    res = cv2.drawMatches(img1, keyP1, img2, keyP2, mat, None, flags=flag)
    bfKnn = cv2.BFMatcher()
    matKnn = bfKnn.knnMatch(des1, des2, k =2)
    # 매칭 결과 선별
    good = []
    for m, n in matKnn:
        if m.distance <0.75* n.distance:
            good.append(m)
    # 기하학적 관계 기반의 매칭 결과 선별
    if len(good) >= minMatchCount:
        img1KP = np.float32([keyP1[m.queryIdx].pt for m in good]).reshape(-1, 1, 2)
        img2KP = np.float32([keyP2[m.trainIdx].pt for m in good]).reshape(-1, 1, 2)
        _m, mask = cv2.findHomography(img1KP, img2KP, cv2.RANSAC, 5.0)
        ransacMask = mask.ravel().tolist()
        drawParams = dict(matchColor=(0, 255, 0),
                          singlePointColor=(0, 0, 255),
                          matchesMask=ransacMask,
                          flags=flag)
        resKnn = cv2.drawMatchesKnn(img1, keyP1, img2, keyP2, [good], None, flags=flag)
        resKnn2 = cv2.drawMatches(img1, keyP1, img2, keyP2, good, None, **drawParams)
```

OpenCV에서는 각각의 특징 기술자마다 최적의 유사도를 계산하기 위한 거리 측정 방식이 지정되어 있으며, 이는 아래와 같다. BFMatcher_create() 함수는 2가지의 인자를 가진다. 첫 번째 인자 normType이며 거리 측정 방식을 지정하는 것이다. 두 번째 인자는 crossCheck이며, 이 값을 True 설정하면 두 입력 기술자를 상호 간에 비교하여 더 정확한 동일 특징점을 추출할 수 있다. 기본값은 False이면 하나의 입력 기술자를 기준으로 다른 입력 기술자에서 동일 특징점을 추출한다.

기술자	거리 측정 방식	비교 알고리즘
SIFT, SUFR	NORM_L2	FLANN_INDEX_KDTREE = 1
ORB, BRIEF, BRISK	NORM_HAMMING (만약, ORB의 VTA_K가 3 또는 4일 때는, NORM_HAMMING2를 사용해야 함)	FLANN_INDEX_LSH = 6

아래는 flann() 함수이다. 기본적인 과정은 BruteForce()과 동일하며, 각 특징마다 FLANN에서 특징 비교를 위하여 사용하는 알고리즘이 다르다. SIFT, SURF은 FLANN_INDEX_KDTREE를 사용하고, ORB인 경우에는 FLANN_INDEX_LSH를 사용하여 관련 변수들을 설정해 주어야 한다. 이들은 K-차원 트리 방법(K-Dimension Tree)과 LSH(Locality Sensitive Hashing) 방법을 의미한다, 전자는 입력 데이터들의 요소를 순차적으로 비교하면서 K차원의 트리를 생성 및 비교하는 접근법이고, 후자는 입력 데이터들을 유사한 특징으로 분할하여 비교하기 위한 영역을 한정시키는 접근법이다.

```
# FLANN 기반 매칭
def flann(img1, img2):
    # flann 변수 설정
    flannIndexKdtree =1
    indexParmasKdtree = dict(algorithm=flannIndexKdtree, trees=5)
    searchParms = dict(checks=50)
    flannKdtree = cv2.FlannBasedMatcher(indexParmasKdtree, searchParms)
    flannIndexLsh =6
    indexParmasLsh = dict(algorithm=flannIndexLsh,
                          table_number =6,
                          key_size =12,
                          multi_probe_level =1)
    flannLsh = cv2.FlannBasedMatcher(indexParmasLsh, searchParms)
    methods = [(sift, flannKdtree, 'flann_sift'),
               (surf, flannKdtree, 'flann_surf'),
               (brisk, flannLsh, 'flann_brisk'),
```

```
                  (orb, flannLsh, 'flann_orb')]
    flag1 = cv2.DrawMatchesFlags_NOT_DRAW_SINGLE_POINTS
    flag2 = cv2.DrawMatchesFlags_DEFAULT)
    # 매칭 수행
    for (method, matcher, name) in methods:
        keyP1, des1 = method.detectAndCompute(img1, None)
        keyP2, des2 = method.detectAndCompute(img2, None)
        mat = matcher.match(des1, des2)
        mat = sorted(mat, key=lambda x: x.distance)
        res = cv2.drawMatches(img1, keyP1, img2, keyP2, mat, None, flags = flag1)
        cv2.imshow(name, res)
        cv2.imwrite(save_dir +"/"+ name +".jpg", res)
        matKnn = matcher.knnMatch(des1, des2, k=2)
        print (name, len(matKnn))
        iflen(matKnn) >= minMatchCount:
            matKnnMask = [[0,0] for i inrange(len(matKnn))]
            for i, (m,n) in enumerate(matKnn):
                if m.distance <0.75* n.distance:
                    matKnnMask[i] = [1, 0]
            drawParams = dict(matchColor = (0, 255, 0),
                              singlePointColor = (0, 0, 255),
                              matchesMask = matKnnMask,
                              flags = flag2)
            resKnn = cv2.drawMatchesKnn(img1, keyP1, img2, keyP2, matKnn,
                                        None, **drawParams)
```

아래 그림은 예제 코드의 일부 결과를 나타내었다. 각 그림의 좌측 상단이 찾고자 하는 관심 영역이고 오른쪽이 원 영상이며, 원과 원끼리 연결된 선으로 특징점과 매칭된 점들을 표시하였다. 그림의 (a)와 (c)는 SIFT 기술자, (b)와 (d)는 ORB 기술자에 대하여 각각 Brute-Force와 FLANN 방법을 적용한 결과이고, 각각의 대응하는 결과가 동일함을 알 수 있다. 하지만 기술자마다 매칭이 잘된 위치는 다르다. 결과 영상에서는 가시성을 위하여 가장 매칭이 잘된 20

개의 위치만을 표시하였지만 실제로는 SIFT에 비하여 ORB는 상대적으로 특징점이 적게 검출되고, 경우에 따라서는 특징점을 찾지 못하기도 한다. (e)와 (f)는 match() 함수와 knnMatch() 함수의 결과를 보여준다. (f)의 빨간 원은 특징으로 검지되었지만 매칭이 되지 않은 점들을 표현하고, 녹색으로 표시된 원과 선은 매칭이 이루어진 특징들을 나타낸다.

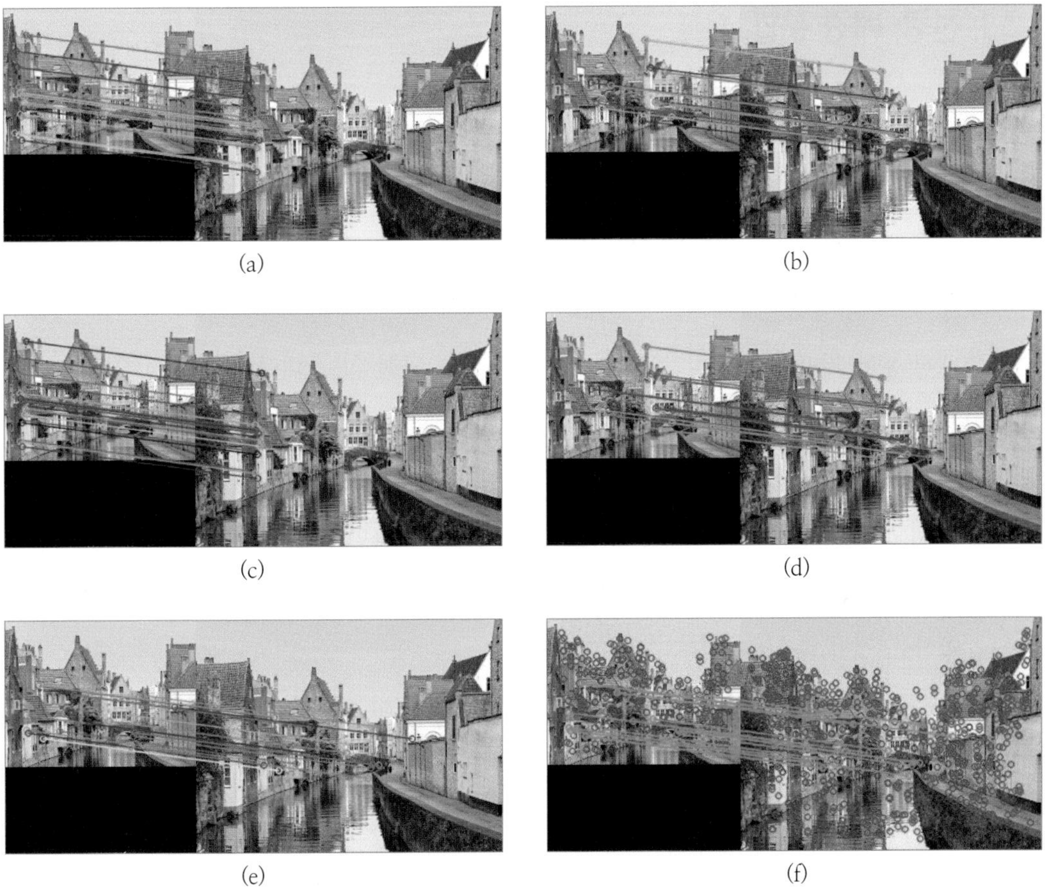

[그림 3-15] 특징 비교 결과

(a) SIFT(Brute-Force) (b) ORB(Brute-Force) (c) SIFT(FLANN)
(d) ORB(FLANN) (e) SURF(Brute-Force, Match) (f) SURF(FLANN, KnnMatch)

03 ·· 영상 분할 및 합성

3.1 전경-배경 분할

전경-배경 분할은 연속된 이미지, 즉 비디오에서 움직임이 없는 고정된 영역인 배경과 움직임이 존재하는 영역인 전경을 구분하기 위한 기술로, 움직임 검지를 위하여 사용하는 대표적인 방법이다. 움직임 검지는 차와 사람 같이 움직이는 객체에 대한 해석을 위한 것으로 객체 검지 및 추적 등의 다양한 분야에 사용되고 있다.

전경-배경 분할 기반으로 움직임 검지를 할 경우에는 관심 있는 대상에 대해 정의하는 것이 필요하다. 이는 전경-배경 분할 기법이 잡음에 민감하게 반응할 수 있기 때문에 원하지 않는 배경 영역도 전경에 포함되는 것을 방지하기 위함이다. 또한, 도로와 광장 등의 넓은 공간을 감시하는 비디오 화면의 사람, 차와 같이 관심 있는 대상이 화면에서 매우 적은 픽셀을 차지할 경우에 이들을 배경에서 안정적으로 찾아내거나 추적하기는 매우 어렵기 때문에 유의미한 대상을 선정하는 것이 중요하다.

일반적으로 공간적 관점과 시간적 관점에 대한 기준을 이용하여 전경을 분할한다. 공간적 관점에서는 픽셀 기준으로 관심 대상의 최소 크기를 지정하는 것이 필요하다. 예를 들어 화면에서 사람은 가로와 세로가 각각 30픽셀과 60픽셀 이상을 차지해야 한다고 지정할 수 있다. 또한, 시간적 관점에서는 동일한 객체에 의해 발생하는 움직임에 대한 물리적 속도의 제한이 필요하다. 예를 들어 직전 이미지에서 멈춰 있던 객체가 다음 이미지에서 매우 빠르게 움직인다거나, 연속된 이미지 간에 객체의 이동 거리나 움직임 진행 방향의 변경이 물리적으로 불가능한 경우를 배제해야 한다.

전경과 배경을 구분하기 위한 다양한 기술들이 아래 표에 나열된 상황들에 영향을 받고, 이 문제들을 해결하는 것이 필요하다.

항목	문제점
조명 변화	점진적(시간 흐름에 따른 태양 위치의 변화에 의한 조명 변화)이거나 급격한(태양이 구름 뒤에 있거나 나타났을 때의 조명 변화) 변화에 의해 잘못된 전경 분할
그림자	그림자를 움직이는 객체로 인식
비, 눈	비나 눈에 의해 화면이 일시적으로 크게 바뀌거나 지속적인 잡음에 의한 잘못된 전경 분할
바람	나뭇가지나 깃발 또는 지형물이 바람에 의해 움직이는 객체로 인식
배경의 갱신	움직이는 객체가 배경에 포함되거나 배경에 포함된 지형물의 이동에 의한 잘못된 전경 분할
카메라 움직임	움직이는 카메라 또는 PTZ 카메라와 같이 이미지 획득 장치의 움직임에 의한 잘못된 전경 분할
이미지 간의 시간 간격	관심 객체에 대한 명확한 정의(속도 및 크기 변화 등)를 위해 이미지 사이의 시간 간격 설정의 어려움

(a) (b) (c)

[그림 3-16] 배경 이미지와 입력 이미지 간의 차 영상 기반의 전경-배경 분할

(a) 입력 이미지 (b) 배경 이미지 (c) 전경 이미지

전경과 배경을 구분하는 가장 단순한 방법은 두 영상 간의 차이를 이용하는 것이다. 만약 이미지 간의 차이 d가 현재 입력 이미지 I와 배경 이미지 B 사이의 절대차로 정의한다면, 전경 f는 아래와 같은 식으로 구할 수 있다.

$$f(i,j) = \begin{cases} 1 & \text{if } |I(i,j) - B(i,j)| > T \\ 0 & \text{otherwise} \end{cases}$$

임계치 T는 배경과 입력 이미지를 비교하여 유의미한 변화가 있는 픽셀을 찾기 위한 값이다. 만약 배경 픽셀과 이에 대응하는 위치의 입력 이미지의 픽셀 값이 동일하지 않더라도 임계치보다 작은 경우에는 배경이라고 판단한다. 즉 조명이나 기타 요인의 영향에 의하여 배경이 영향을 받았다고 간주하는 것이다.

이 수식에 의해 얻어지는 전경 이진 영상은 1로 표시되는 이동이 발생한 픽셀과 0으로 표시되는 배경 픽셀으로 구분할 수 있다. 그러나 일반적으로 움직임이 없는 픽셀이 전경으로 분류되거나 이동이 발생한 점이 배경으로 분류되는 잘못된 분류가 있을 수 있다. 이러한 오분류를 최소화하는 것을 사용자들은 원한다. 하지만 이 기술은 전경과 배경 사이의 픽셀값의 차이에 전적으로 의존하기 때문에 오분류를 완전히 제거하는 것은 불가능할지도 모른다. 특히 감시카메라의 화면과 같이 배경이나 객체의 움직임을 임의로 구성하거나 제약할 수 없는 환경에서는 이러한 오분류의 발생이 증가할 수 있다.

노이즈에 의해 발생하는 오분류는 특정 크기보다 작은 크기를 가지는 영역을 배제하는 방식으로 억제할 수 있다. 그리고 임계치 T를 적용 환경에 맞도록 적절하게 설정하면 오분류를 낮출 수 있다. 근본적으로 이 방법은 고정된 배경을 사용하기 때문에 배경 환경과 전경에 대한 움직임을 한정시킬 수 있는 특수한 환경에서 유용하게 사용할 수 있지만, 일반적인 환경에서는 오분류가 많이 발생한다. 또한, 오분류에 대한 해결책들도 이 기술의 단점을 완벽하게 보완할 수는 없다.

가장 일반적인 전경-배경 분할 방법은 배경 모델 또는 이미지를 생성하고 이를 이용하여 전경을 구분하는 배경차(Background Subtraction) 기법을 이용하는 것이다. 배경 이미지를 만드는 가장 간단한 방법은 카메라로부터 움직이는 객체가 없는 정지 이미지를 채택하는 것이다. 이는 비디오 보안 분야에서 완벽하게 정적인 이미지로부터 감시를 시작하는 많은 예로써 알 수 있듯이 일반적인 기술이다. 이 기법은 정적 장면에 물체가 추가되거나 제거되는 것을 반영할 수 없으며 조명과 카메라 또는 객체의 변화에 대응할 수 없다는 단점을 가진다. 다음으로 직전의 영상을 배경 이미지로 선택하는 것이다. 이 방법으로 전경을 분류하기 위해서는 객체가 움직여야 하고 외형이 배경과 상이해야 한다. 또한, 연속된 이미지 간의 픽셀값 차이를 해석하기 위한 기준을 세우는 것이 정립하는 것은 어려운 작업이다.

조명, 정적 배경에 포함된 사물의 위치 변화와 같이 시간의 흐름에 따른 환경 변화를 반영하기 위하여 이전 영상들에 가중치를 반영하여 생성한 평균 영상을 배경 이미지로 사용하는 방법들이 있다. 이에 해당하는 몇 가지 방법을 소개한다. 첫 번째로 아래 식으로 표현되는 이동평균법(Running Average Method)으로 초기 배경 이미지에서 입력 이미지를 일정한 비율로 반영하는 것이다.

$$B_{t+1}(i,j) = \alpha I_t(i,j) + (1-\alpha) B_t(i,j)$$

이 수식에서 $0 \leq \alpha \leq 1$는 학습률로 배경 이미지에 반영되는 입력 이미지의 비율을 의미한다. 만약 $\alpha = 0$이면 초기 배경 이미지가 계속 유지된다. 반대로 $\alpha = 1$이면 배경 이미지가 매번 직전의 입력 이미지로 갱신된다. 이 방법은 조명의 변화를 반영하기 위해 사용하지만 움직이는 객체도 배경 이미지에 포함될 수 있다. 움직이는 객체가 없는 경우에는 배경에서 잡음으로 인식될 수 있는 값이 반영되지 않지만, 객체의 움직임이 많은 이미지가 연속으로 입력되는 경우에는 배경 이미지에 객체가 포함된다. 이런 효과를 줄이기 위해서는 이용하는 입력 이미지의 수를 늘리거나 학습률을 작은 값으로 설정하는 방법이 있다. 하지만 이렇게 할 경우에는 배경에 조명 또는 기타 변화가 반영되는 시간이 느려지고 오분류가 증가될 수 있다.

위의 방법은 입력 이미지의 모든 픽셀을 배경에 일정한 비율로 반영하기 때문에 배경에 전경으로 분리된 픽셀의 정보도 반영된다. 이를 보완하기 위하여 입력 이미지의 픽셀을 선별적으로 배경 모델에 반영하는 방법도 있다. 먼저 아래 식과 같이 전경으로 분류된 픽셀을 배경에 반영하지 않을 수 있다. t는 이미지의 인덱스를 의미한다.

$$B_{t+1}(i,j) = \begin{cases} \alpha I_t(i,j) + (1-\alpha) B_t(i,j) & \text{if } I_t(i,j) = \text{background} \\ B_t(i,j) & \text{otherwise} \end{cases}$$

또는 배경 픽셀은 지정된 비율로 반영하고, 전경 픽셀은 더 작은 비율로 반영할 수도 있다. 아래 식에서 $N > 1$은 비율을 조정하기 위한 변수로, 클수록 전경 픽셀이 배경에 반영되지 않는다.

$$B_{t+1}(i,j) = \begin{cases} \alpha I_t(i,j) + (1-\alpha) B_t(i,j) & \text{if } I_t(i,j) = \text{background} \\ \frac{\alpha}{N} I_t(i,j) + \left(1 - \frac{\alpha}{N}\right) B_t(i,j) & \text{otherwise} \end{cases}$$

앞에서 설명한 방법들은 배경 이미지의 각 픽셀이 하나의 모델(픽셀값)으로 구성된다. 따라서 조명 변화, 잡음, 자연 현상에 민감하게 반응하여 잘못된 전경 픽셀 분류가 발생할 가능성이 크다는 단점을 가진다. 예를 들어 약간 움직이는 배경 객체(잔잔한 물결, 바람에 움직이는 나뭇가지 등)를 처리할 수 없다.

위의 단점을 보완하기 위해 Stauffer and Grimson은 그들의 논문에서 가우시안 분포를 혼합하여 배경의 각 픽셀을 모델링할 것을 제안했으며, 일반적으로 픽셀당 3 또는 4개의 분포로 구성된다. 예를 들어 픽셀이 하늘과 바람에 의해 규칙적으로 움직이는 나무의 잎을 포함하는 경우, 두 개의 가우시안 분포를 이용하여 하늘과 잎을 각각 모델링할 수 있다. 이러한 기법을 가우시안 혼합 모델(Gaussian Mixture Model)이라고 한다.

기본 아이디어는 전경 값과 배경 값을 포함하여 각 위치의 과거 픽셀값에 여러 가우시안 분포를 적용하는 것이다. 임의의 프레임 t에서 각 가우시안 분포 m은 과거 프레임에서 얼마나 자주 발생했는지에 따라 가중치 $\pi_t^m(i,j)$를 갖는다. 이 수식은 픽셀 위치 (i,j)에서 해당하는 분포 m은 가중치 π를 가짐을 의미한다. 이때 각 픽셀의 모든 가중치의 합은 1이어야 한다.

가우시안 혼합 모델에 의해 전경과 배경을 분류하는 과정은 다음과 같다. 새로운 프레임이 입력되면 각각의 픽셀값은 가장 유사한 하나의 가우시안 분포를 결정하기 위해 현재 그 위치의 픽셀을 모델링하는 가우시안 분포와 비교한다. 입력 픽셀의 값이 가우시안 분포의 평균값에서 표준편차의 2.5배 이내에 있는 경우 근접한 것으로 간주된다. 만약 근접한 가우스 분포가 없다면 이 입력 픽셀값을 모델링하기 위해 새로운 가우시안 분포가 초기화된다. 반면에 입력 픽셀이 포함되는 가우시안 분포가 존재한다면 해당 분포에 입력 픽셀의 값을 반영하여 갱신(Update)한다. 각각의 위치에 대해 사전에 설정된 임계치 이상으로 분포가 중첩되는 가장 큰 가우시안 분포는 배경을 나타내는 것으로 간주된다. 연관된 분포가 각각 배경 또는 전경인 경우에 해당 픽셀은 배경 또는 전경으로 분류된다.

가우시안 분포의 갱신은 아래의 수식과 같다. 이 수식에서 $O_t^m(i,j)$은 현재 입력값이 근접한 가우시안 분포에 포함된다면 1의 값을 가지고, 그 이외에는 0의 값을 가진다. μ와 σ는 각각 가우시안 분포의 평균과 표준편차를 의미한다.

$$\pi_{t+1}^m(i,j) = \alpha O_t^m(i,j) + (1-\alpha)\pi_t^m(i,j)$$

$$\mu_{t+1}^m(i,j) = \mu_t^m(i,j) + O_t^m(i,j)\frac{\alpha}{\pi_{t+1}^m(i,j)}\left(I_t(i,j) - \mu_t^m(i,j)\right)$$

$$\left(\sigma_{t+1}^m(i,j)\right)^2 = \left(\sigma_t^m(i,j)\right)^2 + O_t^m(i,j)\frac{\alpha}{\pi_{t+1}^m(i,j)^2}\left(I_t(i,j) - \mu_t^m(i,j)\right)^2$$

일반적으로 각 픽셀에 대해 생성 가능한 분포 수를 제한하기 때문에 분포 수가 한계에 도

달한 상황에서 새로운 분포를 생성해야 하는 경우에는 가장 작은 가중치를 가지는 기존 분포를 버려야 한다. 더 복잡하고 우수한 성능을 보이는 방법이 개발되었지만, 이 방법은 배경 모델링에 가장 많이 사용되는 방법이고 다른 배경 모델링 기술의 벤치마크로 자주 사용된다.

OpenCV에서는 다양한 전경-배경 방법을 제공하고 있으며, 대표적으로 앞에서 설명한 가우시안 분포를 이용한 MOG(Mixture of Gaussians) 방법과 다음 절에서 설명할 KNN(K-Nearest Neighbor) 방법이 있다. 아래 예제는 이 방법들을 이용하여 전경을 추출하는 코드이다. 예제에서는 사용하고 있지 않지만, MOG와 KNN을 생성하는 함수에는 각각 3가지의 변수가 사용된다. 첫 번째 변수는 history로 배경 생성에 반영되는 프레임의 수이고, 두 번째 변수는 픽셀이 배경인지 아닌지를 결정하기 위한 임계치이다. 세 번째 변수는 그림자 제거를 수행할지 여부를 결정하며, True로 설정하면 그림자 영역을 전경으로 검지하는 영향을 줄일 수는 있지만 효과가 미비하고 속도의 저하가 발생하게 된다. 배경을 갱신하면서 전경을 추출하기 위해서는 apply() 함수를 사용하며 두 개의 인자를 가진다. 첫 번째는 입력 이미지이고, 두 번째 learningRate는 배경 이미지에 현재 입력 이미지를 반영하는 비율을 의미하며 -1 또는 0과 1 사이의 실수를 가질 수 있다. 만약 -1로 설정하면 알고리즘이 자동으로 결정하고, 0이면 배경 이미지를 갱신하지 않고, 1이면 현재 입력 이미지를 그대로 배경 이미지로 갱신한다. getBackgroundImage() 함수를 사용하여 배경 이미지를 확인할 수 있다.

예제는 MOG와 KNN 기반의 방법이 입력 이미지와 블러링 처리된 입력 이미지를 입력하고, 해당 방법들에 대한 배경 이미지와 전경 이미지를 표시한다.

```
# 전경-배경 분할 예제 (c3_bgSubtraction.py)
# 전경-배경 분할 수행자 선언
bgMethod1 = cv2.createBackgroundSubtractorMOG2()
bgMethod2 = cv2.createBackgroundSubtractorKNN()
bgMethod1_blur = cv2.createBackgroundSubtractorMOG2()
bgMethod2_blur = cv2.createBackgroundSubtractorKNN()
imgIndex = 1
while(cap.isOpened()):
    # 영상이 읽어오고, 존재하지 않으면 while 종료
    ret, frame = cap.read()
```

```python
    if frame is None:
        break
    # 전경 배경 분리 수행
    frame = cv2.resize(frame, (320, 240))
    if imgIndex !=1:
        bgMOG = bgMethod1.getBackgroundImage()
        bgKNN = bgMethod2.getBackgroundImage()
        bgMOG_blur = bgMethod1_blur.getBackgroundImage()
        bgKNN_blur = bgMethod2_blur.getBackgroundImage()
    fgMOG = bgMethod1.apply(frame, learningRate =-1)
    fgKNN = bgMethod2.apply(frame)
    fgMOG_blur = bgMethod1_blur.apply(cv2.blur(frame, (5,5)), learningRate=-1)
    fgKNN_blur = bgMethod2_blur.apply(cv2.blur(frame, (5,5)))
    imgIndex +=1
```

아래 그림은 예제에 대한 결과 영상의 일부이다. 그림의 (a)와 (b)는 바람에 의하여 나뭇가지와 나뭇가지에 앉은 까치가 흔들리는 연속된 두 이미지를 나타낸다. (c)와 (d)는 각각 MOG와 KNN를 이용하여 검지한 전경이다. 두 결과에서 모두 나뭇가지와 까치의 흔들림이 나타나 있다. 바람의 영향에 의하여 입력 이미지와 배경 이미지가 일치하지 않을 가능성이 높기 때문에 이론적으로는 옳은 결과이다. 하지만 실제로 전경 추출 기술을 적용할 때에는 바람과 같은 요소에 의해 사소하게 변경되는 움직임에는 영향을 받지 않기를 원한다. 이를 위한 가장 단순하지만 효과적인 방법은 입력 이미지를 블러링하는 것이다. 블러링 처리된 이미지의 모든 픽셀들은 주변 픽셀에 영향을 받아 픽셀들 간의 분별력이 저하되기 때문에 사소한 움직임에 둔감하게 반응할 수 있다. 추가적으로 모폴로지 연산을 이용하여 잡음처럼 산발적으로 발생하는 전경이나 크기가 작은 전경들을 제거하는 것도 효과적이다.

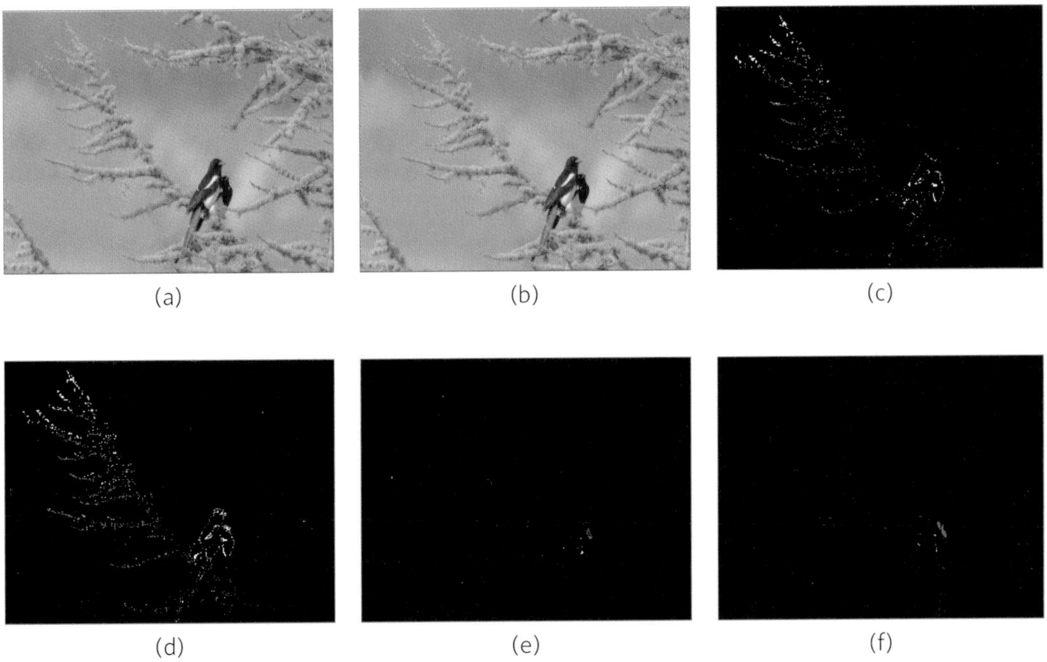

[그림 3-17] 전경 검출 결과

(a) t번째 입력 (b) (t+1)번째 입력 (c) 전경(MOG)

(d) 전경(KNN) (e) 전경(MOG, 블러링) (f) 전경(KNN, 블러링)

3.2 영역 군집화(k-means clustering)

영역 군집화(Clustering)는 비슷한 특성(예, 색상)을 가지는 픽셀들은 한 분류로, 다른 특성을 가지는 픽셀들은 다른 분류로 구분하는 것이다. 즉 한 분류 내에서는 특징의 분산이 최소화되고, 분류 간에는 특징의 분산이 최대가 최대로 나누는 작업을 의미하며 컴퓨터 비전에서 다양하게 사용되고 있다. 예를 들어 이미지에서 한정된 개수의 색상으로 옷의 색상을 표현한다거나 압축을 위하여 색의 조합을 줄이는 작업에 사용될 수 있다. 만약 8비트의 RGB 색상 공간에서 가능한 색상의 조합인 1,680만 색상을 그대로 사용한다면, 일반 사용자들은 이들을 모두 구분하지 못할 뿐만 아니라 색상을 표현하기 위해 사용한 하드웨어, 소프트웨어적인 자원의 낭비가 크기 때문에 적절한 선택이 아닐 것이다.

이를 위해 가장 대표적인 방법이 K-평균 군집화(K-Means Clustering)이다. 이 방법은 사전에 적절한 군집 개수인 K를 지정해 놓고 입력 데이터를 K개로 분류하는 것으로, 제시된 데이터를 세분화 학습하는 비지도 학습의 예이다. 비지도 학습은 현재 분류가 올바른지 여부에 대한 피드백 없이 수행되는 학습이고, 유사한 이벤트, 픽셀, 객체를 동일한 방식으로 분류할 수 있는 입력 데이터 내의 규칙성에 기초해야 한다.

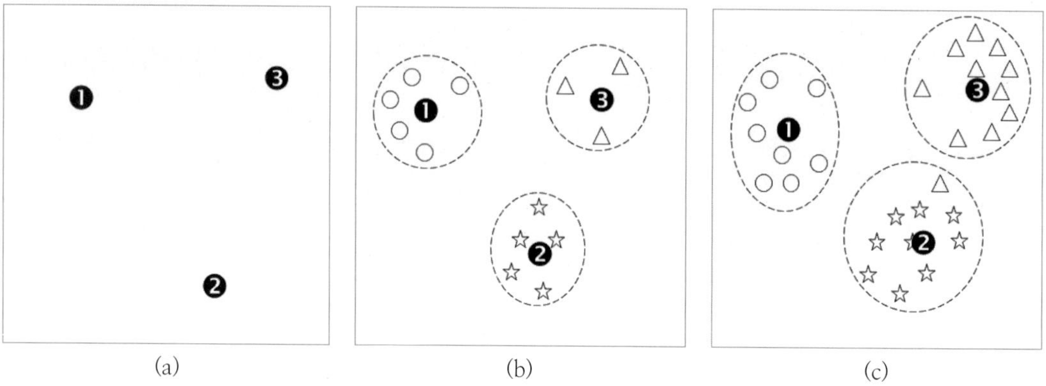

[그림 3-18] K-평균 군집화 과정

색상을 구분하는 예제로, K-평균 군집화를 설명하고자 한다. 먼저 위의 그림 (a)와 같이 색상을 구분하기 위한 군집인 K가 3이라고 가정하고 각각의 군집의 중심을 숫자로 표현하였다. 이때 군집의 중심은 임의로 설정하거나 데이터의 분포를 고려하여 적절하게 할당할 수도 있다. 입력 색상은 각 군집의 중심과의 거리를 계산한 후에 가장 짧은 거리를 가지는 군집으로 분류되고, 군집의 중심은 군집을 구성하는 요소들의 무게 중심으로 이동하게 된다. 그림의 (b)에서는 원, 삼각형, 별 모양으로 표현되는 3가지 색상에 대하여 분류된 결과를 보여 준다. 각 색상은 동일한 군집끼리 분류가 되어 있고, 군집의 중심은 분류된 색상들의 무게 중심으로 이동되었다. 그림의 (c)는 오분류된 결과를 보여 준다. 3번 분류에 속해야 할 삼각형이 2번 분류에 속해 있다.

이러한 결과가 발생한 이유는 분류의 기준이 중심점과의 거리를 기반으로 하기 때문이다. 3번과 2번 분류의 중심점이 새로운 샘플들에 의하여 기존 위치에서 오른쪽과 위쪽 방향으로 조금씩 이동하였고, 이로 인하여 오분류가 발생하였다, 그리고 오분류된 색상의 위치가 3번과

2번 분류의 경계에 위치하는 것도 오분류의 원인이 될 수 있다. 이러한 오분류 현상을 최소화하기 위해서는 충분히 많은 샘플과 적절한 군집의 개수 설정이 중요하다. 하지만 분류의 경계에 위치하거나 데이터의 분포가 비선형적인 경우에는 오분류의 발생 빈도가 증가할 수 있다.

OpenCV에서는 영역 군집화를 위한 kmeans() 함수를 지원하며 원형은 다음과 같다.

kmeans(data, k, bestLabels, criteria, attempts, flags, centers=None)	
연산 : 입력 데이터를 k개로 군집화한다.	
data	군집화를 위한 실수형의 입력 데이터 행렬
k	군집화 개수
bestLabels	입력과 출력이 대응하는 label(군집)이 저장된 행렬
criteria	군집화를 종료할 조건을 지정. 최대 반복 횟수(TERM_CRITERIA_MAX_ITER)와 요구되는 정확도(TERM_CRITERIA_EPS) 중에 하나 또는 모두 설정할 수 있음
attempts	초기 군집의 위치를 다르게 하여 알고리즘을 실행하는 횟수 지정. 최종 결과는 압축성(Compactness)이 가장 우수한 군집을 반환함.
flags	군집화를 위한 초기 중심 위치를 설정하기 위한 플래그
KMEANS_RANDOM_CENTERS, KMEANS_PP_CENTERS, KMEANS_USE_INITIAL_LABELS가 있음.	
centers	군집화 중심점의 결과 행렬

아래 코드는 kmeans() 함수를 이용하여 입력 영상을 군집화하는 예제이다. 입력 이미지를 실수형 행렬으로 변환하기 위하여 reshape() 함수와 형 변환을 이용하였다. reshape((-1,3))에서 '-1'은 '-1' 위치의 차원은 원 입력 행렬의 길이와 남은 차원으로부터 추정하라는 의미이다. 이 예제에서는 입력은 컬러 영상이며, 3차원의 크기를 가지므로 하나의 픽셀은 R, G, B의 3개 값으로 구성된다. 이를 반영한 것이 reshape((-1,3))의 '3'에 해당한다. 이후에 '-1'은 영상의 픽셀의 수만큼의 차원을 추정할 것이다. 6번째 줄은 군집화의 종료 조건으로, 반복 횟수와 정확도를 모두 지정하였다. 군집화 알고리즘이 반복적으로 수행되면서 두 가지 조건 중에 하나라도 만족하면 군집화가 종료된다. 7~8번째 줄의 코드에서 군집화 알고리즘의 반복 횟수와 초기 군집화 위치를 설정하는 방법을 지정하였다. 반복 횟수는 10번이고, 초기 군집화 위치는 랜덤하게 생성된다.

```python
# 영상 군집화 예제 (c3_knn.py)
# knn 입력 생성
data = img1.reshape((-1,3))
data = np.float32(data)
# knn 변수 설정
criteria = (cv2.TERM_CRITERIA_EPS + cv2.TERM_CRITERIA_MAX_ITER, 10, 1.0)
attempts =10
flags = cv2.KMEANS_RANDOM_CENTERS
for i inrange(1, 3):
    # knn 수행
    numK = i *5
    ret, label, center = cv2.kmeans(data, numK, None, criteria, attempts, flags)
    # 결과 영상 출력 및 저장
    center = np.uint8(center)
    res = center[label.flatten()]
    res = res.reshape((img1.shape))
```

아래 그림은 위 예제의 결과이다. 그림의 (a)는 입력 이미지, (b)는 군집 개수를 5개로 하였을 때의 결과 이미지, (c)는 군집 개수를 10개로 하였을 때의 결과 이미지이다. 입력 이미지는 총 7개의 색으로 구성되어 있는 것으로 보이지만 실제로는 동일한 색도 밝기가 다른 부분이 존재한다. 그림의 (b)는 너무 작은 군집 개수를 사용하였기 때문에 총 5개 색만이 표현되어 있으며 이 색마저도 입력 이미지의 색과는 차이가 크다. 그림의 (c)는 군집 개수를 10개로 한 결과이며 입력 이미지와 유사하게 색이 구분되어 있음을 알 수 있다. 만약 더 정밀한 군집화를 수행하고자 한다면 군집 개수를 늘리는 것만으로도 충분히 좋은 결과를 얻을 수 있을 것이다. 반복 횟수 또는 군집 개수를 줄이면서 좋은 결과를 얻고자 한다면 군집의 초기 위치를 적절히 선택해야 한다.

(a) (b) (c)

[그림 3-19] 영역 군집화
(a) 입력 이미지 (b) 군집 개수 k=5인 경우의 결과 (c) 군집 개수 k=10인 경우의 결과

3.3 영상 합성과 스티칭

영상 합성은 2개 영상을 합쳐서 하나의 이미지를 생성하는 것이다. 단순한 예로써, 하늘만 있는 영상에 날고 있는 새만 있는 영상을 적절히 합성하게 되면 하늘을 날고 있는 새 영상이 생성될 수 있다. 이는 앞에서 다루었던, 산술 연산이나 논리 연산 등을 통하여 구현할 수 있다. 아래 그림은 addWeighted() 함수를 이용하여 2개의 영상을 합성한 결과이며, 새가 날아 오르는 장면을 올려다보는 듯하다.

(a) (b) (c)

[그림 3-20] 영역 합성
(a)~(b) 입력 이미지 (c) 합성 이미지

영상 스티칭(Stitching)은 여러 영상의 겹쳐지는 부분을 결합하여 하나의 파노라마 영상 또는 고해상도 영상을 만드는 것이다. 이를 위해서는 영상에서 특징점과 지역 기술자를 사용하여 매칭점을 검출하여 변환하는 과정이 필요하다. 이전에는 파노라마 영상을 만드는 응용에 주로 사용되었지만, 최근에는 차량의 정면, 후면 그리고 좌우에 장착된 카메라의 영상을 합쳐서 운전자에게 보여 주는 장치, 여러 대의 카메라에서 촬영된 영상을 합치거나 360도 VR(Virtual Reality) 영상을 생성하는 응용 분야 등에 다양하게 적용되고 있다.

매칭점이 명확히 추출될 수 있는 환경의 동일한 조건(조명, 배경, 시차, 렌즈 왜곡)하에서 연속적으로 촬영된 영상 간의 스티칭은 비교적 정확히 수행될 수 있다. 하지만 어두운 조명에 의한 특징점 추출 불가, 렌즈 왜곡, 장면 움직임, 조명의 변화, 겹쳐지는 영역의 양이 적음 등의 요인에 의하여 스티칭 결과가 불완전하거나 수행되지 않을 수도 있다.

OpenCV에서는 스티칭을 위하여 Stitcher.create()와 이 함수의 내부 함수인 stitch()를 제공한다. 아래 코드는 앞에서 말한 함수를 이용하여 스티칭을 수행하는 예제이다. 이 예제에서는 입력 영상을 중첩된 영역을 가지는 3개의 구간으로 나누어 스티칭의 입력 영상으로 사용하였다. 3~6번째 줄의 코드에서 입력 영상의 크기를 알아내고, 입력 영상을 3개의 영역으로 나누기 위한 값을 구한다. 스티칭을 위한 입력 영상의 기본 폭은 원 영상의 폭을 3으로 나눈 값을 사용하고, 구분된 영상은 각각 30% 중첩되도록 하였다. 7~9번째 줄의 코드에서는 입력 영상의 특정 영역만을 스티칭 입력 영상에 대입하며, 10~12번째 줄의 코드에서는 계산의 편의를 위하여 영상의 크기를 동일하게 만들었다. stitch() 함수는 하나의 입력을 가지며 그 입력에서는 스티칭을 수행하기 위한 영상이 순차적으로 저장되어 있어야 한다. 이를 위하여 13~15번째 줄의 코드에서는 stitch() 함수를 위한 입력을 생성한다. 이번 예제에서는 총 3개의 입력을 이용하며, 첫 번째 입력은 입력 영상을 3부분으로 분할한 영역의 좌측과 중앙 영역으로 구성되고, 두 번째 입력은 중앙 영역과 우측 영역, 마지막 세 번째 입력은 분할된 3개 영역을 모두 포함한다.

17~29번째 줄의 코드에서는 Stitcher.create()를 선언하고 stitch() 함수를 통하여 스티칭을 수행한다. Stitcher.create()를 선언 시에 내부 인자로 모드(Mode)를 가지며, STITCHER_PANORAMA와 STITCHER_SCANS 두 인자 중에 하나의 값을 가질 수 있고, 기본값은 STITCHER_PANORAMA이다. 두 인자의 차이는 STITCHER_PANORAMA는 입력 영상들이 투시 변환 관계라고 가정하고, STITCHER_SCANS는 어파인 변환 관계라고 가정한다는 것이다.

일반적으로 투시 변환이 어파인 변환을 포함하기 때문에 STITCHER_PANORAMA를 사용하는 것이 적절하다. 스티칭이 처리된 결과를 반환하는 것을 항상 보장하지 않기 때문에 제대로 스티칭이 수행되었는지 확인해야 한다. 이러한 확인을 수행하는 코드의 예가 19~21번째 줄의 코드이다. stich() 함수의 반환값은 총 2개이며, 첫 번째 반환값은 스티칭이 제대로 수행되었는지에 대한 정보를 포함하고, 두 번째 반환값은 스티칭의 결과가 저장되어 있다.

```
1  # 영상 합성 및 스티칭 예제 (c3_stitch.py)
2  # 영상 스티칭
3  h, w, c = img3.shape
4  # stitch 입력 생성
5  stepW =int(w/3)
6  overlap =int(stepW *0.3)
7  sp1 = img3[:, :stepW + overlap, :]
8  sp2 = img3[:, stepW - overlap:(stepW *2) + overlap, :]
9  sp3 = img3[:, (stepW *2) - overlap: ,:]
10 sp1 = cv2.resize(sp1, (320, 240))
11 sp2 = cv2.resize(sp2, (320, 240))
12 sp3 = cv2.resize(sp3, (320, 240))
13 imgs1 = []; imgs1.append(sp1); imgs1.append(sp2)
14 imgs2 = []; imgs2.append(sp2); imgs2.append(sp3)
15 imgs3 = []; imgs3.append(sp1); imgs3.append(sp2); imgs3.append(sp3)
16 # stitch 생성 및 실행
17 stitcher = cv2.Stitcher.create(cv2.STITCHER_PANORAMA)
18 status1, pano1 = stitcher.stitch(imgs1)
19 if status1 != cv2.Stitcher_OK:
20     print("Can't stitch imgs1, error code = %d" % status1)
21     exit(-1)
22 status2, pano2 = stitcher.stitch(imgs2)
23 if status2 != cv2.Stitcher_OK:
24     print("Can't stitch imgs2, error code = %d" % status2)
25     exit(-1)
```

```python
status3, pano3 = stitcher.stitch(imgs3)
if status3 != cv2.Stitcher_OK:
    print("Can't stitch imgs3, error code = %d" % status3)
    exit(-1)
```

아래 그림은 위 예제에 대한 결과이다. 그림의 (a)~(c)는 입력 이미지들이다. 연속된 그림에서 일정 부분이 중첩되어 있음을 알 수 있다. 이러한 중첩된 부분에서 스티칭 수행을 위한 특징점 매칭이 이루어질 것이다. 그림의 (d)와 (e)는 각각 입력 (a)와 (b), (b)와 (c)에 대한 스티칭 결과이다. (f)는 3개의 영상들이 모두 포함된 스티칭의 결과이다. 결과 영상들이 형태가 직사각형이 아닌 이유는 STITCHER_PANORAMA이 직사각형을 사디리꼴 형태로 변형할 수 있는 있으며, 특징점 매칭을 하는 과정에서 잘못되거나 오차를 가지는 지점이 존재하기 때문이다.

[그림 3-21] 스티칭 (a)~(c) 입력 이미지
(d) 입력 (a)와 (b)의 스티칭 결과 (e) 입력 (b)와 (c)의 스티칭 결과 (f) 입력 (a)~(c)의 스티칭 결과

04 ·· 비디오 분석

4.1 광류

광류(Optical Flow)는 연속된 두 이미지 사이의 특정 위치 또는 객체의 움직임 변화를 나타내기 위한 방법으로, 두 이미지 간의 모든 지점에 대한 움직임 방향과 크기를 보여 준다. 이러한 움직임 변화는 이미지 내의 특정 객체의 동작, 카메라의 동작, 또는 둘 다에 의해 발생한다.

광류는 밝기 불변성 구속 조건(Brightness Constancy Constraint)을 기반으로 하는데, 이는 특정 위치에 대한 픽셀이 짧은 시간 Δt 동안에는 동일한 밝기를 가진다고 가정하는 것이다. 시간 t에서 획득한 이미지 I_t의 (i,j)에 위치한 관심점이 $(\Delta i,\Delta j)$ 만큼 이동했다고 가정하면, 이는 아래 식과 같다.

$$I_t(i,j) = I_{t+\Delta t}(i+\Delta i, j+\Delta j)$$

시간 t에서 관심점 (i,j)에 대한 변위(Displacement)가 $(\Delta i,\Delta j)$이고, 광류는 $(\Delta i/\Delta t, \Delta j/\Delta t)$이다. 만약 이미지의 모든 지점에 대해 광류를 계산하면 밀도가 높은 광류(Dense Optical Flow) 필드를 가질 수 있고, 몇 개의 점에 대해서만 계산하면 밀도가 낮은 광류(Sparse Optical Flow)를 얻게 된다. 특정 관심점 (i,j)에 대한 변위는 이미지 사이의 잔여 오류(Residual Error) ε를 최소화하는 $(\Delta i,\Delta j)$로 정의될 수 있다. 예를 들어 특정 시간 t에서의 관심점 $I_t(i,j)$의 변위를 알기 위해 관심점 주변으로 $(2W,2H)$의 크기를 가지는 사각 영역 내에서 아래의 ε를 최소화는 $(\Delta i,\Delta j)$를 찾으면 된다. 이 수식에서 $f()$는 관심점에 대한 유사함을 예측하기 위한 함수이다. 단순하게 이미지 픽셀값의 차이를 사용할 수도 있고, 히스토그램이나 기타 특징점의 유사도 측정 방법을 사용할 수도 있다.

$$\epsilon(\Delta i, \Delta j) = \sum_{i=i-W}^{i+W} \sum_{j=j-H}^{j+H} f\left(I_t(i,j) - I_{t+\Delta t}(i+\Delta i, j+\Delta j)\right)$$

최적의 일치 구간을 찾기 위해 $I_{t+\Delta t}$의 모든 위치를 탐색할 수도 있다. 하지만 이러한 접근법은 계산 비용이 높고, 영상 내에 유사한 패턴이 다수 존재할 경우에는 잘못된 결과를 초래할 수도 있다. 시간적인 간격을 한정시킨다면 대부분의 상황에서 프레임 간에 관심점의 움직임은 물리적으로 한계가 있다. 이러한 특징을 이용하여 변위 및 광류를 효율적으로 추정할 수 있다.

프레임 간에 영상이 크게 변화지 않는다고 가정한다면 $I_t(i,j)=I_{t+\Delta t}(i+\Delta i,j+\Delta j)$로 정의할 수 있다. 또한, 프레임 간의 변화가 작다고 가정한다면 변화된 프레임은 아래와 같이 근사화할 수 있다.

$$I_{t+\Delta t}(i+\Delta i, j+\Delta j) = I_t(i,j) + \frac{\partial I}{\partial i}\Delta i + \frac{\partial I}{\partial j}\Delta j + \frac{\partial I}{\partial t}\Delta t$$

이 수식은 시간 t에서의 영상에 가로와 세로의 양방향으로 시간에 따른 움직임 추정치를 추가함으로써 새로운 영상을 근사화한 것이다. 위의 두 방정식을 결합하면 다음과 같은 결과를 얻는다.

$$\frac{\partial I}{\partial i}\Delta i + \frac{\partial I}{\partial j}\Delta j + \frac{\partial I}{\partial t}\Delta t = 0$$

위 수식의 양변을 Δt로 나누고 정리하면 다음과 같다.

$$\frac{\partial I}{\partial i}\frac{\Delta i}{\Delta t} + \frac{\partial I}{\partial j}\frac{\Delta j}{\Delta t} + \frac{\partial I}{\partial t} = 0$$

$$\begin{bmatrix} \frac{\partial I}{\partial i} & \frac{\partial I}{\partial j} \end{bmatrix} \begin{bmatrix} \frac{\Delta i}{\Delta t} \\ \frac{\Delta j}{\Delta t} \end{bmatrix} = -\frac{\partial I}{\partial t}$$

위 수식을 광류 방정식이라고 하며 $\Delta i/\Delta t$와 $\Delta j/\Delta t$는 두 공간 방향에서의 변화율이다. 일반적으로 이들을 임의의 지점에 대한 움직임 벡터인 광류라고 지칭한다. 광류 방정식을 해결하기 위해 널리 사용되는 방법 중 하나는 광류가 임의의 지점 주변의 작은 영역에서 일정하다고 가정하는 것이다(Lucas and Kanade, 1981). 따라서 $\Delta i/\Delta t$와 $\Delta j/\Delta t$ 값을 여러 번 관찰하여 연립방정식을 구성하고, 이를 풀이하여 광류를 계산할 수 있다.

OpenCV에서 광류를 계산하기 위하여 제공하는 대표적인 함수는 calcOpticalFlowPyrLK()

함수와 calcOpticalFlowFarneback() 함수이다. 앞의 함수는 특징점 매칭을 통하여 광류를 생성하고, 두 번째 함수는 광류의 밀도를 생성한다. 두 함수의 원형은 아래와 같다.

calcOpticalFlowPyrLK(prevImg, nextImg, prevPts, nextPts, status=None, err=None, winSize=None, maxLevel=None, criteria=None, flags=None, minEigThreshold=None)	
연산 : 두 개의 영상에서 특징점에 대한 광류를 계산한다.	
prevImg, nextImg	8비트 입력 이미지 또는 buildOpticalFlowPyramid으로 생성된 피라미드
prevPts, nextPts	광류를 생성하기 위한 특징점
status	광류를 생성하기 위한 특징점을 매칭되었는지 여부를 저장. 1의 값을 가지는 인자(특징점)는 매칭이 되었음을 의미하고, 0의 값을 가지는 인자(특징점)는 매칭에 실패했음을 의미함.
err	광류의 오차가 저장됨. 매칭되는 특징점을 찾지 못할 경우에는 오차가 정의되지 않음
winSize	각각의 피라미드 레벨에서 특징점 매칭을 위한 윈도우의 크기를 지정하는 변수
maxLevel	최대 피라미드 레벨을 지정하는 변수. 만약, 0이면 피라미드가 적용되지 않고, 1이면 2레벨의 피라미드가 적용됨.
criteria	광류 생성을 종료하기 위한 조건. 최대 반복 횟수(TERM_CRITERIA_MAX_ITER)와 요구되는 정확도(TERM_CRITERIA_EPS) 중에 하나 또는 모두 설정할 수 있음
flags	광류 연산을 위한 추정 특징점을 설정하는 플래그. OPTFLOW_USE_INITIAL_FLOW로 설정되면 nextPts를 이용하며, 설정되어 있지 않으면 prevPts를 nextPts로 복사하여 사용함. OPTFLOW_LK_GET_MIN_EIGENVALS로 설정하면, 오차를 최소화하는 고유값 기반으로 오차를 계산하여 특징점 매칭에 사용하며 이를 위한 설정이 minEigThreshold임. minEigthreshold가 설정되어 있지 않으면, L1 거리를 기반으로 오차를 계산함
minEigThreshold	특징점 매칭의 오차를 계산하여, 광류 생성에 반영하기 위한 기준치

calcOpticalFlowFarneback(prev, next, flow, pyr_scale, levels, winsize, iterations, poly_n, poly_sigma, flags)	
연산 : 두 개의 영상에서 조밀한 광류를 계산한다.	
prev, next	8비트 입력 이미지
flow	계산된 광류 이미지
pyt_scale	피라미드 레벨을 설정. 1 미만의 값이 설정되면 피라미드 생성하여 사용함. 0.5이면 피라미드 레벨이 올라갈수록 2배 작은 이미지 생성함.

leverls	피라미드 레이어의 수 설정함.
winsize	평균하는 윈도우 크기 지정. 값이 커질수록 잡음과 빠른 변화에 대응하지만 광류 결과가 블러링 처리된 이미지로 반환됨.
iterations	각 피라미드 레벨에서 알고리즘의 반복 횟수를 지정함.
poly_n, poly_sigma	픽셀 이동을 찾기 위해 사용하는 주변 영역의 크기와 움직임을 예측하기 위해 사용하는 가우시안 필터의 표준편차를 지정함.
flags	광류 연산을 위한 추정 특징점을 설정하는 플래그
OPTFLOW_USE_INITIAL_FLOW로 설정되면 입력 이미지를 기반으로 초기 광류 지정함. OPTFLOW_FARNEBACL_GAUSSIAN로 설정하면 광류를 예측하기 위해 가우시안 필터를 사용함.	

아래 코드는 동영상를 기반으로 위의 두 함수를 이용하여 광류를 구하는 예제이다. 첫 번째는 calcOpticalFlowPyrLK() 함수를 이용하는 코드이다. 비디오를 불러오기 위해서는 VideoCapture() 함수를 사용하였고, read() 함수를 이용하여 비디오에서 한 프레임씩 영상을 가져온다. 6~10번째 줄의 코드는 특징점으로 추출하기 위해 필요한 변수를 설정하는 부분이며, 여기서는 코너점을 사용하였다. 12~14번째 줄의 코드는 루카스-카나데 알고리즘에 사용할 변수와 종료 조건을 설정하였고, 16~19번재 줄의 코드는 초기 프레임에서 광류 생성을 위해 필요한 특징점을 추출하였다. 24~47번째 줄까지의 코드가 비디오의 프레임을 모두 가져올 때까지 반복하여 수행되며, 45~48번째 줄의 코드를 통하여 처리 결과를 영상으로 표시하고 난 이후에 사용자가 키보드의 ESC 키를 누르면 더 이상 비디오 프레임을 가져오지 않고 처리를 종료할 수도 있다. 35~36번째 코드에서는 새로운 프레임을 불러오기 전에 현재 프레임의 결과를 새로운 기준 특징점으로 갱신한다.

```
1  # 옵티클 플로우 예제 (c3_opticalFlow.py)
2  # feature point 기반 optical flow 방법
3  # 비디오 읽기
4  cap = cv2.VideoCapture("./images/video7.mp4")
5  # ShiTomasi 코너 검출기 변수 설정
6  numMaxCorners =20
7  feature_params = dict( maxCorners = numMaxCorners,
```

```
                       qualityLevel =0.3,
                       minDistance =7,
                       blockSize =7 )
# 루카스-카나데 기반 옵티클 플로우 변수 설정
lk_params = dict( winSize  = (15,15),
                  maxLevel =2,
                  criteria = (cv2.TERM_CRITERIA_EPS | cv2.TERM_CRITERIA_COUNT, 10, 0.03))
# 초기 프레임에서 특징점 검출
ret, prevFrame = cap.read()
prevFrame = cv2.resize(prevFrame, (320, 240))
prevGray = cv2.cvtColor(prevFrame, cv2.COLOR_BGR2GRAY)
p0 = cv2.goodFeaturesToTrack(prevGray, mask = None, **feature_params)
# 옵티클 플로우를 표현하기 위한 색 및 이미지 생성
flowColor = np.random.randint(0,255,(numMaxCorners,3))
mask = np.zeros_like(prevFrame)
while(1):
    ret, curFrame = cap.read()
    if ret != True:
        break
    curFrame = cv2.resize(curFrame, (320, 240))
    curGgray = cv2.cvtColor(curFrame, cv2.COLOR_BGR2GRAY)
    # 옵티클 플로우 계산
    p1, st, err = cv2.calcOpticalFlowPyrLK(prevGray, curGgray, p0, None, **lk_params)
    # good points 선택
    good_new = p1[st==1]
    good_old = p0[st==1]
    # 특징점 및 기준 프레임 업데이트
    prevGray = curGgray.copy()
    p0 = good_new.reshape(-1, 1, 2)
    # 특징점 추적 결과 표시
    for i, (new,old) in enumerate(zip(good_new, good_old)):
```

```
        a,b = new.ravel()
        c,d = old.ravel()
        mask = cv2.line(mask, (a,b),(c,d), flowColor[i].tolist(), 2)
        curFrame = cv2.circle(curFrame,(a,b),5,flowColor[i].tolist(),-1)
    res = cv2.add(curFrame,mask)
    cv2.imshow('frame', res)
    # ESC 버튼 입력시 종료
    k = cv2.waitKey(30) & 0xff
    if k ==27:
        break
```

두 번째는 calcOpticalFlowFarneback() 함수를 이용하는 코드이다. 전반적인 동작 과정은 앞의 예제와 동일하다. 이 함수는 특징점 매칭 기반의 동작이 아니기 때문에 해당 코드는 존재하지 않는다. calcOpticalFlowFarneback() 함수는 광류에 대한 처리 결과로 각 픽셀의 이동에 대한 크기와 방향에 대한 정보를 반환한다. 27~32번째 줄의 코드가 이러한 정보를 이용하여 영상에 표시하는 부분이다.

```
1  # dense optical flow 방법
2  cap = cv2.VideoCapture("./images/video7.mp4")
3  ret, prevFrame = cap.read()
4  prevFrame = cv2.resize(prevFrame, (320, 240))
5  prvs = cv2.cvtColor(prevFrame,cv2.COLOR_BGR2GRAY)
6  # 옵티클 플로우를 표현하기 위한 이미지 생성
7  maskHSV = np.zeros_like(prevFrame)
8  maskHSV[...,1] =255
9  # Farneback 기반 옵티클 플로우 변수 설정
10 fb_params = dict( pyr_scale  =0.5,
11                   levels =3,
12                   winsize =15,
```

```
                    iterations =3,
                    poly_n =5,
                    poly_sigma =1.2,
                    flags =0)
while(1):
    ret, curFrame = cap.read()
    if ret !=True:
        break
    curFrame = cv2.resize(curFrame, (320, 240))
    next= cv2.cvtColor(curFrame,cv2.COLOR_BGR2GRAY)
    # 옵티클 플로우 계산
    flow = cv2.calcOpticalFlowFarneback(prvs, next, None, **fb_params)
    # 기준 프레임 업데이트
    prvs =next
    # 옵티컬 플로우 결과 표시
    mag, ang = cv2.cartToPolar(flow[...,0], flow[...,1])
    maskHSV[...,0] = ang*180/np.pi/2
    maskHSV[...,2] = cv2.normalize(mag,None,0,255,cv2.NORM_MINMAX)
    res = cv2.cvtColor(maskHSV,cv2.COLOR_HSV2BGR)
    cv2.imshow('frame2',res)
    # ESC 버튼 입력 시 종료
    k = cv2.waitKey(30) &0xff
    if k ==27:
        break
cap.release()
cv2.destroyAllWindows()
```

아래 그림은 위 예제들에 대한 결과 영상이다. 입력 비디오의 13, 22, 128번째 프레임에 대한 처리 결과를 보여 주고 있다. 실제로는 12번째와 13번째, 21번째와 22번째, 127번째와 128번째 프레임 간의 광류를 보여 주고 있다. 그림의 (a)는 calcOpticalFlowPyrLK() 함수에 대한 결과로 추출된 특징점의 움직임 경로를 알 수 있다. 몸통과 앞발에서 추출된 특징점들은 움직임이 없다. 반면에 얼굴에서 추출된 특징점들은 많은 움직임이 존재하고 있다. 이를 통하여 이 고양이의 시간적인 움직임에서 몸통은 가만히 있고 얼굴을 많이 움직였다고 예측할 수 있다.

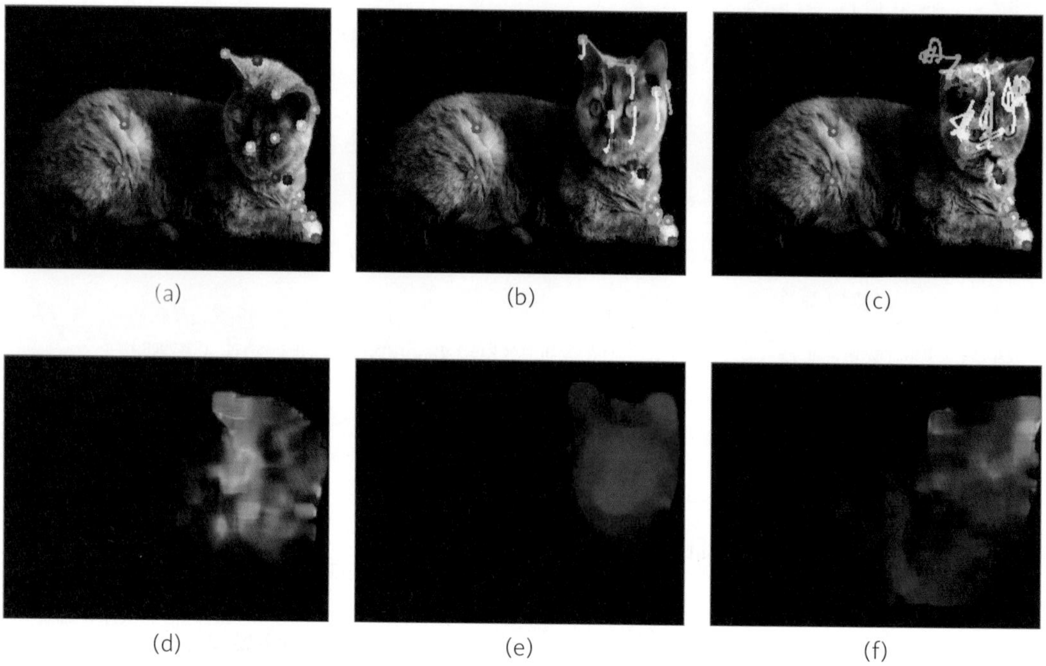

[그림 3-22] 13, 22, 128번째 프레임에 대한 광류 결과
(a) calcOpticalFlowPyrLK (b) calcOpticalFlowFarneback

그림의 (b)는 calcOpticalFlowFarneback() 함수를 이용하여 프레임 간의 움직임을 보여 주고 있다. 움직임이 크고 방향 변화가 클수록 진한 색으로 표현되고, 반대의 경우에는 검은색에 가까운 색으로 표현된다. 13번째와 128번째 프레임에 대한 광류는 색 변화가 크게 존재하고 있으며, 22번재 프레임의 광류는 고양이의 얼굴 영역만 전반적으로 보라색으로 표현되어 있다. 이는 22번째 프레임에서는 고양이가 얼굴의 각도를 유지한 채로 조금 움직였다는 것으로 해석할 수 있으며, 13번째와 128번째 프레임에서는 얼굴의 각도 변화가 존재하면서 움직임도 크게 발생했다고 유추할 수 있다.

적용 환경에 따라서 위의 두 함수를 적절히 사용하는 것이 중요하다. 만약 광류를 알고자 하는 대상이 코너와 같은 특징점이 존재하지 않는다면, calcOpticalFlowPyrLK() 함수를 이용할 경우에는 원하는 광류를 얻지 못할 수 있다. 이러한 경우라면 calcOpticalFlowFarneback() 함수를 사용하는 것이 더욱 효과적일 것이다. 반면에 주변과 다른 명확한 특징을 가지는 관심 지점에 대한 광류를 알고 싶을 경우에는 calcOpticalFlowPyrLK() 함수를 사용하는 것이 효율적일 수 있다. calcOpticalFlowFarneback()는 불필요한 모든 영역을 계산할 뿐만 아니라 관심 지점에 대응하는 위치를 명확히 알 수 없을 수도 있기 때문이다.

4.2 객체 추적

비디오 영상에서 객체 추적은 특정 프레임에서 관심을 가지는 대상 또는 영역(Region of Interest)이 이어지는 연속된 프레임에서 어디에 위치하는지를 예측하는 기술이다. 아래 그림과 같이 단순한 예를 생각해 보자. 영상에 검은색 사각형 박스가 추적하고자 하는 대상이고, 연속된 프레임에서 사각형 박스의 위치를 예측하여 검은색 화살표로 위치 이동을 표현하였다.

이 예제에서 객체 추적을 위한 몇 가지 조건을 생각해 볼 수 있다. 첫 번째로 추적 대상에 대한 특징을 정의해야 한다는 것으로, 여기서는 검은색으로 채워진 사각형 박스로 정의하였다. 영상 내부에 이러한 특징을 만족하는 다른 대상이 없다면 이러한 정의만으로도 추적 대상을 찾을 수 있을 것이다. 두 번째는 프레임 간에 추적 대상의 위치가 바뀔 수 있다는 것으로, 우리는 추적 대상이 어디에 위치할지 모르기 때문에 영상의 일부분 혹은 전체 영역을 범위로 하여 추적 대상을 찾아야 한다. 만약 추적 대상이 프레임 간에 움직일 수 있는 물리적 양이 제한된다면 대상을 찾기 위한 탐색 범위를 효과적으로 좁힐 수 있을 것이다.

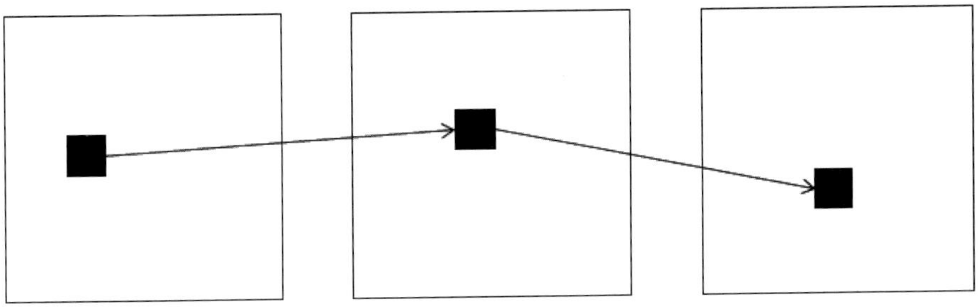

[그림 3-23] 검은색 사각형 박스 추적

위의 예시는 매우 단순한 상황을 가정한 것으로, 일반적으로는 훨씬 더 복잡한 환경에서 추적 기술이 적용된다. 아래 그림은 위 예제를 좀 더 현실적인 상황으로 반영한 것으로, 대상을 추적하는 것이 더 어렵게 보인다. 그러한 이유는 무엇일까? 2가지는 측면에서 생각해 볼 수 있다. 첫 번째는 추적 대상 자체에 대한 변화이고, 두 번째는 주변 환경에 대한 변화이다.

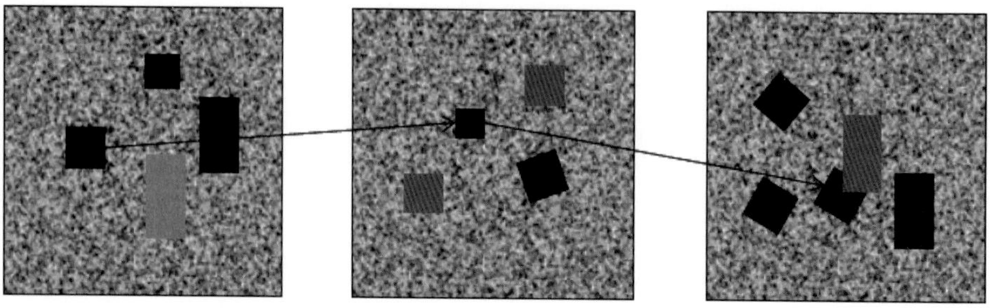

[그림 3-24] 검은색 사각형 박스 추적

첫 번째 측면인 추적 대상 자체의 변화를 생각해 보자. 먼저 추적 대상의 특징을 정의하기가 어려워졌다. 이전에 정의했던 검은색으로 채워진 사각형 박스라는 정의가 오직 추적 대상에만 국한되지 않는다. 이어지는 프레임에서 해당 정의에 부합하는 영역들이 다수 존재한다. 그리고 연속된 프레임에서 영상에 보이는 추적 대상의 형태가 달라졌다. 첫 번째 프레임과 비교하여 두 번째 프레임에서는 대상의 크기가 작아졌고, 세 번째 프레임에서는 대상이 회전되어 있다. 따라서 첫 번째 프레임에서의 정의만으로 추적 대상을 예측하기가 어려울 수 있다.

두 번째 측면인 주변 환경의 변화를 생각해 보자. 영상의 배경이 복잡해지고 추적 대상과 유사한 특징을 가지는 객체들이 존재한다. 또한, 주변 객체가 추적 대상을 가리고 있다. 이러한 상황들은 영상에서 추적 대상을 구분하기 위한 과정을 어렵거나 복잡하게 만들 수 있다. 심한 경우에는 잘못된 대상을 추적하게 되는 결과를 유발하기도 한다.

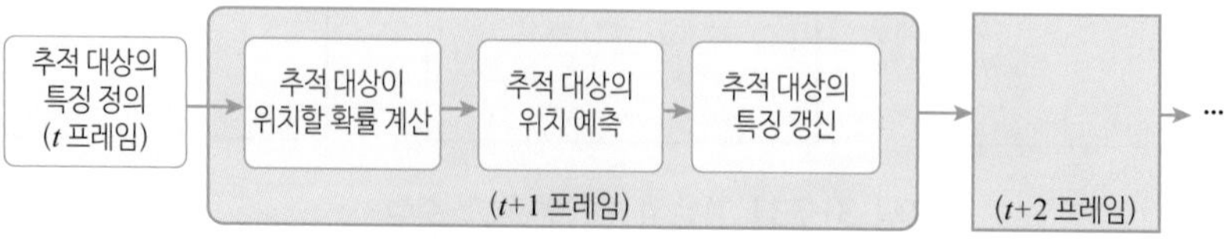

[그림 3-25] 객체 추적 단계

위의 두 가지 상황의 예를 통하여, 객체 추적에 필요한 단계를 위 그림과 같이 정리할 수 있다. 첫 번째 추적 대상의 특징 정의 단계는 지정된 추적 대상과 배경 및 주변의 객체를 구분할 수 있는 특징을 기반으로 추적 대상을 기술하는 과정이다. 예를 들어 색상 기반의 히스토그램 또는 HOG, SIFT 등의 특징 및 기술자를 이용할 수 있다.

이 단계가 객체 추적에서 가장 어려운 과정이다. 그 이유는 어떤 환경에서 무엇을 추적할지 알 수 없는 상황에서 추적 기술을 설계하는 경우가 많기 때문이다. 또한, 사전에 추적 기술이 적용될 환경과 대상을 알고 있다고 가정하더라도 추적 대상을 배경 및 주변 대상과 완벽히 구분할 수 있는 특징이 존재하거나 유일하다고 확신할 수 없다. 과일 속에서 사과를 추적한다고 가정해 보자. 어떠한 상황에서도 다른 과일과 사과를 시각적으로 완벽히 구분할 수 있는 특징이 생각나는가? 아마 많은 독자의 머릿속에서 색상, 형태 등의 특징이 떠오르겠지만 그것과 유사한 특징을 가지는 과일 또한 함께 생각날 것이다. 다양한 상황에서도 추적 대상을 분별할 수 있는 특징을 설계할 수 있다면 그 추적 기술의 정확도는 우수할 것이다.

두 번째 추적 대상이 위치할 확률 계산 단계는 영상에서 후보 영역을 선택하고 해당 후보 영역이 추적 대상의 특징과 얼마나 유사한 특징을 가지는지를 확인하는 과정이다. 후보 영역을 선택하는 가장 단순한 방법은 영상의 모든 위치를 선택하는 것으로, 추적 대상의 급격한 위치 변화에 대응할 수 있지만 유사도를 비교하는 과정에서 계산량이 증가한다.

계산량 및 처리 속도가 중요한 경우에는 이전 프레임에서 찾은 추적 대상의 주변 위치만을 선택하는 방법이 적합하다. 이 방법은 비교해야 하는 후보의 수를 줄일 수 있기 때문에 계산량이 감소하고 이로 인하여 처리 속도의 향상을 기대할 수 있다. 하지만 이전 프레임에서 추적 대상의 위치가 잘못 예측되었다면 지속적인 추적 실패를 야기할 수 있다. 특징의 유사도를 계산하는 방법은 첫 번째 단계인 특징 설계와 연관되며 전적으로 설계자의 몫이다. 만약 특징을 히스토그램으로 표현하였다면 히스토그램 비교를 통하여 유사도를 계산할 수 있을 것이다. 혹은 특징이 임의의 실수로 표현되었다면 절댓값 차이와 같은 방법을 통하여 유사도를 알 수 있다.

세 번째는 높은 유사도를 가지는 위치 중에서 가장 신뢰할 만한 위치를 결정하는 단계이다. 가장 단순한 방법으로는 가장 큰 유사도를 가지는 위치를 추적 대상의 위치로 결정하는 것이다. 만약 특징이 강인하게 설계되어 잡음이나 유사한 주변 객체에 의해 유사도가 높게 발생하지 않는다고 가정할 수 있다면 가장 효율적이고 효과적인 방법일 것이다.

또 다른 방법으로 가중합(Weighted Summation)을 이용하여 평균적으로 높은 유사도를 가지는 위치를 선택하는 것이다. 이 방법은 잡음 등의 영향으로 잘못된 위치가 높은 유사도를 가지는 경우에 효율적으로 대응할 수 있다. 이는 의도치 않은 높은 유사도를 가지는 위치를 포함하는 영역의 평균 유사도는 추적 대상이 위치하는 영역의 평균보다는 작은 값을 가질 것이라는 가정에서 설계되었다. 만약 특징의 분별력이 떨어져 잘못된 위치의 주변 영역도 높은 유사도를 가질 수 있다면 추가적인 대응책을 설계해야 할 것이다.

네 번째 단계는 추적 대상의 특징을 갱신하는 것이다. 이 과정에서는 특징의 분별력이 유효한지를 판단하고 회전, 가려짐 등에 의한 추적 대상의 외관(Appearance) 변화를 특징에 반영한다. 추적 과정에서 사용하고 있던 특징의 분별력이 저하되었다면 다른 특징을 이용할 수도 있으며, 이를 위하여 특징 설계 단계에서 여러 개의 특징을 정의하고 추적 과정에서 선별적으로 특징을 사용하는 추적 기술들이 존재한다. 추적 대상의 외관은 지속적으로 변화할 수 있으며, 사용하는 특징이 외관 변화에 영향을 받는다면 이를 반영할 수도 있다. 예를 들어 색상, 크기를 기반으로 추적 대상의 특징을 정의하였는데, 추적 과정에서 화면에 보이는 추적 대상의 색상 패턴이 달라지고 크기가 달라졌다면 이를 반영하는 것이 추적 정확도의 개선에 도움을 줄 수 있을 것이다.

일반적으로 추적 대상의 특징 갱신이 필수적인 과정은 아니며 설계자의 선택적인 사항이다. 근본적으로 추적 대상이 미래에 어떠한 특징을 가질지는 알 수 없으며, 추적 기술은 정의된 특징을 기반으로 위치를 예측할 뿐이다. 즉 추적 대상에 대하여 명확히 알고 있는 정보는 특정 프레임에서 추적 대상을 결정하는 순간뿐이다. 이러한 사실을 기반으로 추적 과정에서 잘못된 추적, 가려짐 등에 의한 잘못된 특징이 추적 과정에 반영하는 것을 방지하기 위하여 갱신 과정을 수행하지 않는 방법들도 있다.

OpenCV에서는 다양한 추적 기술을 지원하고 있다. 대표적으로 BOOSTING, MIL, KCF, TLD, MEDIANFLOW, GOTURN, MOSSE, CSRT의 추적 방법이 있다. BOOSTING 추적 방법은 오래된 알고리즘이며 처리 속도도 느리고 성능도 낮은 경우가 많다. MIL 추적 방법은 BOOSTING 방법보다는 좋은 성능을 보이지만 전반적으로는 우수한 성능을 보이지 않는다. KCF 방법은 앞의 방법들보다 빠르면서 유사한 성능을 보이며, 추적 객체의 가려짐 현상이 커질수록 성능이 떨어지는 경향이 있다. CSRT 방법은 KCF 방법에 대비하여 미세하게 느리지만 추적 결과는 더 정확하다. MEDIANFLOW는 추적 객체가 급격하고 빠르게 움직이거나 큰 움직임 변화가 발생하면 추적에 실패하는 경향이 강하다. TLD 방법은 추적 객체를 검지하여 추적하고 다시 재학습을 통하여 추적 대상의 특징을 갱신하는 프레임워크로 구성되지만 추적 속도 또는 추적 결과에서 다른 방법들에 비해 우수한 성능을 보이지는 않는다. MOSSE 방법은 처리 속도가 매우 빠르지만 추적 결과가 정확하지는 않다. 만약 추적 정확도가 떨어지더라도 처리 속도가 매우 중요한 응용 분야에서는 사용을 고려해 보아도 좋을 방법이다. GOTURN 방법은 최근에 많은 분야에서 적극적으로 사용되고 있는 딥러닝 기반의 방법으로, CPU에서도 느리지 않는 속도를 가진다.

아래 코드는 위에서 설명한 추적 방법을 비디오 영상에 적용하는 예제이다. 각각의 방법을 적용하기 위해서는 추적기를 생성하고 초기화 및 갱신하는 과정이 필요하다. 예를 들어 BOOSTING 방법은 TrackerBoosing_create() 함수를 통하여 추적기를 생성하고, 내부 함수인 init() 함수를 통하여 추적 객체에 대한 정보를 초기화한다. 실제 추적을 위해서는 update() 함수를 이용하여 주어진 프레임에서 추적 대상을 찾는 과정을 수행한다. 추적 영역을 입력받기 위하여 selectROI() 함수를 이용하였다. 이 함수는 주어진 영상에서 마우스를 이용하여 사각형 영역을 입력받고 해당 위치의 좌표를 반환하는 기능을 한다.

```
# 객체 추적 예제 (c3_objectTracking.py)
# 추적 방법 나열
tracker_types = ['BOOSTING', 'MIL', 'KCF', 'TLD', 'MEDIANFLOW', 'GOTURN',
                 'MOSSE', 'CSRT']
for tracker_type in tracker_types:
    # 추적기 생성
    if tracker_type =='BOOSTING':
        tracker = cv2.TrackerBoosting_create()
    if tracker_type =='MIL':
        tracker = cv2.TrackerMIL_create()
    if tracker_type =='KCF':
        tracker = cv2.TrackerKCF_create()
    if tracker_type =='TLD':
        tracker = cv2.TrackerTLD_create()
    if tracker_type =='MEDIANFLOW':
        tracker = cv2.TrackerMedianFlow_create()
```

```
if tracker_type =='GOTURN':
    tracker = cv2.TrackerGOTURN_create()
if tracker_type =='MOSSE':
    tracker = cv2.TrackerMOSSE_create()
if tracker_type =="CSRT":
    tracker = cv2.TrackerCSRT_create()
# 비디오 읽기
cap = cv2.VideoCapture("./images/video8.mp4")
# 첫 프레임을 읽고, 추적 영역 설정
ret, frame = cap.read()
ifnot ret:
    exit(-1)
frame = cv2.resize(frame, (320, 240))
bbox = cv2.selectROI(frame, False)
while bbox == (0,0,0,0):
    bbox = cv2.selectROI(frame, False)
# 추적기 초기화
ok = tracker.init(frame, bbox)
# 비디오 프레임을 불러와서 추적 실행
whileTrue:
    ret, frame = cap.read()
    ifnot ret:
        cv2.destroyAllWindows()
        break
    # 처리 시간 측정
    timer = cv2.getTickCount()
    # 추적 실행
    frame = cv2.resize(frame, (320, 240))
    ret_tracker, bbox = tracker.update(frame)
    # 처리 시간 측정
    fps = cv2.getTickFrequency() / (cv2.getTickCount() - timer)
```

```
        # 추적 결과 표시
        if ret_tracker:
            p1 = (int(bbox[0]), int(bbox[1]))
            p2 = (int(bbox[0] + bbox[2]), int(bbox[1] + bbox[3]))
            cv2.rectangle(frame, p1, p2, (0, 0, 255), 2, 1)
        else:
            cv2.putText(frame, "Tracking failure", (10, 70),
                        cv2.FONT_HERSHEY_SIMPLEX, 0.5, (0, 0, 255), 2)
        # 추적 정보 표시
        cv2.putText(frame, tracker_type + "Tracker", (10, 30),
                    cv2.FONT_HERSHEY_SIMPLEX, 0.5, (0, 0, 255), 2)
        cv2.putText(frame, "FPS : "+str(int(fps)), (10, 50),
                    cv2.FONT_HERSHEY_SIMPLEX, 0.5, (0, 0, 255), 2)
        cv2.imshow("Tracking", frame)
        # ESC 버튼 입력 시 종료
        k = cv2.waitKey(1) &0xff
        if k ==27:
            break
```


아래 그림은 위 예제에 대한 추적 결과 영상의 일부를 나타내었다. 추적에 사용한 비디오에는 크기 변환, 가려짐 등의 다양한 요인이 포함되어 있으며, 추적 목표는 거북이의 머리이다. 그림의 (a)는 CSRT 추적기의 결과로 추적 대상을 놓치지 않고 끝까지 추적에 성공하였다. 이 추적기는 거북이가 헤엄치면서 추적 목표인 머리가 가려지거나 머리의 크기가 달라지는 어려움 속에서도 추적에 성공하였다. (b)는 GOTURN 추적기의 결과 영상의 일부이며, 거북이 머리가 잠시 가려진 순간 이후로 잘못된 대상을 추적한다. (c)는 KCF 추적기의 결과 영상으로, 추적 대상의 가려짐이 심해지는 순간 추적 대상을 놓쳐 버리고 그 이후로도 추적에 완전히 실패하게 된다. (d)~(f)는 MEDIANFLOW, MIL, TLD 추적기의 결과로, (b)의 결과와 마찬가지로 추적 대상의 가려짐이 심해지는 순간, 잘못된 대상을 추적하게 된다. 이러한 이유는 이전 프레임들의 추적 결과를 기반으로 추적 대상의 특징을 갱신하기 때문이다.

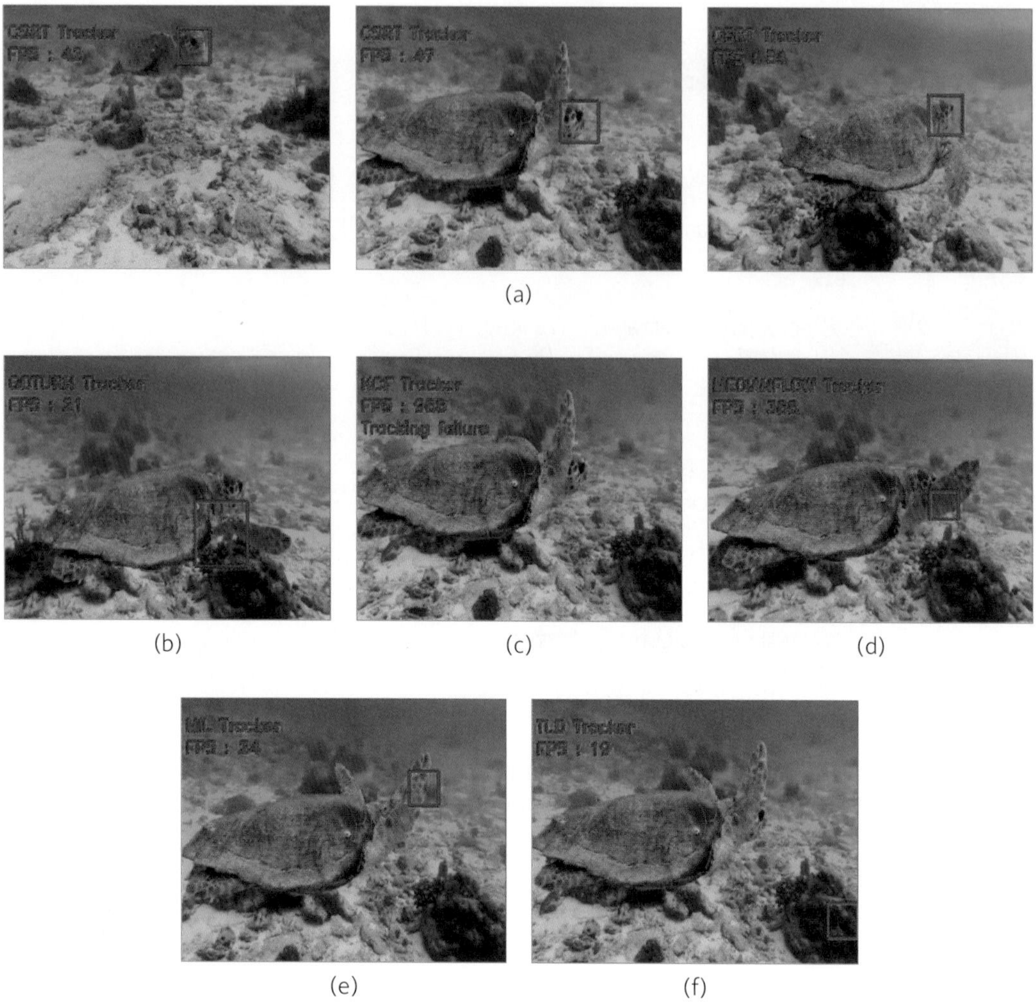

[그림 3-26] 추적 결과

(a) CSRT(1, 84, 148번째 프레임) (b) GOTURN(111번째 프레임) (c) KCF(86번째 프레임)
(d) MEDIANFLOW(104번째 프레임) (e) MIL(95번째 프레임) (f) TLD(91번째 프레임)

IV. 딥러닝(Deep Learning)

01. 인공지능과 딥러닝
02. 딥러닝 학습
03. 대표적 네트워크
04. 딥러닝 활용

IV.

딥러닝(Deep Learning)

단원 소개

최근에는 인공지능이라는 개념이 다양한 분야에서 사용되고 있다. 인공지능의 명확한 정의는 분야에 따라 다르지만, 사물 또는 환경을 인지 및 판단하고 이를 기반으로 새로운 정보를 추론해내는 능력이 인공지능의 핵심일 것이다. 이러한 인공지능을 구체화시킬 수 있는 가장 강력한 도구가 딥러닝이다. 이번 장에서는 인공지능과 딥러닝의 관계를 알아보고, 딥러닝을 이해하기 위해 필요한 인공신경망에 대한 기초적인 개념과 이를 학습시키는 방법을 설명하였다. 손글씨 인식과 초해상도 영상 생성 예제를 통하여 인공신경망을 학습시키고 추론하기 위한 프로그래밍을 다루었으며, 이 예제를 활용하여 다양한 응용에 적용해 볼 수 있을 것이다.

01 ·· 인공지능과 딥러닝

1.1 인공지능과 딥러닝

일반 대중들에게 인공지능이라는 단어가 큰 주목을 받기 시작한 것은 세기의 대결이라고 불렸던, 인공지능인 알파고와 이세돌 9단의 바둑 대결일 것이다. 이 대결에서 당사자인 이세돌을 포함한 바둑 전문가뿐만 아니라 IT 전문가들도 인간의 승리를 점쳤지만, 예상과는 달리 알파고의 압승으로 대결이 마무리되었다. 이 결과의 영향으로 관련 분야의 전문가들뿐만 아니라 일반 대중들도 인공지능에 대한 관심이 높아졌다.

바둑 대결 이전에도 체스, 퀴즈 프로그램의 대결 등에서 컴퓨터가 인간과의 승부에서 승리하며 우수한 성능을 보인 적이 있었다. 그럼에도 바둑 대결에 있어서는 컴퓨터가 인간에게 승리하지 못할 것이라고, 인간이 압도적으로 승리할 것이라고 예상한 이유는 무엇일까? 가장 큰 이유 중의 하나는 바둑이라는 게임 자체가 무수히 많은 경우의 수를 가지며, 이를 컴퓨터가 계산하여 예측하는 것은 한계가 있을 것이라고 예측했기 때문이다. 바둑 전문가들의 표현을 빌리면, 바둑의 경우의 수는 우주의 크기만큼 무한하다고 한다. 물론 무한하지는 않지만 인간의 머리로는 모든 경우를 헤아릴 수 없을 만큼 많고, 바둑이 진행되어 가면서 변해가는 바둑판 위의 상태에 따라서 예측해야 할 수가 무수히 변화기 때문에 이러한 표현을 한 것이라고 해석할 수 있다.

사람도 몇 수 앞을 예측하기 힘들 만큼 많은 경우의 수가 존재하는 바둑 대결에서 어떻게 인공지능이 승리할 수 있었을까? 이 의문에 대한 답이 딥러닝에 있을 것이다.

인공지능과 딥러닝에 대해 이야기하기 전에 일반적으로 많이 접하는 단어인 인공지능과 머신러닝, 딥러닝의 관계를 알아보자. 위키피디아의 정의에 따르면, 인공지능은 인간의 학습 능력, 추론 능력, 지각 능력, 자연언어의 이해 능력 등을 컴퓨터 프로그램으로 실현한 기술이고, 머신러닝은 경험을 통해 자동으로 개선할 수 있는 컴퓨터 알고리즘의 연구이며 컴퓨터가 학습할 수 있도록 하는 알고리즘과 기술을 개발하는 분야이고, 딥러닝은 여러 비선형 변환 기법의 조합을 통해 높은 수준의 추상화를 시도하는 머신러닝 알고리즘의 집합이며 큰 틀에서 사람의 사고방식을 컴퓨터에게 가르치는 머신러닝의 한 분야이다.

인공지능이 가장 상위의 개념이고 머신러닝과 딥러닝이 그 하위의 개념이라고 할 수 있으며, 딥러닝은 머신러닝의 일종이라고 보는 관점이 일반적이다. 하지만 이들을 명확히 정의하고 개념적인 차이점을 인식하는 것은 학문적, 분야별로 견해의 차이가 있으며, 앞에서 말한 관계가 절대적이라고 할 수는 없다.

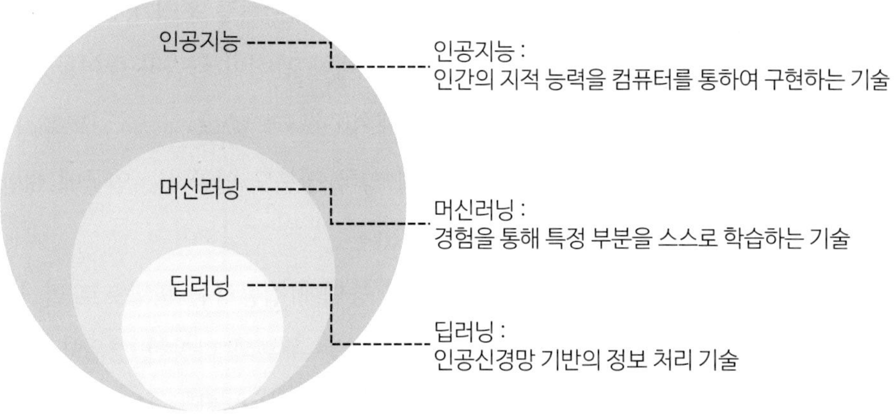

[그림 4-1] 인공지능, 머신러닝, 딥러닝의 관계

인공지능의 역사에 대하여 간략히 알아보자. 아래 그림은 인공지능에서 중요하게 생각하는 사건들을 정리한 것이다.

- 1950 : 앨런 튜링, Computing Machinery and intelligence 논문에서 학습하는 기계 정의
- 1956 : 존 매카시, 다트머스회의에서 인공지능 용어를 처음 사용
- 1958 : 프랭크 로젠블랫, 퍼셉트론 개발(뉴런의 수학적 모델은 1943년에 제시됨)
- 1969 : 마빈 민스키, 퍼셉트론이 비선형 문제를 해결할 수 없음을 증명(예: XOR 문제)
- 1986 : 제프리 힌튼, 다층 퍼셉트론과 역전파 알고리즘을 실험적으로 증명
- 2006 : 제프리 힌튼, 네트워크 초기값 설정을 통한 기울기 소실 문제 해결 방안 제시
- 2012 : 제프리 힌튼, AlexNet으로 ILSVRC에서 우승

[그림 4-2] 인공지능 역사에서의 주요 사건들

1950년에 튜링 머신으로 잘 알려진 영국 수학자 앨런 튜링에 의하여 학습하는 기계에 대해 정의되었고, 1956년에 존 매카시가 다트머스회의에서 인공지능이라는 용어를 처음으로 사용하였다. 1958년에 프랭크 로젠블랫이 실제 기계를 제작하기 위한 방법론으로서의 퍼셉트론을 개발하였으며, 그 이전인 1943년에 워렌 맥컬록과 월터 피츠는 뉴런의 수학적 모델을 제시하였으며, 뉴런을 조합한 네트워크로 튜링 머신과 동등한 연산을 수행할 수 있다는 점을 증명하였다. 퍼셉트론의 등장 이후에 국방 등 다양한 분야에서 인공지능에 대한 관심이 증가하였고 많은 연구가 진행되었다.

하지만 1969년에 마빈 민스키와 시모어 패퍼트가 퍼셉트론은 선형 분리가 불가능한 데이터들을 분류할 수 없다는 것을 증명한 이후, 퍼셉트론에 대한 관심이 급격히 줄어들었다. 비슷한 시기인 1966년에 미국 국방성 산하 방위고등연구계획국(DARPA, Defense Advanced Research Projects Agency)에서 인공지능 연구자금을 중단되고, 1971년에 영국 정부도 인공지능 연구에 대한 지원을 중단하면서 인공지능의 첫 번째 암흑기가 도래하였다.

1970년대는 인공지능에 대한 연구가 컴퓨터의 연산 능력에 집중하는 방향으로 발전하였다. 당시 연구의 핵심은 컴퓨터가 사고 과정을 기호로 표현하는 추론과 다양한 경우의 수를 찾아내는 탐색이 가능하도록 하는 것이었다. 이는 컴퓨터가 해결하고자 하는 문제를 다양한 기호로 표현하여 인식하고, 이들 기호를 기반으로 연산을 수행하여 문제 해결이 가능한 경우의 수를 도출하는 것이다. 즉 이 시대의 인공지능은 컴퓨터가 아주 복잡한 계산을 수행할 수 있도록 만드는 것이었다. 하지만 이러한 접근법도 P-NP 문제에 대한 몇몇 논문을 통하여 그 한계가 명확해졌다. P-NP 문제는 주어진 문제를 컴퓨터로 얼마나 빨리 풀 수 있는지를 다루는 것으로, 이들 논문의 내용을 따르면 어떤 문제는 입력 데이터의 크기가 증가할수록 계산에 필요한 시간이 지수적으로 증가하여 컴퓨터가 영원히 계산을 마칠 수 없다. 이러한 한계는 컴퓨터의 계산 능력을 활용한 인공지능이 실제로 적용이 필요한 복잡한 문제 해결에는 도움이 될 수 없다는 것을 뜻한다. 하지만 이 시기의 연구는 현대 통계학의 발전에 기여하였으며 데이터 마이닝과 빅데이터의 기반이 되기도 하였다.

1980년대 초중반까지의 인공지능 연구는 실용적인 목적을 달성하는 것에 집중하였다. 이전에는 범용적인 인공지능을 만드는 큰 주제에 집중하였다면, 이 시기에는 개별적인 작은 주제들을 세부적으로 연구하기 시작하였다. 대표적인 것이 전문가 시스템(Expert System)으로, 인간이 특정 분야에 대하여 가지고 있는 전문적인 지식을 정리하고 표현하여 컴퓨터에 기억시킴으로써 일반인도 이 전문 지식을 이용할 수 있도록 하는 시스템이다.

가장 유명한 전문가 시스템은 스탠퍼드대학교에서 개발한 마이신(MYCIN)으로 감염성 질환의 환자를 진단하고 항생제의 처방을 결정하도록 개발하였다. 이 시스템에는 약 500가지의 규칙이 마련되어 있으며, 질문에 따라서 차례대로 답변하면, 감염된 세균을 무엇인지 찾아내고 적절한 항생제를 처방하도록 하였는데, 적합한 처방을 수행할 확률이 약 69%였다. 그 이전에도 분자구조 파악 프로그램인 덴드럴(DENDRAL)을 개발하였는데, 이 시스템은 어떤 화합물의 구성 요소와 그 화합물의 샘플로부터 획득한 질량 스펙트로그램을 기반으로 해당 화합물의 분자구조를 결정하는 것이다. 이 시스템이 분석한 결과는 화학 전문가에 의해 연구된 것과 같았으며, 화학 전문가에게 알려지지 않은 분자구조를 발견하기도 하였다. 이러한 전문가 시스템은 인공지능 기술이 상업적인 측면에서 활용되었다는 측면에서 중요한 의의를 가질 수 있다.

일부 전문가 시스템의 성공에도 불구하고, 이러한 시스템에도 지식 추출의 병목 현상(Knowledge Acquisition Bottle-neck)이라는 명확한 한계가 존재하였다. 전문가 시스템에서 가장 핵심이 되는 것은 지식의 획득 및 저장을 통한 지식 베이스(Knowledge-base)를 구축하는 것인데, 이 당시에는 주로 해당 분야 전문가와의 인터뷰나 전문 서적 등을 기반으로 수행되었다. 하지만 지식 베이스를 구축해야 하는 영역이 확대되고 복잡해지면서 관련 분야의 전문가 및 전문 서적을 찾기가 어려워졌다. 이로 인하여 지식 베이스를 구축하는 데 많은 비용과 오랜 시간을 투자해야 하는 문제가 발생하게 된다. 즉 인터뷰 및 전문 서적에서 관련 지식을 사람이 찾아내는 수작업을 통하여 지식을 획득하는 것은 비용 및 시간 측면에서 비효율적이고 그 한계가 명확하다. 이는 한정된 전문 분야 이외에는 충분한 지식 베이스를 구축할 수 없다는 것을 의미한다.

또한, 전문가 시스템은 최종 결과에 도달하기 위해 적용하였던 일련의 규칙들을 사용자에게 보여줄 수는 있지만 시스템 스스로 이를 해석할 수 없다는 단점을 가진다. 즉 구축된 지식 베이스를 통하여 특정한 답을 도출할 수는 있지만 답에 도달하기까지 발생하는 오류 등을 시스템이 인식하지 못한다는 것이다. 이는 전문가 시스템이 스스로 다양한 조건 및 변화하는 상황에 대응하여 새로운 결과를 도출해 내는 능력이 없다는 것을 의미한다. 이러한 한계가 발생하는 근본적인 이유는 특정한 분야에 추적된 지식을 규칙 기반으로 해석하여 답을 찾고자 하기 때문이며, 규칙 기반의 전문가 시스템의 태생적 한계라고도 할 수 있다.

규칙 기반의 전문가 시스템의 한계를 극복하기 위하여 사례 기반 추론 방법을 이용한 전문가 시스템이 연구되기도 했다. 이 시스템은 새로운 문제를 이해하고 해결법을 도출하기 위하여 과거의 유사한 경험 사례를 이용하는 것으로, 단순히 규칙 기반으로 정보를 활용하는 이전의 규칙 기반 전문가 시스템보다는 유연하게 이전 경험을 활용할 수 있다.

이러한 전문가 시스템은 법률 분야에서 적용 및 활용되었으며, 대표적으로 TAXMAN 프로젝트, HYPO 등이 있다. 법률 분야에서는 특정 문제에 대한 해결책을 찾기 위하여, 즉 주어진 사건에 대해 판결하기 위해, 과거의 유사한 사건에 대한 판례를 바탕으로 추론하는 경우가 많다. 이러한 과정이 사례 기반의 추론 방법과 유사한 구조이기에 이 분야에 전문가 시스템이 활용되었던 것이다. 하지만 이 접근법도 규칙 기반의 방법과 마찬가지로 전문가 시스템 자체가 가지는 한계로 인하여 사람들의 꾸준한 관심을 받지는 못했다.

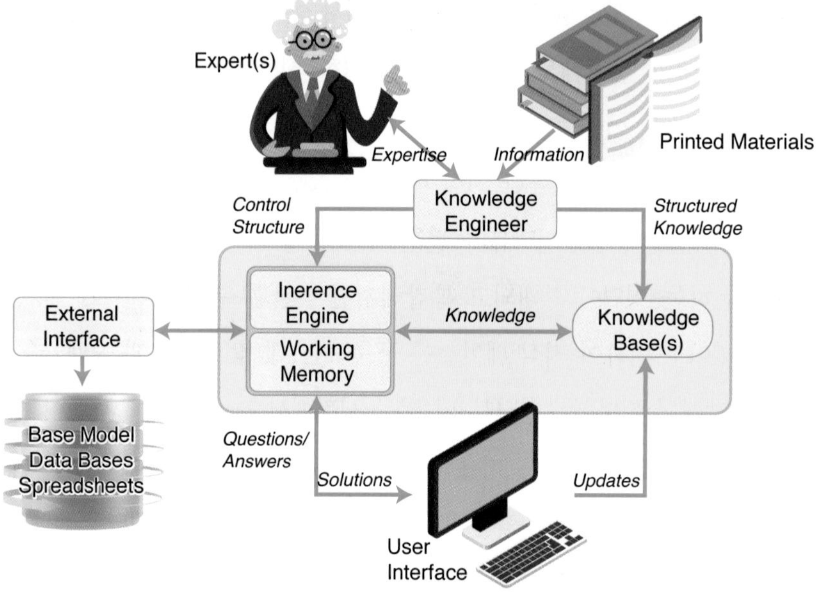

[그림 4-3] 전문가 시스템의 개념

이전까지 인공지능의 연구가 활발히 진행되지 못했던 가장 큰 이유는 퍼셉트론이 선형 분리가 불가능한 데이터들을 분류할 수 없었기 때문이며, 대표적으로 XOR 문제가 있다. 하지만 1986년에 제프리 힌튼과 데이빗 럼멜하트가 다층 퍼셉트론과 역전파(Back-propagation) 알고리즘을 실험적으로 증명하고, 이를 기반으로 XOR 문제를 해결하였다. 이후로 인공지능이 다시 사람들에게 관심을 받기 시작하였다. 다층 퍼셉트론과 역전파 알고리즘 기반의 방법을 이들이 최초로 고안한 것은 아니다. 역전파 알고리즘은 1969년에 위치호와 브라이슨이 고안하였으며, 1982년에 폴워보스가 다층 퍼셉트론 환경에서 역전파 알고리즘을 이용하여 학습이 가능하다는 것을 논문으로 발표하였는데, 이 논문의 근간은 1974년의 본인이 작성한 학위 논문이지만 당시에는 인공지능의 연구가 침체기였기 때문에 바로 논문으로 발표하지는 않았다. 이 논문이 얀 르쿤, 제프리 힌튼에 의하여 관련 연구자에게 널리 알려지게 되었다.

다중 퍼셉트론과 역전파 알고리즘의 등장이후로, 1990년대 초반까지 인공지능 연구가 많은 관심을 받고 활발히 연구되었지만 이들 방법에 문제점이 대두되면서 다시 연구의 침체기가 시작된다. 중요 문제점은 퍼셉트론의 층이 증가할수록 학습이 잘 되지 않는 기울기 소실(Vanishing Gradient)과 학습 데이터에 지나치게 최적화되는 과적합(Overfitting)이었다. 제프리 힌튼은 2006년에 논문을 통하여 네트워크의 가중치들의 초깃값을 적절히 설정한다면 다층의 신경망에서도 학습이 가능하다는 것을 발표하였다. 그리고 2012년에 AlexNet이 ILSVRC(ImageNet Large Scale Visual Recognition Challenge)에서 압도적인 성능으로 우승하면서 딥러닝의 부흥기를 맞게 되고, 현재까지도 많은 연구가 진행되고 있다.

이 책에서는 인공지능을 컴퓨터를 포함한 어떠한 기계 혹은 시스템이 사물 및 상황을 인지 및 해석하고 판단할 수 있는 능력이라고 가정하고자 한다. 딥러닝 기술이 발전하기 이전의 인공지능과 이후의 인공지능 간에 어떠한 차별성이 존재하기에 알파고가 바둑에서 승리할 수 있었는지 생각해 보자.

가장 중요한 요인은 인공지능을 구현하기 위한 하드웨어의 발전과 학습에 필요한 대용량의 데이터가 확보되었다는 것이다. 이론적으로 개발이 되었지만 이를 실제로 구현할 수 없어서, 활발히 연구되지 못하던 인공지능 알고리즘이 GPU로 대표되는 연산장치의 발전으로 최근에 더욱 연구되고 있다. 또한, 인터넷 등의 발전으로 데이터를 확보할 수 있는 경로가 다양화되면서 대용량 데이터 기반의 학습을 통하여 인공지능의 성능이 향상되고 있다.

하지만 하드웨어의 발전과 대용량의 학습 데이터의 확보만으로는 인공지능의 성능 향상을 설명하기는 충분하지 않다. 인공지능의 기술적인 진보는 시스템이 사물 또는 상황을 인지 및 해석하고 판단할 수 있는 추론 과정을 학습시키는 딥러닝의 역할이 크다. 이런 관점에서 딥러닝은 고속 및 대규모 연산이 가능한 하드웨어에서 빅데이터를 이용하여 목표 대상을 시스템에게 학습시키는 프레임워크이다.

1.2 딥러닝 작동 원리

딥러닝을 다양한 관점에서 접근할 수 있지만, 가장 용이한 방법 중에 하나는 인공 신경망에서 시작하는 것이다. 인공 신경망은 'On', 'Off'의 기능을 가지는 인공 신경이 그물망 형태로 연결되어 있는 것을 의미하며, 이는 동물 및 인간의 뇌에서 동작하는 일부 기능을 모사한 것이다. 이 개념은 인간보다 열등한 지능을 가지는 동물이 어떻게 사람과 유사한 방식으로 행동을 하는지를 연구하는 과정에서 알려지게 되었다. 여기에서 인공 신경의 'On', 'Off' 기능은 선천적으로 결정되는 것이 아니라, 후천적인 경험을 통하여 변화된다는 것이 알려지게 되었고, 이를 학습이라는 개념을 반영하여 제안된 것이 퍼셉트론이다.

퍼셉트론에 대한 개념은 아래 그림을 통하여 쉽게 받아들일 수 있을 것이다. 새가 처음 애벌레를 접하게 되면 자신과 애벌레와의 관계를 알지 못한다. 하지만 반복적인 관찰 및 상호작용을 통하여 본인보다 힘이 약한 먹이라는 것을 알게 될 수 있을 것이다. 이 과정을 단순화하여 표현한 것이 아래에서 보여지는 퍼셉트론의 학습 그림이다. 새가 애벌레를 '먹이'라고 학습을 통해 알게 되며, 새가 애벌레를 보는 순간에 '먹이'라는 인공 신경만이 반응하게 되고, 다른 인공 신경은 동작하지 않게 된다. 이러한 과정이 여러 단계에 걸쳐서 반응하는 것이 딥러닝의 기본적인 작동 원리이다.

[그림 4-4] 퍼셉트론에 사용되는 학습 개념

위의 그림은 단일 퍼셉트론을 기반으로 설명한 것이고, 딥러닝이라고 부르기 위해서는 일반적으로 최소한 3단계 이상의 인공 신경이 반응하여 최종 결과를 학습하여야 한다. 이는 아래의 그림과 같다. 새가 애벌레를 먹이라고 인지하기까지 총 4개 층의 인공 신경들을 거친 후에야 '먹이'라는 결과를 얻게 된다. 그림에서 파란색으로 표시된 연결들이 먹이를 인지하기 위해 강하게 연결된 인공 신경들을 나타내고 있다. 이는 모든 인공 신경들이 결과를 추론하기 위하여 동등하게 기여를 하지 않는다는 것을 의미한다. 딥러닝에서 학습은 이러한 비선형적인 기여의 연결을 통하여 결과를 얻게 되고, 학습은 정답인 결과를 찾기 위하여 인공 신경들의 연결성, 즉 특정한 대상에 대하여 반응하는 인공신경들의 연결성을 찾는 과정이라고 할 수 있다.

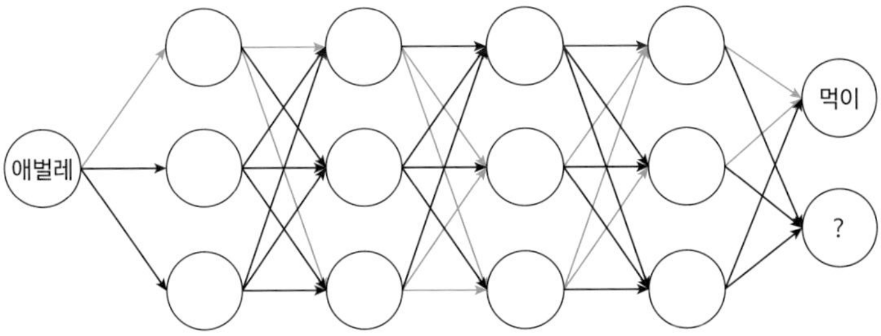

[그림 4-5] 다층의 인공 신경망 기반의 추론의 예

새와 애벌레의 관계에 대한 해석은 새의 입장에서 먹이인지 여부를 판단하는 문제이기에 단일 상태 기반의 이진 분류의 문제라고 할 수 있다. 만약 새가 애벌레와 독수리와의 관계를 학습한다면 어떻게 될까? 새의 입장에서는 먹이인지 아닌지를 판단하는 이진 분류의 문제에서 먹이와 적이라는 2가지 상태를 구분해야 하는 문제로 복잡해진다. 이러한 경우에 적절히 학습이 된다면 아래와 같은 인공 신경망이 만들어질 수 있을 것이다. 새가 애벌레를 발견하였을 경우에는 파란색으로 연결된 인공 신경들이 강하게 영향을 주어 먹이라고 인식할 수 있을 것이다. 반대로 새가 독수리를 발견하였다면, 검은색 점선으로 연결된 인공 신경들이 강하게 영향을 주어 적이라고 인식하게 될 것이다.

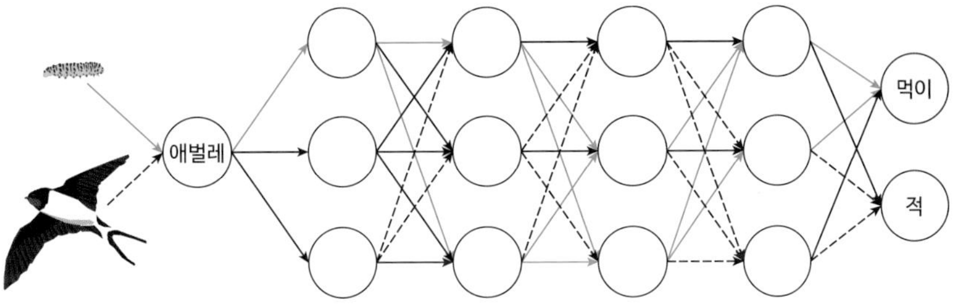

[그림 4-6] 다중 분류에 대한 인공 신경망의 학습의 예

02 ·· 딥러닝 학습

2.1 네트워크 구조와 주요 성분

딥러닝에서 인공 신경들과 이들의 연결을 표현한 학습을 시키고자 하는 모델을 심층 신경망 또는 네트워크(Network)라고 하며, 아래 그림과 같은 구조로 이루어져 있다.

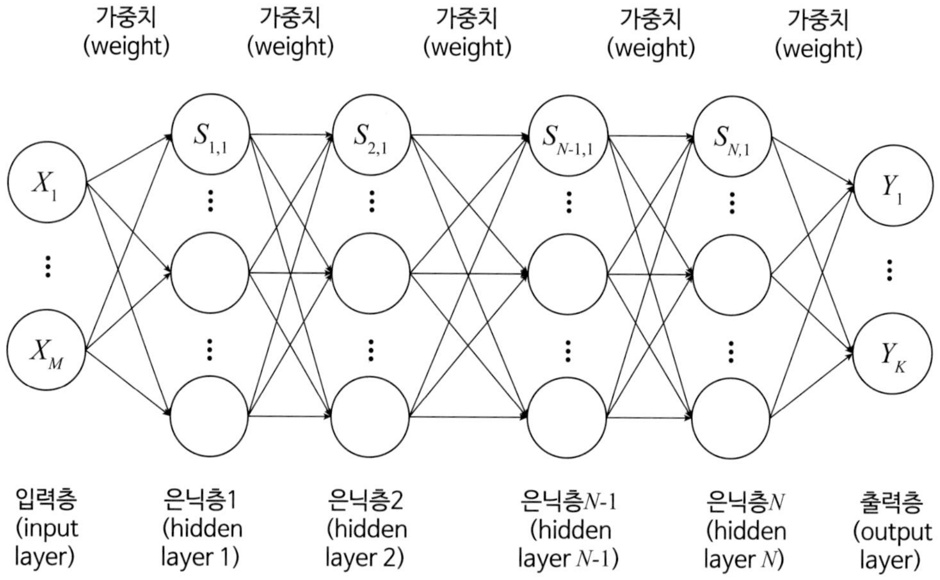

[그림 4-7] 네트워크 구조

위 그림에서 네트워크를 구성하는 주요 성분을 입력층, 출력층, 은닉층, 가중치의 4가지로 구분할 수 있다. 입력층은 외부에서 들어오는 정보를 받아들이는 역할을 하며 사전에 정의된 입력 데이터의 수나 형태에 따라서 인공 신경의 수가 정해진다. 만약 입력이 2개이면 입력층은 2개의 노드를 가지게 된다. 이때 노드는 X_1, X_M, $S_{1,1}$ 등과 같이 하나의 층을 구성하는 각각의 인공 신경을 가리키는 용어이다. 출력층은 마지막 은닉층으로부터 전달되는 데이터를 조합하여 최종 결과를 생성하는 역할을 하며 사전에 정의된 출력 형태에 따라서 노드의 수가 정해진다. 만약 '예', '아니오' 두 가지 중에 하나를 출력하는 문제라면 출력층은 하나의 노드만 가져도 된다. 은닉층은 입력층과 출력층 사이에 존재하면서 입력층으로부터 전달된 데이터를 가공하여 출력층에 전달하는 역할을 하며, 일반적으로 은닉층의 개수가 최소한 3개 이상인 경우를 심층 신경망이라고 한다. 은닉층의 개수가 클수록 학습을 위한 대규모의 데이터를 요구하고 과적합 등의 문제로 학습이 잘 이루어지지 않기 때문에 적용 문제에 따라서 적절한 수의 은닉층을 사용하여 네트워크를 설계하는 것이 중요하다. 가중치는 층간의 노드 사이에 전달되는 정보에 적용되는 중요도이며, 출력 결정에 도움이 되는 노들들 간에는 큰 가중치를 가지고, 반대의 경우에는 작은 가중치가 반영된다. 가중치는 0.3과 같은 실수 형태를 가질 수도 있지만, 입력이 영상과 같은 행렬 형태일 경우에는 3×3과 같은 필터일 수도 있다. 지금까지 설명한 내용을 기반으로 네트워크의 주요 성분과 역할을 정리하면 아래 표와 같다.

구성 요소	역할
입력층	외부 입력을 받아 특정한 가중치를 반영하여 첫 번째 은닉층으로 전달
은닉층	입력층으로부터 전달된 데이터에 가중치를 적용하여 다음 은닉층 및 출력층에 전달
출력층	은닉층으로부터 전달된 정보를 기반으로 최종 출력 생성
가중치	층간의 노드 사이에 전달되는 정보의 중요도

[표 4-1] 네트워크의 주요 구성 요소 및 역할

2.2 네트워크 동작 및 설계 방안

네트워크의 동작은 층간의 노드와 가중치들의 연산을 통하여 이루어진다. 아래 그림과 같은 단순한 인공 신경망을 통하여 동작 과정을 이해해 보자.

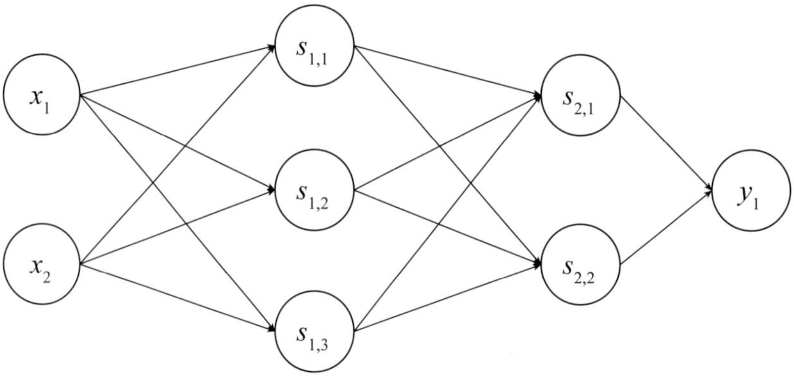

[그림 4-8] 간단한 인공 신경망

이 신경망은 입력층에 2개의 노드를 가지고, 출력은 하나의 노드를 가진다. 그리고 은닉층은 2개가 있고, 첫 번째와 두 번째 은닉층은 각각 3개와 2개의 노드를 가진다. 노드들 간의 가중치는 생략되어 있다. 먼저 입력이 첫 번째 은닉층으로 전달되는 과정을 살펴보자. 입력노드 x_1과 x_2는 첫 번째 은닉층의 노드 $s_{1,1}$, $s_{1,2}$, $s_{1,3}$에 각각 연결되어 있으며, 여기서 $s_{i,j}$의 의미는 i번째 은닉층의 j번째 노드를 의미한다. 생략된 가중치를 반영하여 $s_{1,j}$으로 전달되는 정보는 아래와 같다.

$$S_{1,1} \leftarrow x_1 w_{(0,1),(1,1)} + x_2 w_{(0,2),(1,1)} + b_{(1,1)}$$
$$S_{1,2} \leftarrow x_1 w_{(0,1),(1,2)} + x_2 w_{(0,2),(1,2)} + b_{(1,2)}$$
$$S_{1,3} \leftarrow x_1 w_{(0,1),(1,3)} + x_2 w_{(0,2),(1,3)} + b_{(1,3)}$$

$\omega_{(i,j),(i',j')}$은 i번째 층의 j번째 노드와 i'번째 층의 j'번째 노드 사이의 가중치를 나타내며, 입력층은 0번째 층으로 가정하였다. b는 편향(Bias)으로, 각 층마다 고유한 편향을 가질 수 있으며, 동일 층에서는 같은 편향을 사용하기도 한다. 입력층의 관점에서는 입력 데이터에 가중치

를 반영하여 첫 번째 은닉층으로 출력한 것이고, 반대로 첫 번째 은닉층의 관점에서는 입력을 받는 것이 된다. 입력된 값을 출력하기 위한 방식은 다양하게 존재할 수 있으며, 입력을 출력으로 바꾸어 주는 역할을 하는 함수를 활성화 함수(Activation Function)라고 부르며, 은닉층뿐만 아니라 출력층에서도 사용하며, 은닉층과 출력층에서 사용하는 활성화 함수가 동일할 필요는 없다.

딥러닝에 사용되는 활성화 함수는 현재까지도 지속적으로 연구되고 있으며, 학습의 성능을 좌우하는 중요한 요소이다. 여기서는 시그모이드(*Sigmoid*), 쌍곡 탄젠트(*Hyperbolic Tangent*), *ReLU* (*Rectified Linear Unit*) 등의 몇 가지 중요한 함수만 살펴보도록 한다. 시그모이드(또는 로지스틱) 함수는 가장 많이 알려졌고 현재도 사용 빈도가 높은 함수로 입력 x에 대한 출력 y의 관계가 아래와 같이 정의된다. e는 자연상수로 대략 2.7182의 값을 가지는 실수이며, 해당 함수는 입력값을 0과 1사이의 실수로 변환한다.

$$Sigmoid: y = \frac{1}{1 + e^{-x}}$$

쌍곡 탄젠트 함수는 시그모이드 함수와 함께 가장 많이 사용되었으며 아래와 같이 정의된다. 시그모이드와 유사한 패턴을 가지지만 입력값을 -1과 1사이의 실수로 변환한다는 것이 가장 큰 차이다.

$$Hyperbolic\ Tangent: y = tanh(x) = \frac{e^{x} - e^{-x}}{e^{x} + e^{-x}}$$

ReLU 함수는 현재 가장 많이 사용되며 아래과 같이 입출력 관계가 정의된다. 이 함수는 0 이상의 입력에 대해서는 입력과 출력이 동일하고, 입력이 0 미만일 경우에는 출력이 0이 되도록 한다.

$$ReLU: y = \begin{cases} x & \text{if } x \geq 0 \\ 0 & \text{otherwise} \end{cases}$$

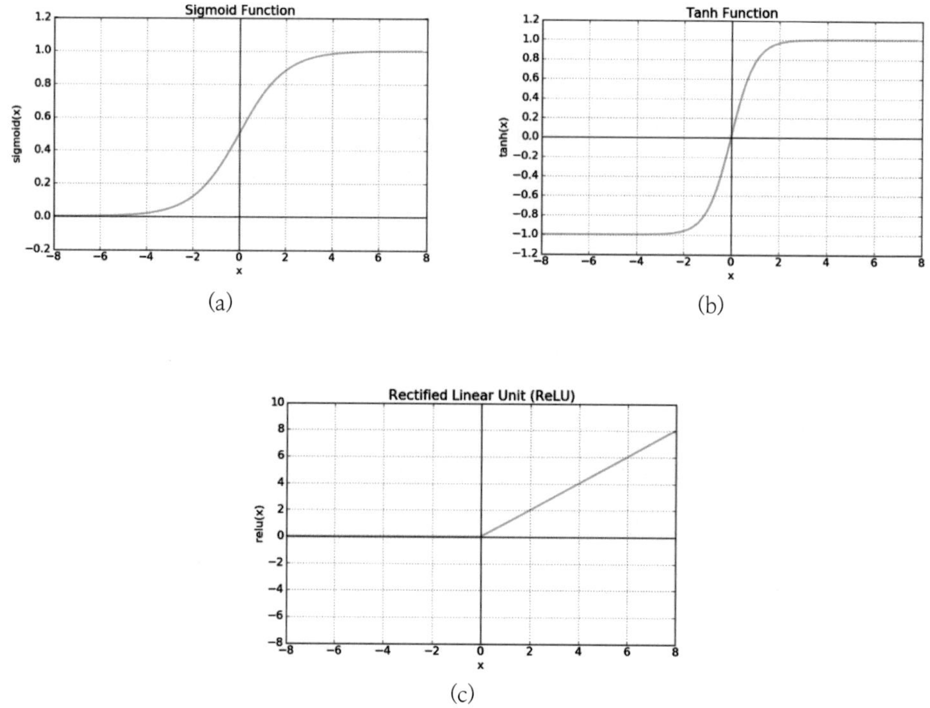

(a) (b) (c)

[그림 4-9] 활성화 함수

(a) *Sigmoid* (b) *Hyperbolic Tangent* (c) *ReLU*

노드 $s_{1,1}$에 대하여 현재까지의 과정을 그림으로 표시하고, 활성화 함수까지 반영하여 정리하면 아래의 그림 및 식과 같다. $o_{i,j}$는 i번째 은닉층의 j번째 노드의 출력을 나타낸다. 나머지 노드들도 이와 동일하게 표현되어 확인해 볼 수 있다.

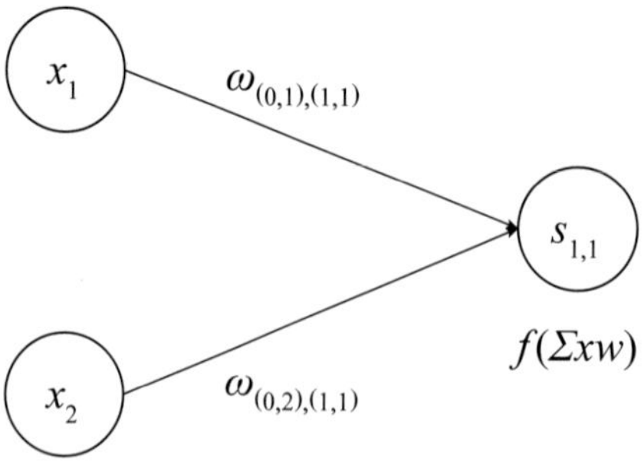

$$o_{1,1} = f\left(x_1 w_{(0,1),(1,1)} + x_2 w_{(0,2),(1,1)} + b_{(1,1)}\right)$$

첫 번째 은닉층의 출력을 바탕으로 두 번째 은닉층에 대한 입력과 출력을 계산하는 과정은 위의 과정과 동일하다. 두 번째 은닉층까지 계산이 완료된 후에는 최종 출력 y_1를 계산하여야 하는데, 이는 은닉층 노드의 출력을 계산하는 것과 동일하게 활성화 함수를 사용하는 과정을 거친다.

출력층의 활성화 함수를 결정하기 위해서는 출력층의 결과가 어떠한 질문에 응답해야 하는지 고려해야 한다. 문제의 유형은 크게 회귀와 분류로 구분할 수 있다. 회귀는 입력 데이터에 대하여 출력이 연속적인 값을 예측하는 문제이고, 분류는 입력 데이터가 사전에 정해진 몇 개의 분류 중에서 어느 곳에 속하는지를 예측하는 문제이다. 회귀 문제에 대한 쉬운 예는, 부모의 키를 입력으로 주었을 때 자식의 키를 예측하는 것이다. 회귀에 대한 활성화 함수는 항등 함수(Identity Function)를 사용할 수 있다. 이 함수는 출력층에 입력되는 가중치들의 조합을 그대로 출력으로 내보내는 역할을 한다. 만약 출력층이 [-1:1]의 범위로 한정되어 있다면 쌍곡 탄젠트 함수를 활성화 함수로 사용할 수도 있다.

딥러닝이 분류에 사용되는 예로써, 사물 검지, 객체 추적, 사람 인식 등의 다양한 응용 분야가 있지만, 크게 2가지의 종류의 문제에 대한 응답을 결정하기 위해 사용되고 있다. 첫 번째 문제의 종류는 "이것은 참인가? 거짓인가?"이다. 대표적인 예로써, 임의의 과일 사진을 보여 주면서 "이것은 사과인가 아닌가?"라고 질문하는 것이다. 이를 위한 대답은 '사과가 맞다' 또는 '사과가 아니다'와 같은 2가지 중에서 하나를 선택하는 것으로, 이러한 유형을 이진 분류라고 한다. 두 번째 문제의 종류는 "이것은 사전에 정의된 것들 중에서 무엇인가?"이다. 앞의 종류와 동일한 상황에서, "이것은 어떤 과일인가?"라고 질문하는 것이다. 이를 위한 대답은 '이것은 사과이다'와 같이 다양한 과일의 종류 중에서 하나를 선택하는 것으로, 이러한 유형을 다범주 분류라고 한다. 이진 분류의 경우에는 시그모이드 함수를 이용하여 출력을 결정할 수 있다. 예로써 아래 식과 같이 시그모이드 함수의 출력이 0.5 이상이면 '참'이라고 판단하고, 그렇지 않다면 '거짓'으로 판단하는 것이다.

$$y = \begin{cases} 1 & \text{if } \mathit{sigmoid}(x) \geq 0.5 \\ 0 & \text{otherwise} \end{cases}$$

다범주 분류에 대해서는 여러 개의 선택지 중에 하나를 택해야 하는 문제로, 소프트맥스(Softmax) 함수를 이용할 수 있다. 이 함수는 아래 식과 같이 출력층에 연결된 모든 입력으로부터 출력층의 각 노드가 가지는 상대적인 중요도를 출력한다.

$$y_k = \frac{e^{x_k}}{\sum_{i=1}^{I} e^{x_i}}$$

간단한 예로써, 출력층의 노드가 y_1, y_2, y_3 총 3개가 있고, 각각의 노드에 연결된 입력들에 대한 가중치들의 조합 결과가 $x_1=0.6$, $x_2=0.8$, $x_1=0.7$라고 가정해 보자. 만약 이진 분류에서 사용했던 방식으로 출력을 정했다면 3가지 분류가 모두 '참'으로 판단되게 되며, 이것은 잘못된 결과일 것이다. 소프트맥스를 사용한다면 이들의 출력은 아래와 같다. 이 출력값들 중에서 가장 큰 값을 가지는 것을 '참'이라고 판단하고, 나머지 분류는 '거짓'으로 판단한다.

$$y_1 = \frac{0.6}{0.6+0.8+0.7} \sim 0.29\,(\text{거짓}),$$

$$y_2 = \frac{0.8}{0.6+0.8+0.7} \sim 0.38\,(\text{참}),$$

$$y_3 = \frac{0.7}{0.6+0.8+0.7} \sim 0.33\,(\text{거짓})$$

2.3 네트워크 학습

앞에서 네트워크의 작동 원리를 간단히 설명하였다. 이러한 과정을 추론(Inference)이라고 하며, 입력 데이터가 네트워크를 통과하면서 이미 학습된 가중치들에 의하여 출력이 계산되는 과정을 의미한다. 추론에 의해 예측된 결과가 실제 정답과 동일하기 위해서는 네트워크의 가중치들이 적절한 값을 가지고 있어야 한다. 학습 데이터를 이용하여 가중치들을 적절하게 결정하는 과정을 학습이라고 한다.

일반적으로, 머신러닝에서 학습은 크게 지도학습(Supervised), 비지도학습(Unsupervised), 준지도학습(Semi-supervised), 강화학습(Reinforcement)으로 구분할 수 있다. 지도학습은 입력 데이터에 대한 정답 또는 라벨(Label)이 주어진 상태에서 학습시키는 방법으로, 네트워크를 학습시키는 데 가장 많이 사용되고 있다. 이 방법은 모든 입력 데이터에 대한 정답을 요구하기 때문에 입력 데이터의 수가 증가할수록 정답을 생성하기 위한 비용이 증가할 수 있고 부정확한 정답이 섞여 있을 수도 있다. 또한, 의료 분야와 같이 전문가가 정답을 만들어야 할 경우에 전문가의 숙련도에 따라 동일한 데이터일지라도 다른 정답이 부여될 수도 있다.

비지도학습은 입력 데이터에 대한 정답이 주어지지 않는 상태에서 학습시키는 방법이며, 입력 데이터들의 숨겨진 특징이나 구조를 발견하기 위한 목적으로 많이 사용된다. 대표적인 예로 무작위로 분포된 입력 데이터들을 비슷한 특징을 가지는 부류로 묶는 군집화 알고리즘이 있다. 비지도학습은 입력 데이터에 대한 정답을 요구하지 않기 때문에 지도학습에 비하여 상대적으로 학습 데이터를 수집하기 수월하다. 하지만 군집화 알고리즘에 사용할 군집의 개수와 같이 학습 결과에 대한 적절한 기준을 사전에 설정하고, 데이터의 분포가 유의미한 형태를 가져야 학습을 통하여 원하는 결과를 얻을 수 있다. 즉 바둑판 모양처럼 극단적으로 균등하거나 군집화하기에 적절치 않은 형태의 입력 데이터에 대해서는 학습을 통하여 성능 향상을 기대하기 어렵다.

준지도학습은 입력 데이터 중에서 일부에 대해서만 정답이 주어진 상태에서 학습시키는 방법이다. 군집화를 예를 들어 설명하면, 정답이 주어진 데이터들을 기반으로 주요 군집들을 설정하여 정답이 없는 데이터들을 적절히 분류할 수 있다. 이 방법은 개념적으로는 지도학습과 비지도학습의 단점인 정답 생성과 적절한 분류 기준을 모두 극복할 수 있지만, 실제적으로는 정답이 주어진 데이터와 정답이 없는 데이터의 분포가 유의미한 형태를 가져야만 학습을 통하여 성능 향상이 가능하다.

강화학습은 바둑 AI인 알파고에 사용되어 많이 알려진 방법으로, 앞에서 설명한 학습 방법들과는 차이가 있다. 지도 및 비지도학습이 주어진 데이터가 정적인 상황에서 학습을 진행하는 반면에, 강화학습은 데이터가 동적으로 변화하는 상황에서 학습을 진행한다. 강화학습의 구성 요소는 에이전트(Agent), 보상(Reward), 상태(State), 환경(Environment), 액션(Action), 정책(Policy)으로 구성된다.

아래 그림은 바둑을 가정한 강화학습 알고리즘의 예이다. 환경은 바둑 진행과 관련된 모든 요소이고, 에이전트는 환경으로부터 상황을 분석 및 판단하여 액션을 지시하는 역할을 하고, 액션은 사전에 주어진 행동들 중에서 에이전트가 선택한 특정 행동이고, 상태는 현재 바둑판의 국면으로 에이전트가 상황을 판단하기 위한 정보이다. 보상은 바둑 대결에서 승리하면 '+1', 패배하면 '-1'과 같이 주어질 수 있고 정책은 각 상태에 따라서 에이전트가 액션을 결정하기 위한 기준을 제시해 준다. 이러한 설계는 바둑을 매우 단순화한 것이며, 실제로는 더 많은 것들이 고려되어야 한다. 강화학습의 목적은 에이전트가 최종적으로 보상을 최대화할 수 있도록 정책을 학습하는 것이며, 이는 시간적으로 변화하는 상태에 대응하도록 학습이 진행된다는 특징이 있다.

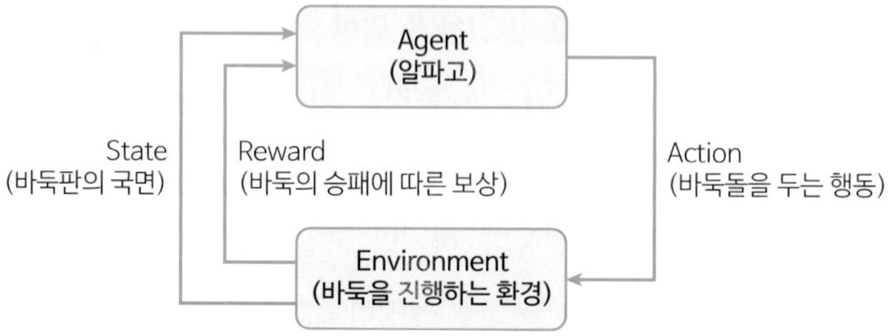

[그림 4-10] 강화학습 알고리즘

위에서 학습의 종류에 대하여 간단히 알아보았다. 이 중에서 우리가 네트워크 학습을 위하여 다루어 볼 방법은 지도학습이며 입력 데이터와 이에 대응하는 정답을 기반으로 학습이 진행된다. 네트워크의 가중치는 순전파(Forward Propagation)와 역전파 과정을 반복적으로 수행하여 결정된다. 순전파 과정은 추론 과정과 동일하며 입력 데이터가 네트워크의 입력층부터 출력층까지 순서대로 계산되어 결과를 얻는 것이고, 역전파 과정은 예측 결과와 실제 정답과의 오차를 순전파의 반대 방향으로 반영하여 가중치를 조정한다.

아래 그림의 간단한 네트워크를 이용하여 가중치의 변경 과정을 알아보자. 이 네트워크는 2개의 입력 x_1과 x_2, 1개의 출력 y_1, 1개의 은닉층에 대한 2개의 노드와 임의로 할당된 총 6개의 가중치($\omega_1 \sim \omega_6$)를 가진다. 각 노드의 출력을 결정하는 활성화 함수 f는 시그모이드를 사용한다고 가정하고, 계산의 편의를 위하여 시그모이드 함수의 소수점 아래 3자리에서 반올림하여 값을 이용하도록 한다.

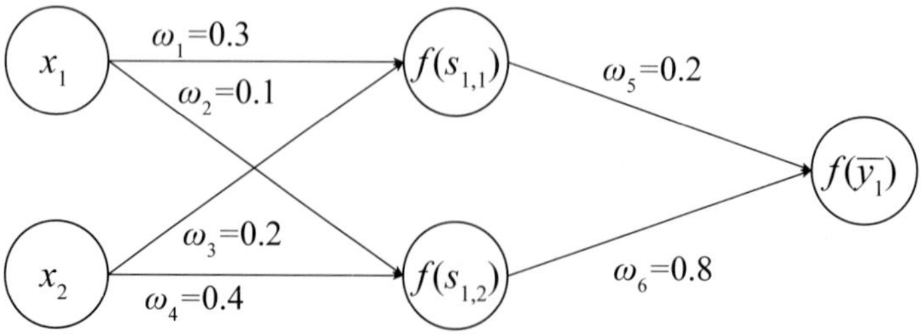

이 네트워크에 입력 데이터 [0.4, 0.7, 0.9]를 적용해 보자. 이때 0.4, 0.7은 입력 x_1, x_2이고, 0.9는 입력에 대한 정답(y_1) 값이다. 순전파 과정을 통해 은닉층에서 출력층으로 전달되는 값들은 아래와 같다.

$$s_{1,1} = x_1 w_1 + x_2 w_2 = 0.4 \times 0.3 + 0.7 \times 0.2 = 0.26$$

$$s_{1,2} = x_1 w_2 + x_2 w_4 = 0.4 \times 0.1 + 0.7 \times 0.4 = 0.32$$

$$f(s_{1,1}) = sigmoid\,(0.26) = 0.56$$

$$f(s_{1,2}) = sigmoid\,(0.32) = 0.58$$

은닉층의 출력을 입력으로 받아서 계산되는 최종 출력값은 아래와 같다. 이 과정까지가 손전파의 과정으로 일반적으로 추론의 과정과 동일하다.

$$\overline{y_1} = f(s_{1,1})w_5 + f(s_{1,2})w_6 = 0.56 \times 0.2 + 0.58 \times 0.8 = 0.576$$

$$f(\overline{y_1}) = sigmoid\,(0.576) = 0.64$$

시그모이드 함수를 통과한 최종 출력값 0.64는 입력에서 제공된 실제 정답인 0.9와 오차가 존재한다. 이 오차를 손전파의 역방향으로 전달하면서 가중치를 조정해 보도록 하자. 먼저 오차함수를 정의헤야 하는데, 일반적으로 제곱오차 방식을 많이 사용한다. 그 이유는 가중치 조정을 위해 많이 사용되는 경사 하강법의 기울기를 구하기가 간단해지기 때문이다. 제곱오차 방식을 기반으로 한 출력값의 오차 E는 아래와 같다.

$$E(y_1 - \overline{y_1}) = (0.9 - 0.64)^2 = 0.0676$$

위의 오차를 역순으로 전달하기 위하여 경사 하강법(Gradient descent)을 이용한다. 경사 하강법의 원리는 기울기의 반대 방향으로 기울기 크기에 비례하도록 이동하면서, 기울기가 0인 위치를 찾는 것이다. 기울기가 0이 되도록 조정한다는 것은 제곱오차의 출력이 0에 근접하도록 한다는 것과 동일한 의미이다. 수학적으로는 미분을 통하여 기울기의 방향과 크기를 구하고, 이를 바탕으로 가중치를 조정하기 위한 값을 찾는 것이다.

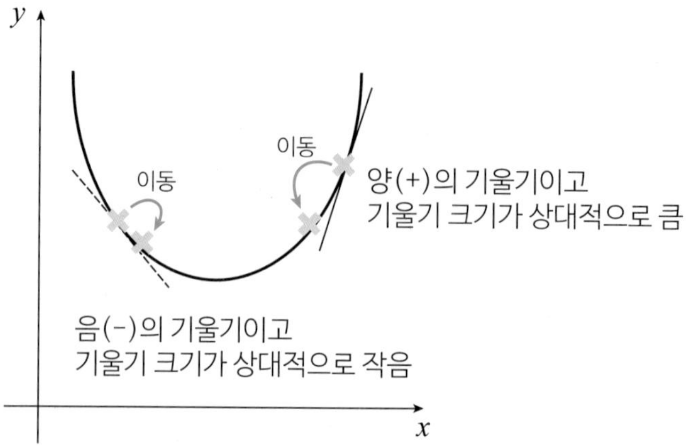

[그림 4-11] 경사 하강법의 원리

위 그림은 경사 하강법의 원리를 간단히 표현한 것으로, 사용된 그래프는 아래로 볼록한 모양의 간단한 2차 함수이다. 그래프의 왼쪽에 표시된 점의 기울기는 음의 기울기이므로 x가 증가하는 방향으로 이동하고, 이동량은 기울기의 크기에 비례하도록 이동한다. 오른쪽에 표시된 점의 기울기는 양의 기울기이므로 x가 감소하는 방향으로 왼쪽 점의 이동량보다 더 많이 이동할 것이다. 위의 원리에서 기울기를 오차로 대입하여 가중치 조정에 적용할 수 있다. 즉 특정 가중치에 연관된 오차의 크기에 비례하여 가중치 값을 변화시키면서 오차가 0이 될 때까지 해당 과정을 반복하는 것이다.

각각의 가중치에 대하여 오차를 반영하는 과정을 적용해 보자. 역전파 과정이기 때문에 출력층에서부터 입력층순으로 계산해야 한다. 모든 과정이 동일하므로 가중치 ω_5를 갱신하는 과정만 살펴보도록 하겠다. 가중치 ω_5를 조정하기 위해서는 먼저 ω_5와 관련된 오차를 계산하여야 하며, 이는 아래식과 같다

$$\frac{\partial E}{\partial w_5} = \frac{\partial E}{\partial f\left(\overline{y_1}\right)} \times \frac{\partial f\left(\overline{y_1}\right)}{\partial \overline{y_1}} \times \frac{\partial \overline{y_1}}{\partial w_5}$$

첫 번째 항은 전체 오차에서 해당 출력 노드와 연관된 오차를 계산하는 항이다. 이 예제에서는 하나의 출력 노드만 있기 때문에 아래 식과 같다.

$$\frac{\partial E}{\partial f\left(\overline{y_1}\right)} = \frac{\partial}{\partial f\left(\overline{y_1}\right)}\left(y_1 - \overline{y_1}\right) = 2\frac{1}{2}\left(y_1 - \overline{y_1}\right)^{2-1}(-1) = -\left(y_1 - \overline{y_1}\right)$$

두 번째 항은 최종 출력이 시그모이드 함수에 의해 결정된 값이므로, 오차에 대한 상대적인 기여를 나타내는 항이다. 시그모이드 함수의 도함수는 $f(x)(1-f(x))$이며, 이를 이용하여 계산하면 아래식과 같다.

$$\frac{\partial f(\overline{y_1})}{\partial \overline{y_1}} = f(\overline{y_1}) - (1 - f(\overline{y_1}))$$

세 번째 항은 ω_5에 $\overline{y_1}$ 영향을 받아 출력 노드에 전달된 값을 계산하기 위한 항으로, 아래식과 같다.

$$\frac{\partial \overline{y_1}}{\partial w_5} = \frac{\partial}{\partial w_5}(f(s_{1,1})w_5 + f(s_{1,2})w_6) = f(s_{1,2})$$

ω_5와 관련된 오차를 계산한 다음, 이 값을 이용하여 가중치를 조정하는 수식은 아래와 같다.

$$w_5 \leftarrow w_5 - \alpha \frac{\partial E}{\partial w_5}$$

이 수식에서 α는 학습을 위한 초매개변수(Hyperparameter) 중 학습률(Learning Rate)을 의미하며, 발생한 오차를 가중치에 반영하기 위한 비율이다. 학습률이 지나치게 작을 경우에는 최적의 가중치를 찾기 위해 많은 시간이 걸리며, 반대의 경우에는 최적의 가중치를 찾지 못하고 발산해 버릴 수도 있다. 따라서 적절한 학습률을 경험적으로 설정하여야 한다. 참고로 초매개변수는 학습을 위하여 설계자가 직접 조정하거나 설정하는 변수들을 의미한다. 이에 해당하는 변수로는 학습률, 은닉층의 개수, 학습 반복 횟수, 한 번에 처리할 입력 데이터의 크기 등 매우 다양하며, 대부분의 경우에 경험적이거나 휴리스틱(Heuristics) 방법으로 적절한 값을 결정한다.

지금까지 가중치를 역전파 방법으로 조정하는 과정을 살펴보았다. 이 과정을 출력층부터 입력층까지 순차적으로 적용하여 다른 가중치들도 갱신할 수 있다. 매우 단순한 네트워크를 이용하여 학습 과정을 설명하였기에 수작업으로 계산이 가능했지만, 실제 사용되는 깊은 네트워크는 이러한 과정을 사람이 계산하여 수행하기는 불가능에 가깝다.

03 ·· 대표적 네트워크

3.1 합성곱 신경망(CNN)

지금까지 네트워크에 대한 개념들을 다루었다. 이 장에서는 영상 분야에서 가장 많이 사용되는 CNN(Convolutional Neural Networks)에 대해서 알아보자. CNN은 합성곱 신경망이라 부르며, 기본적인 연산과 처리 과정 역시 앞에서 설명한 간단한 네트워크에 대한 연산, 학습과 유사하다. 가장 큰 차이는 가중치가 필터 형태로 사용된다는 것이다.

이 전까지는 하나의 입력값에 대하여 하나의 가중치를 반영하여 새로운 값을 생성하고, 이를 활성화 함수에 입력하였다. 그리고 활성화 함수의 출력을 다음 층의 입력으로 전달하였다. CNN에서는 3×3 필터와 같은 형태로 가중치를 적용한다. 입력에 가중치를 적용하여 새로운 값을 생성하며, 이렇게 생성된 값들로 새로운 특징 지도를 생성한다. 필터의 크기를 1×1로 할 수도 있으며, 이 경우에는 앞에서 설명한 네트워크의 연산과 동일하다. CNN의 전반적인 처리 과정은 아래 그림과 같다.

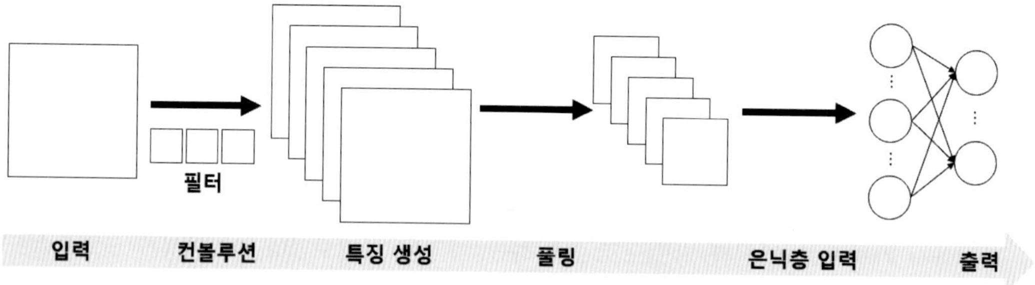

[그림 4-12] CNN 전반적인 처리 과정

기본적인 개념을 설명하기 위하여, 복잡한 CNN 처리 절차를 단순하게 표현하였다. CNN도 일반적인 네트워크 설계와 마찬가지로 설계자에 의해서 사전에 결정해야 하는 부분들이 다수 존재한다. 이러한 초매개변수로 입력의 크기, 사용하는 필터의 크기 및 개수, 풀링 방법, 출력층의 개수 등이 있다.

이 책에서는 설명의 편의를 위하여 CNN을 입력에 임의의 필터링 연산을 적용하여 특징을 생성하고, 이 특징을 가공한 후에 다시 필터링 연산을 적용하는 과정을 연속적으로 수행하여, 최종적으로 생성된 특징을 은닉층에 입력하여 출력을 결정하는 연산이라고 정의하도록 하자. 이 정의를 기반으로 CNN을 단계별로 설명하고자 한다.

먼저 컨볼루션(Convolution)이 무엇인지 알아보자. 이는 앞에서 많이 다루었던 필터링의 일종으로, 수학적으로 아래와 같이 표현한다.

$$w(t) * h(t) = \int_{-\infty}^{\infty} w(\tau)h(t-\tau)d\tau$$

이 수식에서, $\omega(t)$와 $h(t)$의 컨볼루션은 $h(t)$를 반전시킨 후에, 이동시키면서 겹치는 면적을 계산하는 과정으로 아래 그림과 같다. $\omega(t)$와 $h(t)$가 특정 구간 동안만 일정한 값을 가지고 나머지 구간에 대해서는 0인 단위함수 형태라고 가정해 보자. $\omega(\tau)$는 특정 위치에 존재하고 있고, $\omega(\tau)$는 $-\tau$에 의해 반전되고 $(t-\tau)$에 의해 $\omega(\tau)$보다 왼쪽에 위치해 있을 것이다. t가 증가할수록 $\omega(\tau)$와 $h(\tau)$는 중첩되기 시작하여 면적이 0보다 커지게 되고 더 이상 중첩되지 않으면 다시 0이 될 것이다. 그림의 굵은 실선으로 면적 변화를 표시하였다. 이러한 과정을 거치는 이유는 컨볼루션이 신호 처리와 같은 시스템의 입력과 출력 관계를 설명하기 위하여 사용되었기 때문이다. 즉 입력이 특정 시스템을 통과하여 출력이 발생해야 하므로, 이를 위하여 반전과 이동이라는 과정이 필요한 것이다.

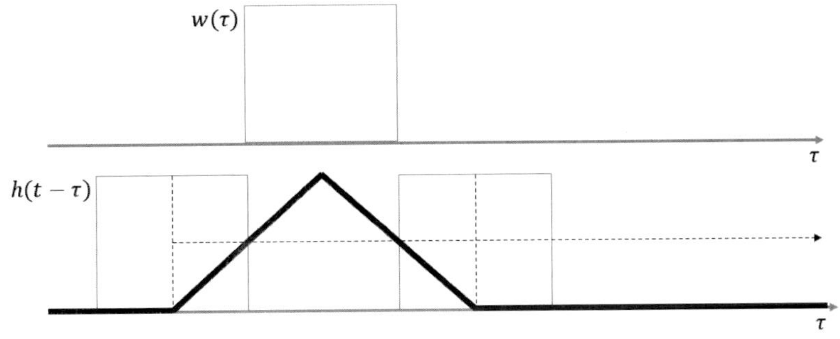

[그림 4-13] 컨볼루션 연산

CNN에서는 컨볼루션 과정을 필터링 연산으로 구현하였다. 다음의 입력에 대하여 CNN에서 컨볼루션 과정을 살펴보자.

$I_{(0,0)}$	$I_{(0,1)}$	$I_{(0,2)}$	$I_{(0,3)}$	$I_{(0,4)}$
$I_{(1,0)}$	$I_{(1,1)}$	$I_{(1,2)}$	$I_{(1,3)}$	$I_{(1,4)}$
$I_{(2,0)}$	$I_{(2,1)}$	$I_{(2,2)}$	$I_{(2,3)}$	$I_{(2,4)}$
$I_{(3,0)}$	$I_{(3,1)}$	$I_{(3,2)}$	$I_{(3,3)}$	$I_{(3,4)}$
$I_{(4,0)}$	$I_{(4,1)}$	$I_{(4,2)}$	$I_{(4,3)}$	$I_{(4,4)}$

(a)

f_1^1	f_1^2	f_1^3
f_1^4	f_1^5	f_1^6
f_1^7	f_1^8	f_1^9

(b)

[그림 4-14] 임의의 입력 영상과 필터

(a) 입력 (b) 합성곱을 위한 필터

입력 영상에 필터를 적용하는 것은 2장에서 다루었던 필터링 연산과 동일하다. 필터를 영상에 위치시킨 후에, 필터와 영상의 각 위치에 대응하는 값들을 곱한 후에 합산하면 된다. 만약 필터의 중심 f_1^5가 영상의 $I_{(1,1)}$에 있다고 가정한다면 이 합성곱에 의하여 만들어 특징 값 CN은 아래 수식과 같다.

$$\text{Convolution feature}\,(CN) = I * f$$
$$= I_{(0,0)} \times f_1^1 + I_{(0,1)} \times f_1^2 + \ldots + I_{(2,1)} \times f_1^8 + I_{(2,2)} \times f_1^9$$

영상 전체에 대하여 슬라이딩 윈도우 방식으로 필터를 적용하면 임의의 필터에 대한 특징 영상(또는 특징 지도)이 생성된다. 여기서 슬라이딩을 하는 간격을 어떻게 정의하는지에 따라서 특징 영상의 크기가 달라진다. CNN에서는 슬라이딩을 하는 간격을 스트라이드(Stride)라는 용어로 표현한다. 스트라이드를 1로 설정한다면, 필터를 한 픽셀씩 이동시키면서 특징을 계산하며,

이 값을 2로 설정한다면, 필터를 두 픽셀씩 이동시키면서 특징을 계산한다. 아래 그림은 스트라이드 간격에 따라서 생성되는 특징 영상의 차이를 보여준다. 그림에서 필터는 2×2이며, 좌측 상단의 값을 반환하는 형태이다. 스트라이드를 1로 설정한 경우에는 좌측 상단에 필터를 위치시키고 한 픽셀씩 이동시키므로, 가로 방향으로 3번 이동하여 총 3개의 값을 생성한다. 세로 방향으로도 3번 이동하여 총 3개의 값을 생성할 수 있다. 따라서 특징 영상은 3×3 크기로 만들어진다. 스트라이드를 2로 설정한 경우에는 가로 방향으로 2번 이동할 수 있고, 세로 방향으로도 2번 할 수 있다. 따라서 특징 영상은 2×2 크기로 만들어진다.

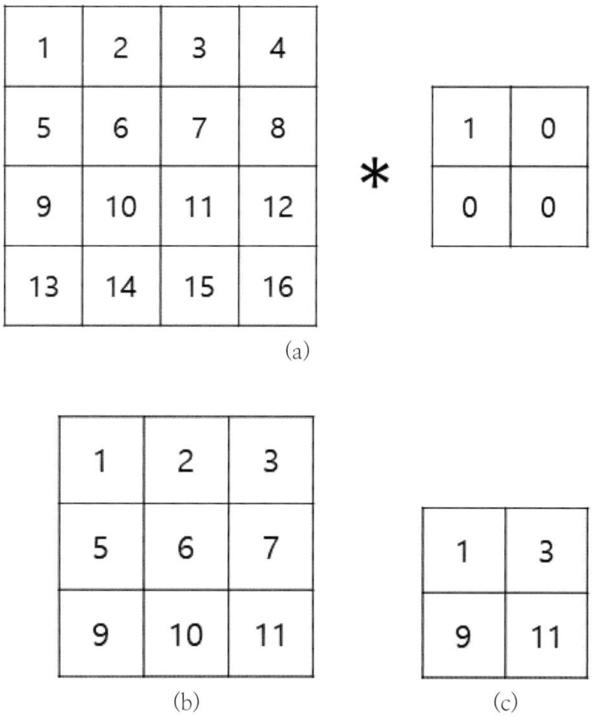

[그림 4-15] 스트라이드에 따른 결과 차이
(a) 입력과 필터 (b) 스트라이드 1인 경우의 특징 영상 (c) 스트라이드 2인 경우의 특징 영상

이를 통하여, 스트라이드의 크기를 증가시킬수록 특징 영상의 크기를 줄일 수 있다는 것을 알 수 있다. 즉 합성곱을 수행하면 그 출력인 특징 영상 크기는 입력 영상의 크기보다 작아지게 되며, 스트라이드의 설정값에 따라서 크기가 감소하는 정도가 달라진다. 단순히 연산량을 줄이는 것이 목적이라면 스트라이드 값을 가능한 크게 설정할 수도 있을 것이다. 하지만 이러

한 경우에는 입력 영상에서 중요한 값이 특징 영상에 반영되지 않을 수도 있기에 신중히 스트라이드 값을 설정해야 한다. 스트라이드를 2로 설정한 그림의 (c)는 스트라이드가 1인 (b)에서는 표현되어 있는 2, 5, 6, 7, 10이 존재하지 않음을 알 수 있다. 만약 이 값 중에서 출력을 결정하는데 중요한 값이 존재한다면, (c) 기반의 연산을 통해서는 정답을 찾지 못할 수도 있다. 일반적으로 스트라이드는 1로 설정한다.

필터의 개수가 많다면 다수의 특징 영상이 생성될 것이다. 이렇게 생성된 특징 영상은 다음 단계의 필터에 대한 입력으로 사용되며, 이러한 과정은 출력층에 대한 입력이 생성될 때까지 반복적으로 수행된다.

앞에서 설명하였듯이 컨볼루션 연산과 스트라이드를 통한 합성곱을 입력 영상에 적용하여 생성된 특징 영상은 입력 영상보다 크기가 작아진다. 이 특징 영상에 또 다른 필터를 적용한다면, 가장자리에 위치한 픽셀들의 정보는 점진적으로 사라지게 된다. 이는 아래 그림과 같이, 가장자리는 필터를 적용하기 위한 값들이 존재하지 않아 연산에서 제외되기 때문이다. 필터의 흐린 회색으로 표시된 부분은 영상에서 매칭되는 영역이 존재하지만, 짙은 회색으로 표시된 $f_1^1, f_1^2, f_1^3, f_1^4, f_1^5$에 대응하는 입력은 존재하지 않으므로 연산이 불가능하다. 이러한 현상으로 인해 영상의 가장자리는 필터가 적용하지 않고 버려질 수 있다.

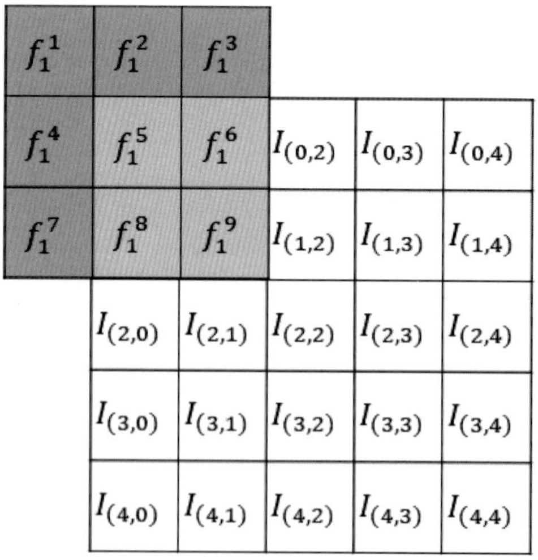

[그림 4-16] 가장자리의 정보 손실이 발생하는 상황

위와 같은 상황에서 가장자리의 정보를 반영하기 위하여 특징 영상의 크기를 입력 영상과 같거나 혹은 유사하게 만들기 위하여 수행하는 작업이 패딩(Padding)이다. 예를 들어 5×5 크기의 영상에 3×3 필터를 스트라이드 1로 적용한다면 3×3 결과 영상을 얻게 될 것이고, 가장자리의 정보는 유실될 것이다. 이에 대한 간단한 예시는 아래 그림의 (a)와 같다. 사용된 필터는 중앙에 위치한 값만을 반환하며, 입력은 설명의 편의를 위하여 순차적으로 증가하는 값을 사용하였다. 필터에 매칭되는 값이 존재하지 않는 위치에 해당하는 가장자리는 결과에 반영되지 않음을 확인할 수 있다.

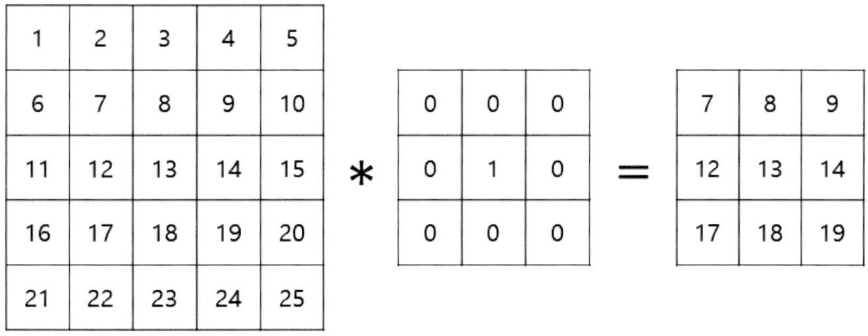

(a)

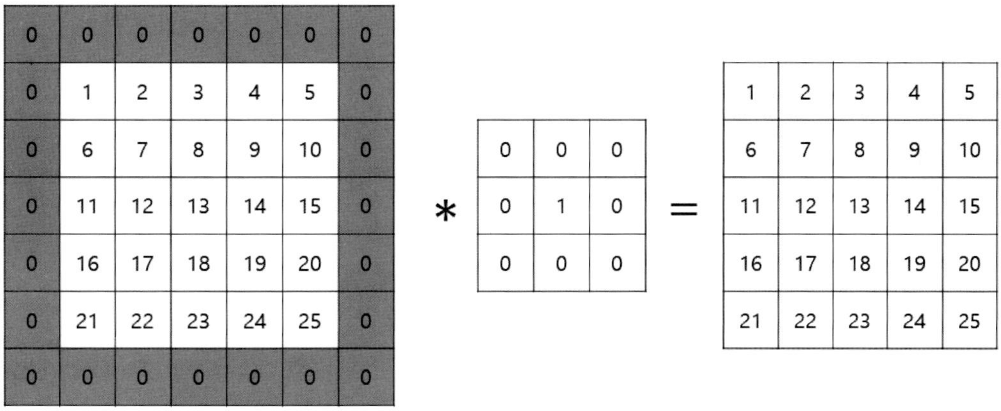

(b)

[그림 4-17] 패딩에 따른 결과 변화

(a) 합성곱에 의하여 가장자리 정보가 손실된 결과 (b) 패딩에 의하여 가장자리 정보가 유지된 결과

가장자리의 정보를 결과에 반영하기 위해서는 입력의 모든 위치에 필터를 적용할 수 있어야 하며 이를 위해서는 입력의 크기가 증가해야 한다. 위 예제와 같은 상황에서는 입력이 6×6 크기라면 결과에 가장자리 정보가 포함될 수 있다. 이러한 이유로 크기를 증가시키고자 할 때,

문제는 임의로 확장시킨 영역에 어떤 값을 부여하는가이다. CNN에서는 이 영역을 0으로 채워 넣는 Zero-패딩을 주로 사용한다. 물론 설계자에 따라서 입력 영상의 평균값 등을 사용하기도 하며, 이는 전적으로 설계자의 몫이다. 그림의 (b)는 Zero-패딩을 적용하여 입력의 크기를 5×5에서 6×6으로 변경한 후에 필터를 적용한 결과이며, 입력의 가장자리에 진한 회색으로 표시된 0으로 채워진 영역들이 패딩에 의하여 생성된 곳이다. 그림 (a)에서 사라졌던 가장자리의 정보들이 (b)에서는 반영되어 있음을 확인 할 수 있다.

CNN의 합성곱을 통하여 생성된 값을 사용할 수도 있고, 이 값을 활성화 함수에 입력한 후에 그 결과값을 사용할 수도 있다. 이는 설계자가 선택할 문제이지만, 일반적으로 활성화 함수를 사용한다.

이전 계층에서 합성곱을 통하여 생성된 값들을 다음 계층에서 모두 사용하는 것은 계산적으로 비효율적일 수 있다. 즉 주변에 유사한 특징들이 존재한다면 이들을 대표하는 값을 이용하여 계산적인 비용을 낮출 수 있다는 것이다. CNN에서는 이를 위한 연산을 풀링(Pooling)이라고 하며, 특정 크기의 국소 영역마다 대푯값을 축출한다. 대푯값으로 국소 영역에서 최댓값 또는 평균값 등이 사용될 수 있다. 아래 그림은 풀링 연산의 예를 보여 준다. 그림의 (a)는 4×4 크기의 입력 영상에 2×2 크기의 국소 영역마다 풀링 연산을 적용한 것이다. 각각의 국소 영역에서 최댓값을 대푯값으로 사용하는 방법을 적용하면 그림의 (b)와 같은 결과를 얻을 수 있다. 풀링의 결과로 각 영역의 최댓값인 6, 8, 14, 16으로 구성된 2×2 크기의 특징 영상이 생성되었다. 국소 영역의 평균값을 대푯값으로 사용한 결과가 그림의 (c)이다. (b)의 결과와 마찬가지로 2×2 크기의 특징 영상이 생성되었다.

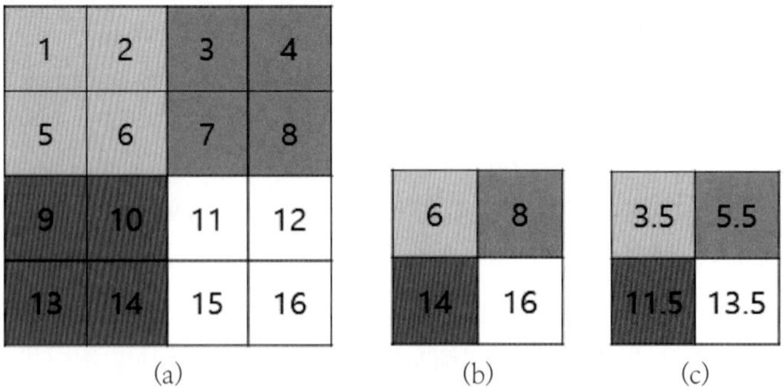

[그림 4-18] 풀링 연산

(a) 입력 (b) 최댓값을 대푯값으로 사용한 풀링 결과 (c) 평균값을 대푯값으로 사용한 풀링 결과

풀링 연산을 통하여 특징 영상의 크기를 줄이는 것은 계산량을 감소시키는 효과도 존재하지만 네트워크의 과적합(Overfitting)을 억제시키는 효과도 있다. CNN의 각 계층의 입력 크기가 크고 많은 수의 필터를 사용할수록 네트워크가 다양한 표현들을 학습할 수 있지만, 한편으로는 학습을 통하여 최적의 값을 찾아야 하는 변수의 수가 많음을 의미한다. 이는 네트워크가 과하게 비대해질 수도 있고, 결과에 잘못된 영향을 미치거나 의미가 없는 변수들도 다수 존재하게 한다. 또한, 이러한 변수들에 과도하게 최적화된 네트워크가 학습될 수도 있다. 이러한 현상을 풀링 연산을 통한 특징 영상의 크기 조정을 통하여 완화시킬 수 있다.

3.2 순환 신경망(RNN)

CNN 이외에도 많이 사용되는 네트워크에 대하여 간략히 다루어 보고자 한다. RNN(Recurrent Neural Network)은 시계열(Time Series) 데이터를 다루는 응용 분야에 많이 사용되는 대표적인 네트워크이다. CNN은 특정 영상 한 장에서 다수의 필터 기반의 계층을 이용하여 원하는 결과를 출력할 수 있도록 하는 네트워크이다. 예를 들어 주어진 사진에서 사람 또는 과일, 동물 등을 찾는 것이 그 예이다. 이들은 한 장의 영상에 대하여 관심을 가지기 때문에 시간적인 흐름에 대한 고려가 필요치 않다. 만약 데이터의 순서가 중요한 데이터를 처리하고자 할 때는 CNN으로 원하는 목적을 달성하지 못할 수도 있다.

시계열 데이터의 정확한 정의는 일정 시간 간격으로 배치된 데이터의 나열이라고 정의할 수 있으며, 포괄적으로는 시간적 혹은 배치되어 있는 선후 관계가 유의미한 데이터들을 모두 포함할 수 있다. 대표적으로 우리가 일상적으로 사용하는 언어가 있다. 이러한 데이터들을 다루기 위해서는 데이터들의 선후 관계를 분석하고, 이어질 데이터의 예측이나 주어진 데이터의 오류를 판단할 수 있어야 한다. 이러한 상황을 설명하기 위해 핸드폰이나 웹사이트에서 사용자의 편의를 위해 제공되는 자동 완성 기능을 고려해 보자. 이 기능은 글자의 나열을 분석하여 이어지는 글자 또는 단어를 예측하는 것이다. 예를 들어 '머', '신', '러'라는 세 글자를 입력하면 '머신러닝'이라는 단어를 추천해 주는 것이다.

만약 자판에 '안', '녕', '하', '세'까지만 입력했다고 가정해 보자. 이들 글자는 각각 상관성을 가지는 많은 글자들이 존재할 것이며, 이어지는 글자는 임의의 확률을 가질 수 있을 것이다.

여기서는 모든 확률이 동일하다고 가정해 보면, 아래 그림과 같은 모델을 생각해 볼 수 있을 것이다. 각각의 글자가 입력이 되고, 셀(Cell)이라고 불리는 특정한 네트워크를 거친 후에 이어지는 글자에 대한 확률을 출력으로 반환한다. 각각의 입력을 독립적으로 학습시킨다면 연속된 글자의 조합이 고려되지 않을 것이다. 예를 들어 '하' 글자의 앞뒤로 '녕'과 '세'라는 글자가 존재한다는 것을 학습 시에 반영하지 않는다면 '하' 글자의 뒤에 이어지는 글자는 일반적으로 많이 사용되는 단어들에 대해 더 높은 확률이 반영될 것이다. 예를 들어 '하세'보다는 '하마', '하품', '하수'와 같이 일상에서 흔히 접할 수 있는 단어의 조합에 더 높은 확률이 부여되는 것이다. 즉 각 글자에 대한 네트워크가 독립적으로 동작하기 때문에 단순히 이어지는 글자에 대한 학습 데이터에만 의존하게 된다. 따라서 일상적으로 사용되는 빈도가 낮은 조합에 대해서는 학습을 통하여 원하는 결과를 얻지 못할 수도 있을 것이다.

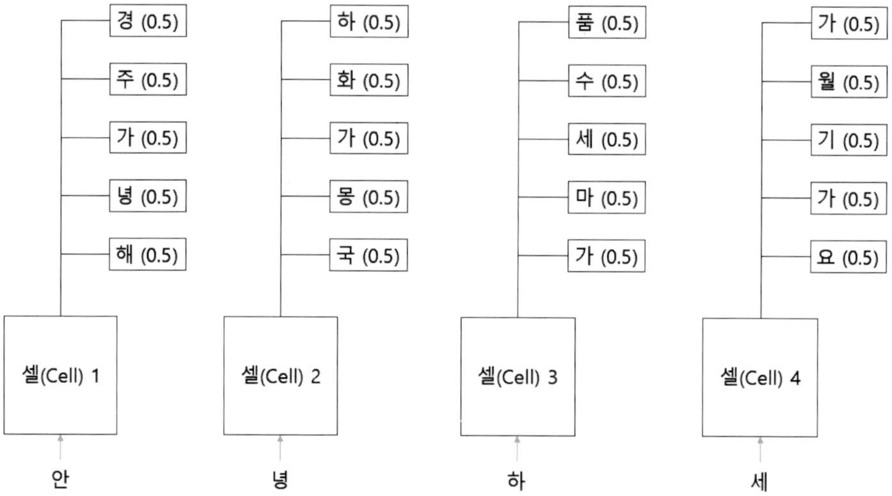

[그림 4-19] 자동 완성에 적합하지 않은 독립적인 학습

지금까지는 이어지는 2개의 글자의 조합에 대한 이야기하였다. 그렇다면 몇 개의 글자들이 연속적으로 이어져 완성되는 조합은 어떻게 반영해야 하는지가 의문이다. 이를 위해 제안된 방법이 바로 순환 신경망이다. 아래 그림은 순환 신경망의 학습 개념을 보여 준다. 위의 그림과 가장 큰 차이점은 학습 시에 셀들이 연결되어 사용되고 있다는 것이다. 위 그림에서는 각각의 글자마다 독립적인 셀에서 학습이 진행되며, 셀 간에 정보가 전달되지 않는 구조이다. 반

면에 아래의 그림에서는 한 글자에 대해서 학습된 셀이 다음 글자의 학습에 다시 사용되고 있다. 즉 한 글자에 대해서 학습된 정보에 새로운 글자에 대한 정보를 반영하여 새롭게 재학습하는 것이다.

처음에는 '안'이라는 입력에 대해서 다음에 올 수 있는 다양한 글자들이 학습될 것이며, 이 과정을 기억이라고 가정해 보자. 다음 단계에서는 '안'에 대한 기억에 '녕'이라는 새로운 입력을 결합하여 학습되며, 이때는 '안' 다음에 '녕'이라는 조합에 대한 연관성이 셀에 반영될 것이다. 그 다음 단계에서는 '안', '녕'이라는 기억에 '하'라는 새로운 입력이 결합되어 학습되며, 앞의 과정과 동일하게, 이전 기억에 새로운 입력에 대한 연관성이 학습될 것이다. 이어지는 '세' 글자에 대해서도 동일한 과정을 거치게 된다. 최종적으로는, '세' 입력에 대하여 '요'라는 글자를 출력되도록 학습을 수행할 것이다.

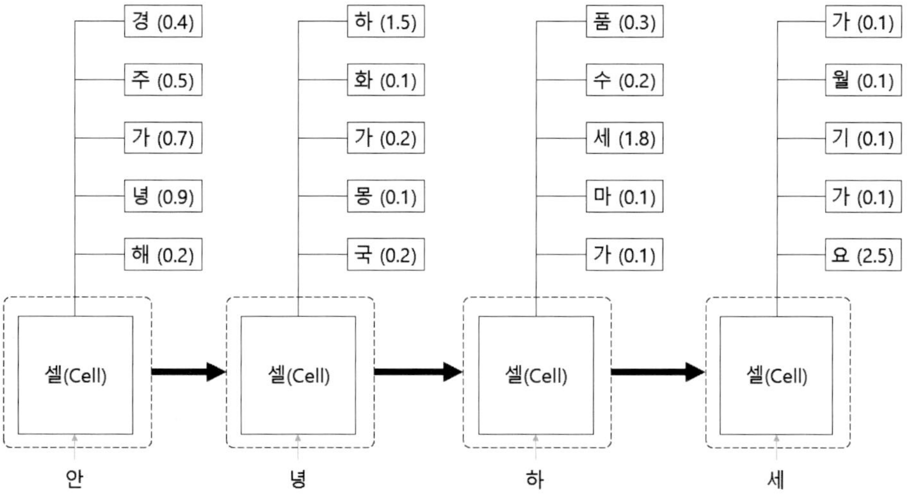

[그림 4-20] 순환 신경망의 학습 개념

위 과정을 요약해 본다면, '안', '녕', '하' 글자가 연속적으로 입력되었다는 것을 기억하고 있다가, '세' 입력에 대하여 '요'를 출력하도록 하는 것이다. 이는 입력을 기억하고, 새로운 입력이 들어오게 되면 다시 새로운 기억을 만드는 과정이 연속적으로 수행하는 것이며, 무한정 반복할 수도 있을 것이다. 현실적으로는 하드웨어의 제약과 학습이 가능한 수준에서 적당한 길이의 글자 수 제한이 필요하다.

순환 신경망은 이전의 정보를 활용하여 현재 입력에 대한 문제 해결에 활용할 수 있다는 것이 장점이다. 앞에서 설명한 자동 완성 기능의 설명이 대표적인 예이며, 만약 앞 글자들을 기억하지 못한다면 '세' 이후의 글자를 '요'라고 예측할 가능성은 매우 낮을 것이다.

순환 신경망의 장점인 이전 정보를 활용할 수 있다는 것이 항상 유용할 수 있을지에 대하여 의문을 가질 수 있을 것이다. 예를 들어 "나는 한국에서 어린 시절을 보내고 미국에서 학창 시절을 보냈다"와 "그래서 나는 미국 문화도 이해하고 OO 문화도 알고 있다"라는 문장을 통하여 OO에 들어간 단어를 유출하는 문제를 생각해 보자. OO에 들어갈 단어는 "한국"이다.

위 문장을 그림으로 생각해 보자. 입력은 어절 단위이고, 가장 확률이 높은 하나의 출력만을 표시한다고 가정할 때, 이상적으로는 아래 그림과 같이 학습되어야 할 것이다. 하지만 OO에 들어갈 한국이라는 단어를 유추할 수 있는 이전 정보는 현재 입력에서 멀리 떨어져 있다. 구체적으로, "어린", "시절을" "보내고", "미국에서", "학창시절을", "보냈다", "그래서", "나는", "미국", "문화도", "이해하고"와 같이 11개의 입력과 출력, 기억들이 "한국 문화도"와 "한국에서" 사이에 존재하고 있다. 이로 인해 "한국에서"라는 기억이 "한국 문화도"를 출력하기 위해 제대로 활용될 수 있을지 의문을 가질 수 있을 것이다. CNN에서도 계층 간의 거리가 멀어질수록 정보가 축약되어 사라지는 정보가 있을 수 있다는 것을 고려해 본다면, 이러한 의심은 합리적이며 중요한 질문이 될 것이다.

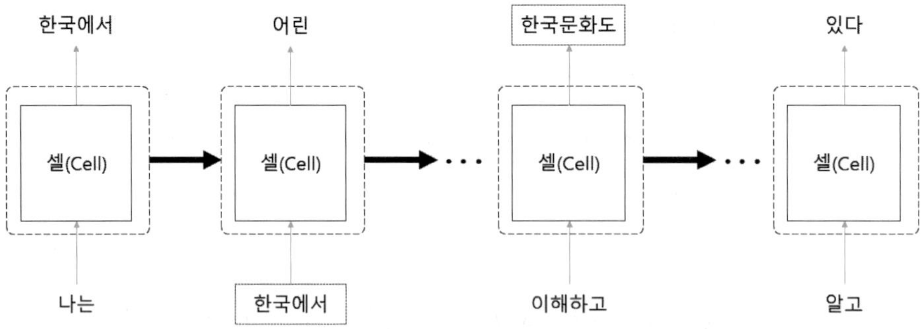

[그림 4-21] 순환 신경망의 학습 개념

이에 대하여 일부 연구[Bengio, 1994]에서 순환 신경망이 연결된 입력 및 출력 간의 거리가 멀어질 때, 즉 기억 간의 거리가 멀어진다면 이 기억을 문제 해결에 반영하지 못할 수 있다는 것을 밝혔다.

이를 해결할 수 있는 방법으로 LSTM(Long Short Term Memoru network)이라는 불리는 방법이 제안되었다[Sepp Hochreiter, 1977]. 이 방법은 이전의 정보에 새로운 정보를 더하거나 제거할 수 있는 기능을 추가하여 정보가 멀리 떨어져 있더라도, 전달될 수 있도록 하였다.

일반적으로 순환 신경망은 인공 신경망으로 구성된 하나의 단위 모듈을 반복하여 연결한 구조를 가지며, 단위모듈로 활성화 함수인 쌍곡 탄젠트(tanh)를 이용하여 아래 그림과 같이 표현한다. 여기서 쌍곡 탄젠트로 표현된 네모상자는 인공 신경망으로 구성되어 있다. 이 그림에서 현 시점의 입력과 이전 시점의 출력이 쌍곡 탄젠트로 표현된 인공신경망에 입력되고, 현 시점의 출력이 생성되는 것을 확인할 수 있다. 기본적으로는 이러한 과정이 연쇄적으로 동작하여 이전 정보들이 지속적으로 미래의 출력에 반영될 수 있는 구조이다.

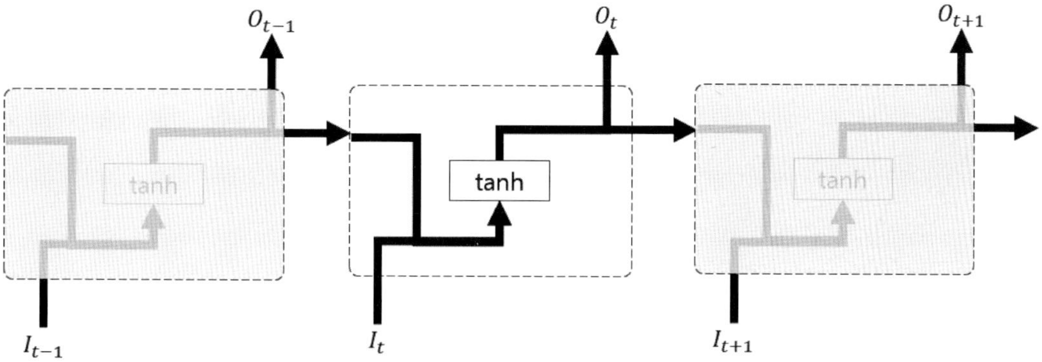

[그림 4-22] 단순 순환 신경망 예시

LSTM도 단위 모듈이 반복되는 구조를 가지지만, 이전 상태와 현재 상태의 정보 전달을 위하여 단위 모듈의 형태가 더 복잡하다. 아래 그림은 LSTM을 설명하기 위하여 많이 사용되는 예이며, 이를 기반으로 LSTM의 구조를 설명하고자 한다. 단순한 순환 신경망이 tanh 형태의 인공 신경망으로만 단위 모듈이 구성되어 있지만, LSTM에는 tanh를 포함한 총 4개의 인공 신경망과 게이트라고 불리는 5개의 추가적인 연산이 존재한다. 또한, 단위 모듈 간에 정보가 전달되는 경로가 2개 존재하고 있다.

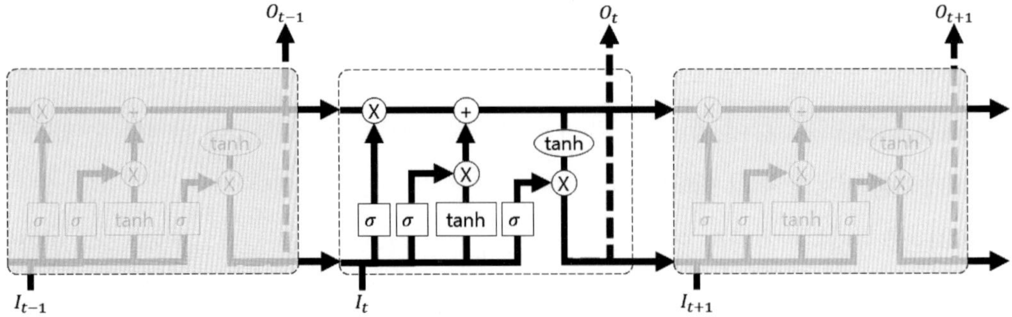

[그림 4-23] LSTM 예시

LSTM의 단위 모듈에서 굵은 실선은 노드 간에 정보가 전달되는 것을 의미하며, 정보의 단위는 벡터이다. 원 또는 타원은 점별 연산(Pointwise Operation)으로 정보들의 합 또는 곱의 연산이 수행될 수 있다. 사각형은 가중치와 바이어스로 구성된 인공 신경망이다. LSTM의 단위 모듈에 대하여 아래 그림과 같이 구분할 수 있다.

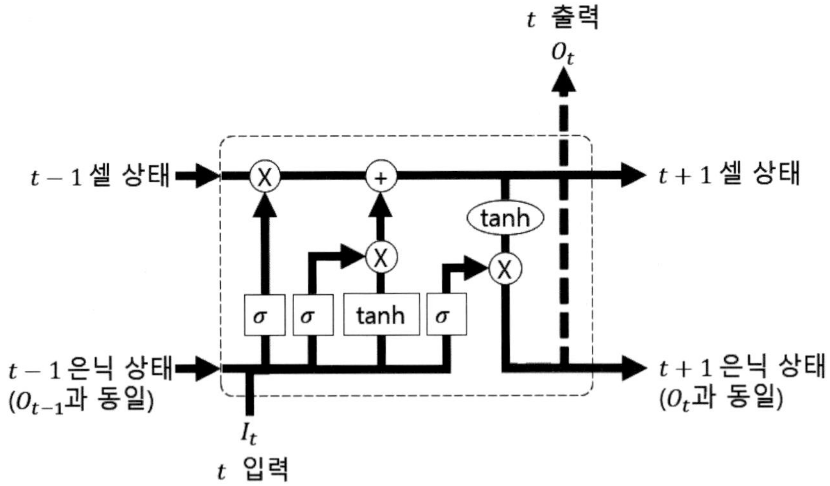

[그림 4-24] LSTM의 단위 모듈의 구성

단위 모듈의 윗부분과 아랫부분에 각각 입력과 출력이 위치하고, 단위 모듈 내부의 상단과 하단에 각각 셀 상태(Cell State)와 은닉 상태(Hidden State)가 존재하며, 이들 상태 사이에 인공 신경망과 고유한 게이트(Gate)가 존재한다. 셀 상태는 이전 상태들의 정보를 다음 상태에 전달하는 역할을 하며, 셀 상태에 연결된 게이트에 의하여 전달되는 정보가 조정된다. 게이트는 정보의 전달 여부를 조정하는 역할을 하며, 시그모이드 함수와 점멸 연산으로 구성된다. 시그모이드 함수의 출력이 0인 경우에는 아무런 정보도 전달되지 않고, 출력이 1인 경우에는 모든 정보가 전달된다. 은닉 상태는 이전 상태의 출력이다.

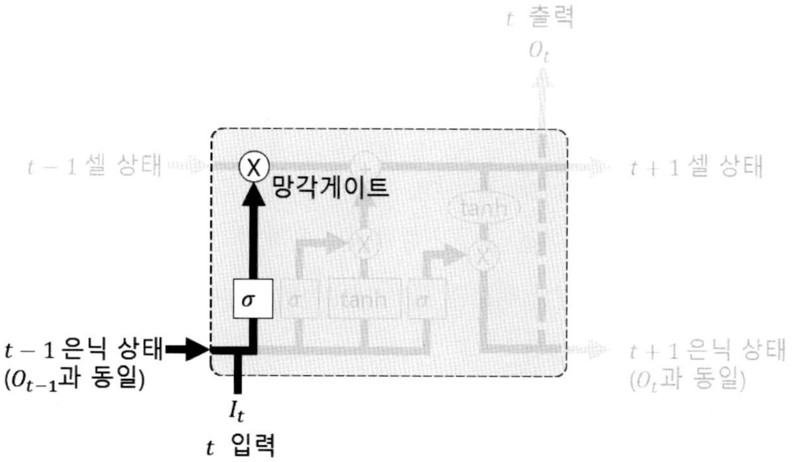

[그림 4-25] LSTM의 망각 게이트(Forget Gate) 입력 결정

위의 개념을 바탕으로, LSTM의 동작을 알아보자. 첫 번째 과정은 현재 입력과 이전 상태의 출력을 인공 신경망에 입력하고, 그 출력을 시그모이드 함수를 통하여 망각 게이트에 전달하는 것으로, 아래 수식과 같이 표현할 수 있다.

$$f_t = \sigma(W_f \cdot [O_{t-1}, I_t] + b_f)$$

이는 셀 상태에 전달되어진 정보를 유지 또는 제거하는 기능을 수행한다. 만약 미래의 결과에 아무런 영향을 주지 않는 정보라면 제거하고, 필요한 정보라면 유지하도록 동작한다.

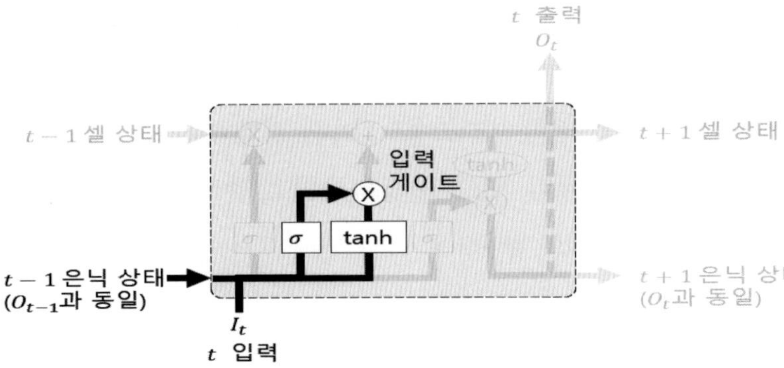

[그림 4-26] LSTM의 입력 게이트(Forget Gate) 입력 결정

두 번째 과정은 현재 입력과 이전 상태의 출력을 이용하여 현재 입력 정보 중에서 셀 상태에 전달할 정보를 선별하고 선별된 정보를 셀 상태에 반영할 비율을 결정하여 입력 게이트에 전달하는 것으로, 아래 수식과 같다.

$$x_t = \sigma(W_i \cdot [O_{t-1}, I_t] + b_i)$$

$$\tilde{C}_t = \tanh(W_c \cdot [O_{t-1}, I_t] + b_c)$$

이는 셀 상태에 현재 입력 정보를 반영하는 기능을 수행하는 것으로, 첫 번째 과정에서 제거한 정보를 대체할 수 있는 정보를 현재 입력에서 찾아내거나, 현재 입력에서 미래의 결과에 영향을 주는 정보를 찾아서 반영하는 것이 이 기능의 예시가 될 수 있다.

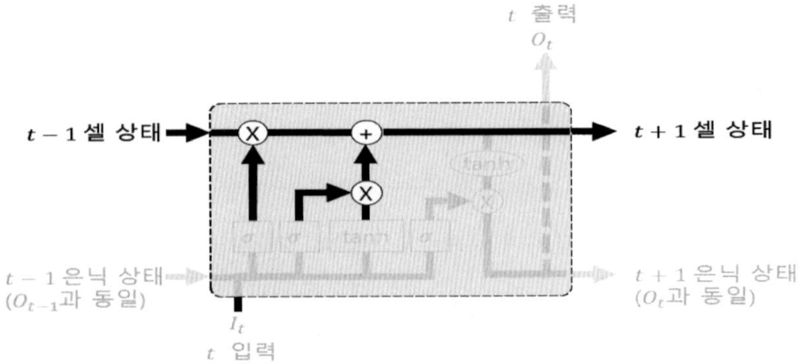

[그림 4-27] LSTM의 셀 상태 업데이트

세 번째 과정은 이전의 셀 상태에 현재 입력을 반영하여 현재 셀 상태로 업데이트하는 것으로, 이전 정보에서 불필요한 것들은 제거하고 현재 입력에서 필요한 정보를 추가하는 기능을 하며, 아래 수식과 같다.

$$C_t = f_t * C_{t-1} + x_t * \widetilde{C}_t$$

이를 위하여 필요한 제거해야 할 정보와 추가해야 할 정보는 이전 과정들에서 모두 계산되었기 때문에, 세 번째 과정에서는 단순히 점멸 연산만을 수행하면 된다.

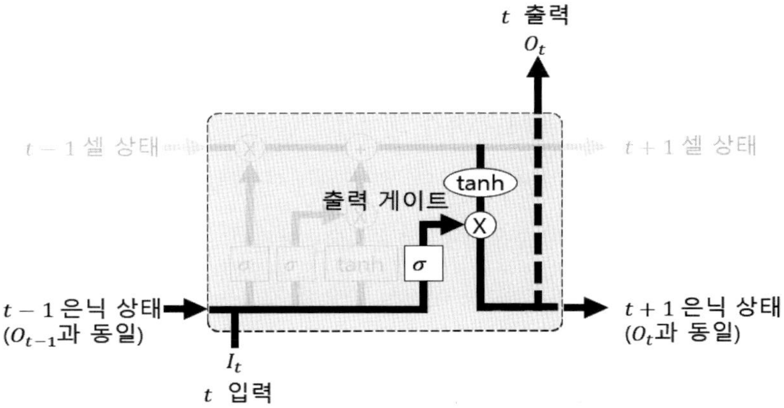

[그림 4-28] LSTM의 출력 생성

네 번째 과정은 현재 입력과 이전 상태의 출력을 이용하여 현재 셀 상태에서 출력으로 전달할 정보를 결정하는 것이다. 이 과정에서는 현재의 셀 상태의 정보가 쌍곡 탄젠트 함수를 거쳐서 -1과 1 사이의 값으로 변환되고, 시그모이드 층을 통하여 계산된 값으로 선별하는 역할이 수행된다. 이 과정은 다음 수식과 같다.

$$\widetilde{O}_t = \sigma(W_O \cdot [O_{t-1}, I_t] + b_O)$$

$$O_t = \widetilde{O}_t * \tanh(C_t)$$

지금까지 순환 신경망과 LSTM의 동작에 대한 기본적인 개념을 설명하였다. 이는 LSTM의 기본 모델이며, 적용 분야 및 접근 방법에 따라서 다양한 형태의 LSTM이 존재한다.

3.3 생성적 적대 신경망(GAN)

최근 가장 주목받고 있는 네트워크의 한 종류인 GAN(Generative Adversarial Network)에 대하여 간략히 개념을 소개하고자 하며, 이 네트워크는 생성적 적대 신경망 또는 적대적 생성 신경망으로 불린다. 이 네트워크와 기존의 방법들과의 가장 큰 차이점은 판별기(Discriminator)와 생성기(Generator)를 경쟁적으로 대립시켜 학습을 진행한다는 것입니다.

"경쟁적으로 대립시켜 학습한다"라는 개념이 생성적 적대 신경망의 핵심이다. 기존의 학습 방법들에서는 설계자에 의하여 주어진 학습 데이터를 올바르게 분류할 수 있는 판별기를 만들어 내는 것이 목표였다. 예를 들어 이진 분류 문제에서 학습 데이터를 고양이와 고양이가 아닌 동물의 사진을 준비하고, 학습을 통하여 주어진 사진이 고양이라면 '예', 다른 동물이라면 '아니오'라고 출력하도록 하는 것이다. 여기서 중요한 것은, 주어진 학습 데이터에 의존적으로 판별할 수 있는 능력이 향상될 수 있다는 것이다.

우리는 지금까지 학습 데이터가 많고 다양할수록 학습된 네트워크의 성능이 더 향상 될 수 있다고 이야기했다. 그렇다면 학습 데이터의 양이 많다는 것만으로 네트워크의 성능이 향상될 수 있을지에 대해서 생각해 보자.

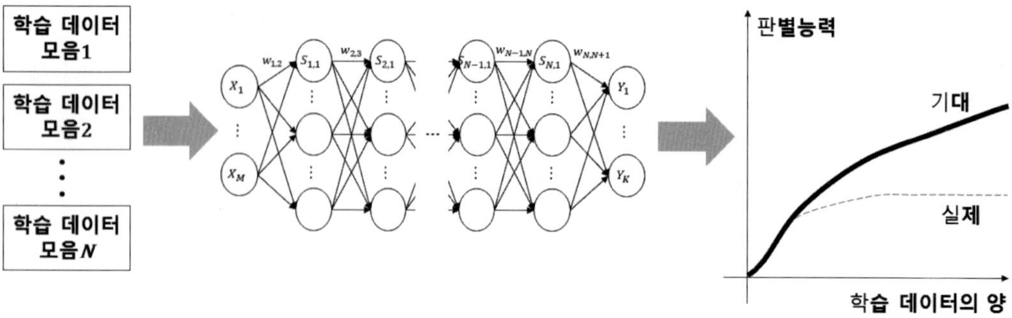

[그림 4-29] 학습 데이터의 양과 네트워크의 성능 향상

위 그림은 학습 데이터의 증가에 따른 네트워크 성능 향상에 대한 간략한 내용을 담고 있다. 처음에는 네트워크 학습에 사용되는 학습 데이터의 양이 많아질수록 학습된 네트워크의 판별 능력이 증가할 것이다. 설계자 및 사용자는 그림의 오른쪽에 실선으로 표시된 '기대' 그래프처럼 계속 성능이 증가하기를 원할 것이다. 하지만 실제로는 실선으로 표시된 '실제' 그래프처럼 학습 데이터가 증가하더라도 성능이 더 이상 향상되지 않게 된다. 그 이유는 하드웨어와 네트워크 설계의 한계 때문이다.

여기서는 성능 향상의 한계보다는 학습 데이터 관점에서 성능 향상을 고려해 보자. 우리는 학습 데이터가 증가할수록 성능이 향상될 수 있다는 것은 알고 있다. 그렇다면 어떤 학습 데이터를 사용하면 성능 향상이 더 많이 될 수 있을지를 생각해 보자.

생성적 적대 신경망은 "경쟁적으로 대립시켜 학습한다"라는 개념을 가지고 있는데, 무엇을 경쟁하는 것인지, 이것과 학습데이터와는 어떤 관계가 있는지를 이해하는 것이 중요하다. 다시 기존의 학습 방법을 떠올려 보면, 설계자가 입력하는 학습 데이터에 대해서 네트워크는 입력을 판별할 수 있는 능력이 향상되도록 학습된다. 여기서는 설계자의 학습 데이터와 네트워크의 판별기가 서로 경쟁 관계이지만 설계자는 네트워크의 판별기가 이기기를 원한다. 즉 설계자는 다양한 학습 데이터를 판별기에 입력하고, 이 데이터에 대해서 네트워크의 판별기가 정답을 맞히기를 원한다. 따라서 많은 데이터를 학습 시에 사용하는 것에 초점을 두고 있지만, 현실적으로 학습을 위한 데이터를 무한정 또는 최적의 성능을 보장할 만큼 충분한 양을 수집할 수 있다고 확신할 수는 없다.

예를 들어 고양이를 인식하는 네트워크를 학습시키기 위해 학습 데이터를 수집하는 방법을 생각해 보자. 가장 먼저 떠오르는 방식은 웹 검색을 통한 데이터 수집일 것이다. 구글과 같이 전 세계적으로 많은 사용자들에 의해 이용되고 다양한 정보가 공유되고 있는 검색 엔진에 고양이를 입력하면, 관련된 많은 사진을 얻을 수 있다. 하지만 이 사진들 중에는 잘못된 정보가 포함되어 있을 가능성이 높기 때문에 검증을 통하여 학습 데이터를 선별하는 과정이 필요할지도 모른다. 다른 방식으로는 연구 목적으로 수집된 데이터를 이용하는 방법도 있지만, 고양이 인식을 위한 공개 학습 데이터와 같이 특수한 목적으로 정리된 공개 데이터를 찾는 것이 쉽지 않으며, 그러한 데이터가 존재하는지도 미지수이다. 또 다른 방식으로 설계자가 직접 고양이를 촬영하여 데이터를 생성하는 방법도 있다. 이러한 방식은 설계자가 원하는 학습 데이터에 가장 적합한 사진을 수집할 수는 있지만 소요되는 시간 및 비용을 고려한다면 가장 비효율적인 방법일 수도 있다.

방법	수집 시간	데이터 양	데이터 속성 (각종 레이블, 정답 등)	기타
웹 검색	빠름	대규모	미존재	데이터 검증이 필요
공개 DB	보통	대규모에 근접	존재	원하는 데이터가 존재하지 않을 수 있음
직접 생성	매우 느림	소규모	미존재	데이터 수집을 위한 시간 및 비용이 높음

[표 4-2] 학습 데이터 수집 방법 및 특징

앞의 내용을 통하여, 학습 데이터의 양은 한계가 있을 수 있다는 것을 이해하였을 것이다. 그렇다면 학습된 네트워크가 우수한 성능을 가지도록하기 위해서, 학습 데이터의 역할은 무엇일까? 이 질문의 대답이 "경쟁적으로 대립시켜 학습한다"라는 생성적 적대 신경망의 핵심 개념을 설명해 줄 수 있다.

이 질문에 답을 찾기 위해 한 가지 예를 생각해 보자. 요즘 인기 있는 TV 프로그램 중에 진짜 가수와 모창 능력자의 노래 대결을 통하여 진짜 가수를 찾는 것이 있다. 이 프로그램을 판별기와 생성기 관점에서 해석해 보자. 여기서 가수가 진짜 데이터이고, 모창 능력자는 가짜 데이터를 만드는 생성자, 관객은 진짜와 가짜 데이터를 구분하는 판별기의 역할을 한다고 설정하자.

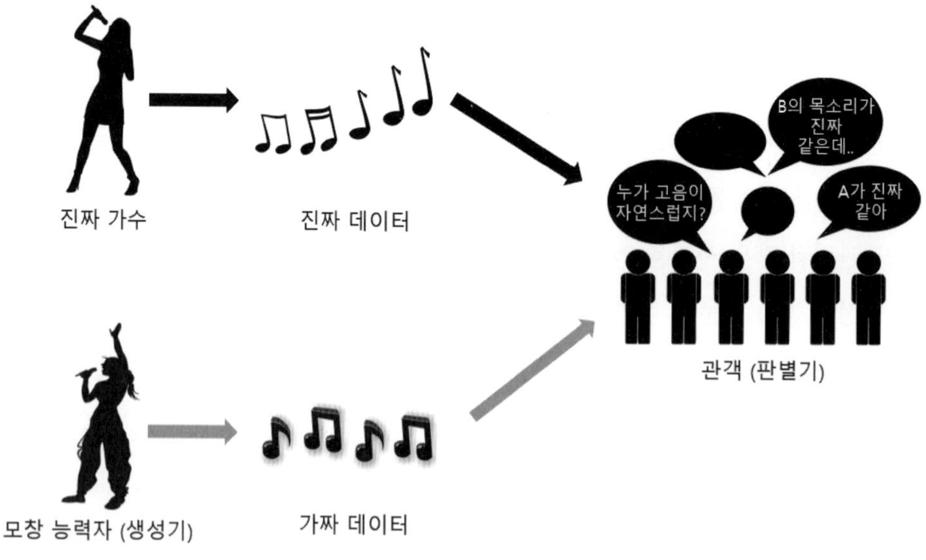

[그림 4-30] GAN 판별자와 생성자 예

모창 능력자는 관객을 속이기 위해 진짜 가수처럼 노래 부르는 기술을 향상시키고, 관객은 진짜 가수와 모창 능력자를 구분하기 위해 진짜 가수가 부르는 노래와 모창 능력자가 부르는 노래의 차이를 알아차리는 능력을 키운다. 처음에는 관객들이 진짜 가수와 모창 능력자를 구분할 가능성이 더 크겠지만, 시간이 지날수록 모창 능력자의 실력이 향상되어 진짜 가수와 구분이 가지 않을 정도로 노래를 하게 된다면 이들을 구분할 수 없게 될지도 모른다. 이것이 바로 생성적 적대 신경망의 핵심 개념이다.

생성적 적대 신경망의 원어인 Generative Adversarial Network의 각 단어의 의미를 해석하면서 앞의 내용을 정리해 보자. 첫 단어인 'Generative'는 생성적 적대 신경망이 진짜 데이터와 유사한 가짜 데이터를 생성하는 모델이라는 것을 의미한다. 실제로 존재하지 않는 사람의 얼굴 생성, 실제 인물에 대한 임의의 다양한 가짜 표정 생성, 특정 화가의 작품처럼 보이는 그림을 생성해 내는 것이 그 예이다.

유사한 가짜 데이터라는 것은 생성된 데이터가 진짜 데이터 분포에서 존재할 만하다는 것을 의미한다. 즉 실제 데이터의 분포에서 추출한 데이터와 생성된 데이터 간의 차이가 거의 없다는 것이다. 예를 들어 아래 그림에서 주어지는 입력을 바탕으로 신생아의 개월별 키와 몸무게에 대한 데이터를 생성해 내는 모델을 생각해 보자. 이 모델이 3개월이된 아기에 대해서 키는 61.5cm이고, 몸무게는 6.5kg이라는 데이터를 생성했다면 신뢰할 수 있을 것이다. 이러한 수치는 신생아의 개월별 평균 몸무게와 키에 대한 실제 데이터와 유사하기 때문이다. 하지만 3개월의 아기가 키가 75.1cm이고, 몸무게가 9.4kg이라고 데이터를 생성한다면 신뢰하지 못할 것이다. 이 생성 데이터는 대략 10개월 아기에 해당하는 데이터이기 때문이다. 이처럼 생성 모델에 의해 생성된 가짜 데이터가 신뢰받기 위해서는 실제 데이터에서 추출한 데이터와 유사해야 한다.

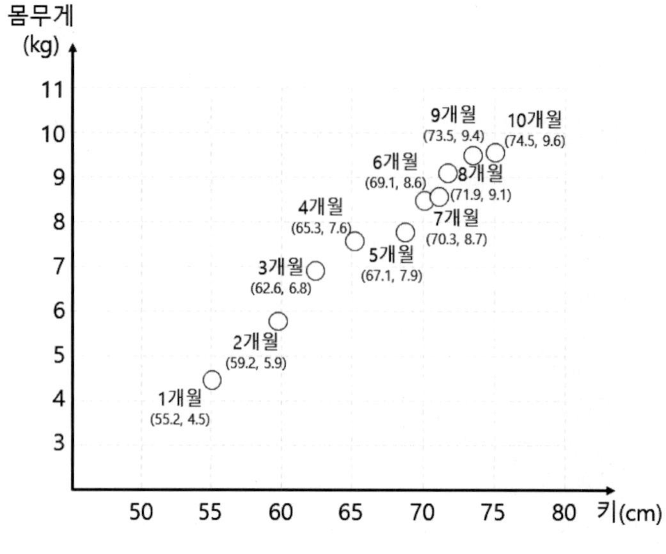

[그림 4-31] 신생아의 개월별 키와 몸무게

신생아의 개월별 키와 몸무게에 대한 생성 모델을 만드는 것은 사람의 얼굴, 가짜 표정, 가짜 동물을 생성해 내는 모델을 만드는 것보다 비교적 쉬울 수 있다. 신생아의 키와 몸무게에 대한 데이터를 생성하는 것은 2개의 변수에 대한 조합을 만드는 것이다. 이에 반해 가짜 얼굴, 표정, 동물의 이미지를 생성해 내는 것은 더 많은 변수의 조합이 필요하다.

예를 들어 도화지에 동물이 그려지는 과정을 생각해 보자. 우선 가로가 M이고 세로가 N인 이미지가 필요할 것이고, 그레이로 표현한다면 채널이 1개이고 컬러 영상으로 그린다면 채널이 3개가 필요할 것이다. 만약 가로와 세로, 채널이 각각 128, 128, 1인 이미지에 동물 그림을 그린다면 총 128×128×1=16,384개의 픽셀에 특정한 값들을 채워야 한다. 즉 생성 모델이 16,384개의 변수에 대한 조합을 만들어야 한다는 것이다. 아래 그림은 다람쥐 얼굴에 대하여 픽셀 레벨로 확대하여 표시한 것이다. 한 칸이 픽셀 하나이고, 각각의 픽셀에 [0, 255]의 값이 채워져 있다. 픽셀과 주변 픽셀들과의 조합, 가로 픽셀들과 세로 픽셀들과의 조합에 의하여 다람쥐 얼굴이 표현됨을 알 수 있다. 만약 이러한 조합을 생성 모델이 흉내 내지 못한다면, 얼굴에서 눈이나 코가 사라지거나 얼굴의 형상이 이상하게 표현될 수도 있다.

[그림 4-32] 픽셀 레벨 확대

두 번째 단어인 'Adversarial'은 생성기와 판별기의 모델을 적대적으로 경쟁시키며 발전시킨다는 것을 의미한다. 모창 능력자와 관객에 대한 문제로 다시 돌아가 보자. 이 둘은 분명히 적대적인 경쟁 관계에 있다. 모창 능력자는 관객을 속이기 위해 진짜 가수처럼 노래 부르는 능력을 발전시킨다. 관객은 모창 능력자를 찾기 위해 진짜 가수의 목소리, 가창법 등을 기반으로 모창을 구분하는 능력을 발전시킨다. 처음에는 관객들이 모창 능력자와 진짜 가수 간의 다양한 차이점을 인식하여 쉽게 모창 능력자를 찾을 수도 있을 것이다. 하지만 모창 능력자가 점점 그 차이점을 보완하여 관객들이 구분할 수 없을 정도로 완벽한 모창 능력을 가질 수 있다면, 관객들이 모창 능력자를 찾는 데 실패하는 횟수가 증가할 것이다.

생성적 적대 신경망은 모창 능력자에 해당하는 생성기와 관객에 해당하는 판별기를 경쟁적으로 학습시킨다. 판별기의 학습 목적은 생성기에 의해 만들어진 가짜 데이터와 진짜 데이터를 구분할 수 있는 능력을 향상시키는 것이고, 생성기의 학습 목적은 판별기가 구분할 수 없는 가짜 데이터를 만들어서 판별기를 속이는 것이다. 서로를 이겨야 하는 두 모델을 함께 학습시키는 것을 통해 진짜 데이터와 구분할 수 없는 가짜 데이터를 만들어 낼 수 있는 생성기를 획득할 수 있다.

마지막 단어인 'Network'는 생성적 적대 신경망이 인공신경망으로 구현되었다는 것을 의미한다. 조금 더 구체적으로는, 두 번째 단어인 'Adversarial'의 중요 개념인 적대적 학습을 인공신경망을 통하여 구체화하였다는 것이다. 생성적 적대 신경망을 통해서 만들어지는 생성 모델은 진짜 데이터와 유사한 다양한 가짜 데이터를 만들어 낼 수 있는 능력을 가져야 하기 때문에, 이를 구현하는 것은 쉽지 않다. 딥러닝 기술이 발전하기 이전에도 다양한 머신러닝 방법들이 존재하였지만 생성 모델을 만들어 낼 수 있는 적절한 방법이 존재하는지 의문이다.

초기의 기본적인 생성적 적대 신경망 모델은 아래 그림과 같이 간략히 표현될 수 있다. 생성기 네트워크는 임의의 잡음이 반영된 입력으로부터 가짜 데이터를 생성해 낸다. 판별기 네트워크는 진짜 데이터 또는 가짜 데이터를 입력받고, 해당 입력 데이터가 진짜 데이터인지 가짜 데이터인지를 판별한다. 그 결과는 다시 각각의 네트워크 학습에 반영한다. 단순해 보이는 구조이지만, 이러한 대립적인 구조가 학습 효율이 좋다는 것을 생성적 적대 신경망 모델을 제안한 저자는 주장하였다[Generative Adversarial Nets, Ian J. Goodfellow, NIPS, 2014].

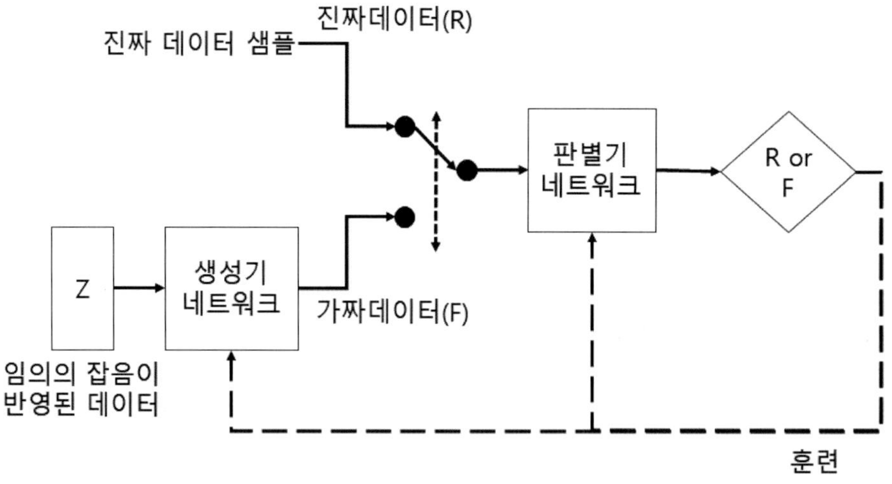

[그림 4-33] GAN 모델의 개념적 도식도

04 ·· 딥러닝 활용

OpenCV는 영상 처리 및 컴퓨터 비전 관련하여 매우 유용하고 활용도 높은 함수들을 제공하고 있다. 이 함수들에 의해 구현한 기술 및 알고리즘에 대한 이론적인 내용을 심도 깊게 이해하지 못하더라도, 이를 이용하거나 응용하는 것에 큰 어려움이 없다. 이것이 OpenCV의 가장 큰 장점이고 관련 분야의 많은 연구자들이 꾸준한 관심을 가지는 이유이다.

딥러닝 관련해서도 OpenCV에서 꾸준히 다양한 기능을 추가하고 있지만, 아직까지는 관련 연구자들에게 OpenCV는 우선순위가 높지 않을 것이다. 이 책을 읽는 독자를 포함한 많은 연구자들에게 가장 우선순위가 높은 라이브러리는 새로운 네트워크를 개발하거나 기존 네트워크의 변형 및 최적화를 지원할 수 있는 종류일 것이다. 대표적으로 카페(Caffe), 텐서플로우(TensorFlow), 케라스(Keras), 파이토치(PyTorch) 등이 있다.

OpenCV에서는 학습된 네트워크를 활용할 수 있는 모듈 dnn을 제공한다. 즉 텐서플로우 등을 이용해 학습된 네트워크를 불러와서 추론을 수행할 수 있는 함수를 지원하고 있다. 학습된 네트워크를 불러오기 위해서는 dnn::readNet() 함수를 사용할 수 있다. 이 함수는 카페, 텐서플로우, 토치(Torch), 다크넷(DarkNet), 인텔의 DLDT(Deep Learning Deployment Toolkit), ONNE(Open Neural Network Exchange)의 프레임워크 또는 포맷을 지원하고 있다. 해당 모델들에 대한 확장명은 아래와 같다.

프레임워크	model	config
카페	*.caffemodel	*.prototxt
텐서플로우	*.pb	*.pbtxt
토치	*.t7 또는 *.net	
다크넷	*.weights	*.cfg
DLDT	*.bin	*.xml
ONNE	*.onnx	

4.1 Colab(Colaboratory)

딥러닝에 대한 언어와 예제를 다루기 전에 유용하게 사용할 수 있는 도구인 Colab을 간단히 소개하고자 한다. Colab은 구글에서 무료로 지원하는 텐서플로우를 위한 도구이며 설치가 필요 없고 클라우드에서 실행되는 주피터(Jupyter) 환경으로, 브라우저에서 텐서플로우 코드를 실행할 수 있다.

대부분의 독자들이 개별 PC 환경에 딥러닝 개발 환경을 구축하여 다양한 연구 및 공부를 할 것이다. 딥러닝 입문자들이 개념을 이해하기 위하여 간단한 예제 위주로 공부하고자 할 경우에는 고가 및 고사양의 GPU를 마련하는 것이 부담될 수 있다. 이를 위하여 고려할 수 있는 개발 환경이 Colab으로 구글 계정만 있다면 누구나 무료로 사용할 수 있다. 다만 최대 세션 유지 시간이 12시간이며, 이 시간이 지나면 세션이 종료된다. 따라서 장시간의 학습 등에 활용하기에는 부적절하다.

Colab를 포함한 텐서플로우에 대한 자세한 정보는 텐서플로우 공식 홈페이지(https://www.tensorflow.org)에서 찾을 수 있다. Colab은 사용법에 대한 구체적인 내용은 해당 홈페이지(https://colab.research.google.com/notebooks/welcome.ipynb)에서 제공하고 있다.

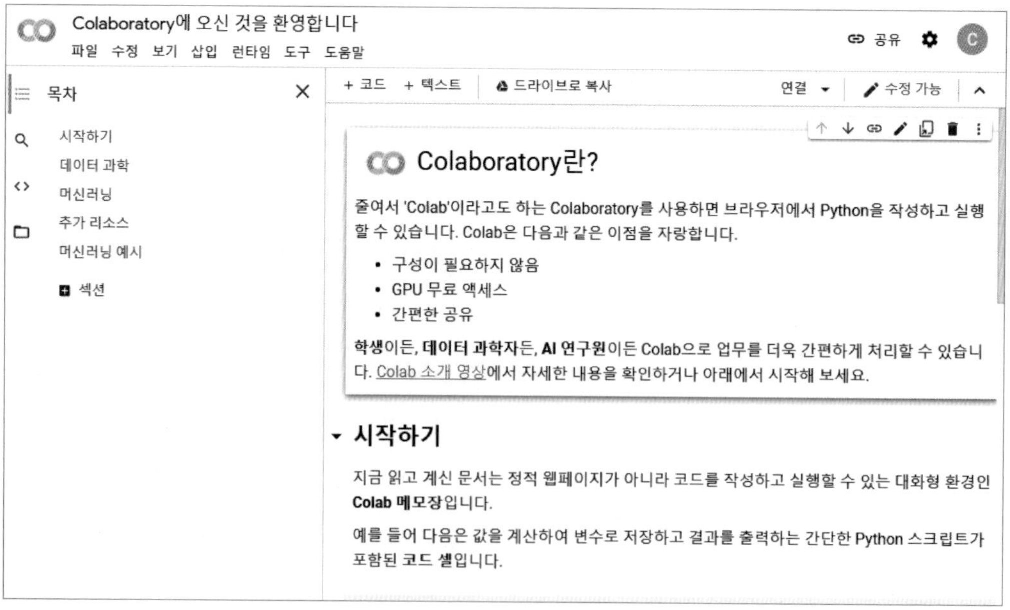

[그림 4-34] Colab 공식 홈페이지 화면

위 화면에서 “파일”의 하단에 “새 노트” 메뉴를 통하여 주피터 노트를 생성할 수 있으며, 이 노트에 사용자가 코드를 작성하고 수행할 수 있다. GPU 관련 연산은 클라우드를 통하여 구글에서 제공하는 계산 장치에서 수행되기 때문에 사용자 컴퓨터에 GPU가 존재하지 않더라도 코드가 실행된다.

아래는 새 노트를 생성하여 두 개의 임의의 샘플 집단을 만들고, 각 샘플들 간의 차이가 1 이상 구간을 표시한 예제로 파이참을 통하여 실행한 결과와 동일하다.

```
import numpy as np
from matplotlib import pyplot as plt

sample1 = 200 + np.random.randn(10)
print(sample1)

sample2 = 200 + np.random.randn(10)
print(sample2)

print(abs(sample1-sample2))

x = [x for x in range(len(sample2))]
plt.plot(x, sample1, '-')
plt.plot(x, sample2, '-')
plt.fill_between(x, sample1, np.maximum(sample1, sample2),
                 where=(abs(sample1-sample2) > 1), facecolor='g', alpha=0.6)

plt.title("Sample Visualization")
plt.show()
```

```
[200.97676568 198.67987677 200.85876007 200.35089306 200.14343312
 199.60104123 200.73652091 200.52075208 200.2152332  201.45797412]
[198.63212579 200.730672   199.09529484 199.62737941 199.10751919
 200.115412   201.22253371 199.84661857 199.95153718 197.89451808]
[2.34463989 2.05079523 1.76346523 0.72351365 1.03591393 0.51437078
 0.4860128  0.67413351 0.26369602 3.56345604]
```

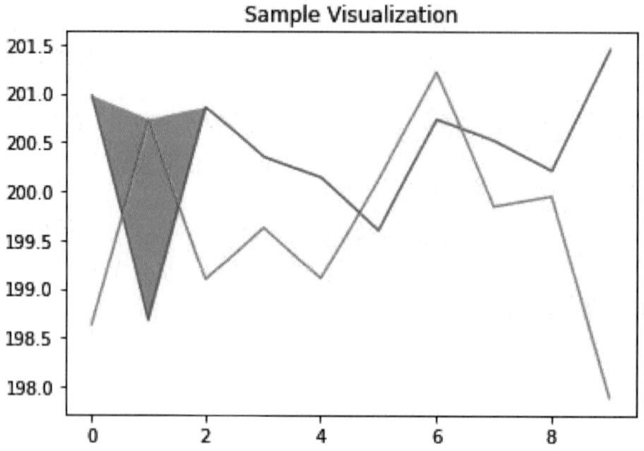

[그림 4-35] Colab 실행 예

4.2 케라스(Keras)

케라스는 파이썬으로 작성된 고수준의 신경망 API이며 텐서플로우, CNTK, Theano와 함께 사용할 수 있다. 이 API는 빠르고 간편하게 프로토타이핑을 할 수 있으며, 컨볼루션에서 순환 신경망까지 다양한 기능 및 이들의 조합을 모두 지원하므로 연구 및 초기 개발에 사용하기 적합할 수 있다.

이번 장에서는 인공 신경망을 편하게 구현하는 데 도움을 줄 수 있는 케라스의 주요 기능과 사용법을 알아보고자 한다. 여기서 다루는 내용만으로는 케라스를 충분히 활용하기에는 부족할 수 있으며, 케라스에 대한 자세한 내용은 관련 홈페이지(https://keras.io)를 참고하는 것을 추천한다.

4.2.1 모델 생성 관련 API

케라스 모델을 만들기 위한 방법은 sequential 모델, functional API, model subclassing의 3가지 방식이 있다. Sequential 모델은 단순히 레이어를 나열하는 매우 간단한 방식으로 구현할 수 있지만, 단일 입력 및 단일 출력 레이어 스택(stack)으로 제한된다. Functional API는 임의의 모델 구조를 지원할 수 있는 API를 이용하여 모델을 구현하는 방식으로, 사용하기 간단하면서도 구현이 필요한 대부분의 기능을 지원하므로 개발 시에 이 방식을 사용하는 것이 권장된다. Model subclassing은 모델의 모든 부분을 직접 구현하는 방식으로 모델이 복잡하고 최신의 연구를 수행하고자 할 때에 사용하는 것을 권장한다.

신경망 모델은 Model() 클래스를 이용하여 정의할 수 있다. 이 클래스는 입력(inputs), 출력(outputs), 모델명(name)의 3가지 요인으로 구성된다. 입력은 모델에 입력되는 데이터로 keras.Input 형태로 정의되고, 출력은 설계된 모델을 통해서 계산 또는 예측되어 출력된 값이며, 모델명은 정의된 모델의 고유 이름을 의미한다.

아래는 functional API를 이용하여 레이어 생성 및 레이어 간의 연결을 만든 후에 입력 및 출력과 모델명을 정의하는 예시이다.

```
import tensorflow as tf

inputs = tf.keras.Input(shape=(3,))
layer1 = tf.keras.layers.Dense(4, activation=tf.nn.relu)(inputs)
outputs = tf.keras.layers.Dense(5, activation=tf.nn.softmax)(layer1)
FuncAPIModel = tf.keras.Model(inputs=inputs, outputs=outputs)
```

아래 예제는 subclassing 방식으로 모델을 정의한 것이다. 이 방법에서는 __init__에서 필요한 레이어들을 정의하고, call에서 레이어 간의 처리 과정을 명시해야 한다.

```
import tensorflow as tf

class SubcModel(tf.keras.Model):
```

```
  def __init__(self):
    super(SubcModel, self).__init__()
    self.dense1 = tf.keras.layers.Dense(4, activation=tf.nn.relu)
    self.dense2 = tf.keras.layers.Dense(5, activation=tf.nn.softmax)

  def call(self, inputs):
    x = self.dense1(inputs)
    return self.dense2(x)

model = SubcModel()
```

subclassing 방식으로 정의된 모델에서 학습과 추론 과정을 각각 다르게 동작시키기 위해서는, call에서 bool 타입의 training 인수(Argument)를 이용할 수 있다. 만약 training이 True이면 학습에 필요한 동작을 수행하도록 하고, False이면 추론 연산을 수행하도록 정의하면 된다. 이러한 선택적 동작을 반영하여 위의 예제를 아래와 같이 수정할 수도 있다.

```
import tensorflow as tf

class SubcModel2(tf.keras.Model):
  def __init__(self):
    super(SubcModel2, self).__init__()
    self.dense1 = tf.keras.layers.Dense(4, activation=tf.nn.relu)
    self.dense2 = tf.keras.layers.Dense(5, activation=tf.nn.softmax)
    self.dropout = tf.keras.layers.Dropout(0.5)

  def call(self, inputs, training=False):
    x = self.dense1(inputs)
    if training:
      x = self.dropout(x, training=training)
```

```
        return self.dense2(x)

    model = SubcModel2()
```

앞의 두 방식은 레이어 및 레이어 간의 연결을 명시한 후에 모델을 생성했다. 이에 반해 sequential 방식은 빈 모델을 먼저 선언한 후에 모델의 구성 요소를 순차적으로 나열하여 모델을 구체화한다. 아래는 sequential 방식의 예시이다.

```
model = tf.keras.Sequential()
model.add(tf.keras.Input(shape=(16,)))
model.add(tf.keras.layers.Dense(8))
```

먼저 Sequential() 함수를 이용하여 모델을 생성하고, add() 함수를 사용하여 입력 레이어와 인공 신경망 레이어를 추가하였다. 만약 입력 데이터의 형상(Shape)를 모르는 경우에는 입력 레이어 없이 아래와 같이 사용할 수도 있다.

```
model = tf.keras.Sequential()
model.add(tf.keras.layers.Dense(8))
model.add(tf.keras.layers.Dense(4))
model.build((None, 16))
```

위 예제에서는 입력의 형상을 모르기 때문에 모델을 빌드하기 이전에는 가중치가 생성되지 않는다. 입력 크기에 따른 가중치의 개수를 알고 싶을 때에는 build() 함수를 사용하여 확인할 수 있다. 그리고 모델은 fit(), eval(), predict() 등의 함수가 호출될 때에 실제적으로 만들어진다. 레이어를 제거하기 위하여 pop() 함수를 제공하고 있으며, 이 함수는 모델의 마지막 레이어를 제거한다.

모델이 생성되면 model.compile()을 사용하여 손실함수 및 측정 항목 등의 학습 설정, model.fit()으로 모델 학습, model.predict()를 사용하여 예측을 수행할 수 있다. 생성된 모델을 확인하기 위해 summary()와 get_layer() 함수를 이용할 수 있으며, 이들의 원형은 아래와 같다. summary()는 모델의 전체 구조에 대하여 출력할 수 있으며, get_layer()는 레이어의 이름 또는 인덱스(index)를 기반으로 검색할 수 있다.

```
Model.summary(line_length=None, positions=None, print_fn=None)
Model.get_layer(name=None, index=None)
```

4.2.2 모델 학습 및 추론 관련 API

1) 모델 학습

생성된 모델의 학습 및 추론을 위해 케라스에서는 compile(), fit(), evaluate(), predict() 등의 함수를 지원하고 있다. compile()는 학습을 위한 상세한 옵션을 설정하는 것으로, 아래와 같은 원형을 가진다.

```
Model.compile(
    optimizer="rmsprop",
    loss=None,
    metrics=None,
    loss_weights=None,
    weighted_metrics=None,
    run_eagerly=None,
    steps_per_execution=None,
    **kwargs)
```

optimizer에서는 최적화(Optimizer) 방법을 지정하며, 최적화 방법을 문자열이나 함수 형태로 입력하면 된다. loss에서는 목적함수(Objective Function) 또는 손실함수(Loss Function)를 설정하면 지정된 loss의 값을 최소화하도록 학습이 진행된다. metrics는 학습 및 테스트 시에 모델을 평가할 항목이며, 일반적으로 metrics=['accuracy']의 방식으로 정확도 평가가 사용된다. loss_weights는 다른 모델 출력의 손실 기여도에 가중치를 할당하기 위한 스칼라(Scalar) 계수로, 학습 시에는 loss_weights에 의해 가중치가 반영된 모든 개별 손실의 가중합이 최소화해야 할 손실값이 된다. weighted_metrics는 학습 또는 테스트 중의 sample_weight 혹은 class_weight로 가중치를 주고 평가할 항목의 리스트이다. run_eagerly는 정의된 모델의 로직(Logic)을 tf.function 내에서 실행할지를(not be wrapped in a tf.function) 결정하는 값이며, bool 형태로 기본값은 False이다. 모델이 tf.function 내에서 실행할 수 없는 경우가 아니면 None으로 두는 것을 권고하고 있다. steps_per_execution는 각 tf.function 호출 중에 실행할 배치(Batch)의 수이며, 기본값은 1이다. TPUs(Tensor Processing Units) 또는 작은 모델에서 단일 tf.function 호출 내에 여러 배치를 실행하면 성능을 크게 향상시킬 수 있으며, 최대 배치의 크기는 하나의 에포크(Epoch)이다. **kwarges는 이전 버전과의 호환성을 위해 제공되는 인수이며, 텐서플로우 백엔드를 사용하는 경우에 이 인수는 tf.Session.run에 전달된다.

fit()는 고정된 수의 에포크에 대하여 학습을 진행하는 기능을 하며, 원형은 아래와 같다.

```
Model.fit(
    x=None,
    y=None,
    batch_size=None,
    epochs=1,
    verbose=1,
    callbacks=None,
    validation_split=0.0,
    validation_data=None,
    shuffle=True,
    class_weight=None,
    sample_weight=None,
```

IV. 딥러닝(Deep Learning)

```
    initial_epoch=0,
    steps_per_epoch=None,
    validation_steps=None,
    validation_batch_size=None,
    validation_freq=1,
    max_queue_size=10,
    workers=1,
    use_multiprocessing=False, )
```

x는 입력 데이터를 의미하며, Numpy 배열 또는 배열의 목록, 텐서플로우의 텐서 또는 텐서 목록, 모델에서 명명한 입력이 있다면 입력 이름을 대응시키는 배열 또는 텐서에 대한 딕셔너리가 사용될 수 있다. y는 x에 대응하는 목표 또는 정답 데이터를 의미하며, x와 마찬가지로 Numpy 배열 또는 텐서플로우의 텐서가 사용될 수 있다. 만약 x가 데이터 셋, 생성기, keras.utils.Sequence의 인스턴스(Instance)이면, y가 x에서 정답 데이터를 가져오기 때문에 None으로 두어야 한다.

batch_size는 학습 시에 가중치를 업데이트하기 위해 사용하는 샘플 수를 의미하며 정수 또는 None으로 사용할 수 있고 기본값은 32이다. y와 마찬가지로 데이터 셋, 생성기, keras.utils.Sequence의 인스턴스인 경우에는 None으로 두어야 한다. epoches는 모델을 훈련하기 위하여 제공된 전체 x와 y를 사용하는 반복 횟수를 의미하며 정수로 입력하여야 한다. 학습이 진행될 때에 epoches에서 정의된 횟수만큼 반복(Iteration)하여 훈련되는 것이 아니라 에포크가 epoches에 도달할 때까지 훈련된다.

verbose는 학습 진행 상태를 표시해 주는 설정으로 0, 1, 2의 값을 가질 수 있다. 0으로 설정하며 프로그램에서 자동으로 진행 상태가 표시되고, 1인 경우에는 진행 줄 형태로 표시한다. 그리고 2로 설정하며 에포크마다 한 줄씩 진행 상태가 표시된다. callbacks는 훈련 중에 적용할 keras.callbacks.Callback 인스턴스의 목록이다.

validation_split은 학습 데이터 중에서 평가 데이터로 사용될 데이터의 비율을 의미하며 0과 1 사이의 부동 소수점(Float)을 사용한다. 평가 데이터로 분류된 데이터는 학습 과정에 반영되지 않으며, 한 에포크가 종료될 때마다 이 데이터에 대한 손실 및 모델 측정 항목(Metrics)을 평가한다. 이 데이터는 제공된 x 및 y 데이터를 섞기(Shuffling) 전의 마지막 샘플에서 선택된다. x가 데이터 셋, 생성기, keras.utils.Sequence의 인스턴스인 경우에는, 해당 기능이 지원되지 않는다. validation_data는 한 에포크가 종료될 때에 손실 및 모델 측정 항목을 평가하기 위해 사용되는 데이터이며 학습 과정에서는 사용되지 않는다. 따라서 validation_split 또는 validation_data를 사용하여 계산된 손실은 노이즈 및 드롭아웃(Dropout)과 같은 정규화 레이어의 영향을 받지 않는다. validation_data가 validation_split보다 우선시되어 반영되며, Numpy 배열 또는 텐서의 (x_val, y_val), (x_val, y_val, val_sample_weights)이 사용될 수 있다.

shuffle는 각 에포크 전에 훈련 데이터를 섞을지 여부를 지정하는 논리(Boolean) 자료형 또는 배치(Batch)에 대한 인자이다. 배치는 HDF5(Hierarchical Data Format 5) 데이터의 한계를 처리하기 위한 특수한 옵션이다. 만약 steps_per_epoch이 None이면 이 기능은 작동하지 않는다.

class_weight는 각 클래스(Class)의 손실함수에 가중치를 부여하기 위하여 사용하는 선택적인 사전이며 학습 과정에서만 사용된다. 이는 잘 학습되지 않는 클래스의 샘플에 더 많은 가중치를 부여하여 모델을 효과적으로 학습시키는 데 유용하게 사용될 수 있다. sample_weight는 각 샘플의 손실함수에 가중치를 부여하기 위하여 사용하는 선택적인 Numpy 배열이며, class_weight와 마찬가지로 학습 과정에서만 사용된다. sample_weight의 형태는 입력 샘플과 길이가 동일한 1차원 배열을 사용할 수 있고, 입력이 시간 데이터인 경우에는 2차원 배열을 사용하여 시간별로 다른 가중치를 적용할 수도 있다. x가 데이터 셋, 생성기, keras.utils.Sequence의 인스턴스인 경우에는 해당 기능이 지원되지 않는다. 대신에 입력 x의 3번째 요소로 sample_weights를 사용할 수 있다.

initial_epoch은 학습을 시작할 에포크를 지정하는 정수이며 이전의 수행된 학습을 재개하는 데 유용하다. steps_per_epoch은 한 에포크가 완료되고 다음 에포크가 시작하기 전까지의 총 단계(샘플의 배치)를 설정하는 정수이다. 텐서플로우의 데이터 텐서와 같은 입력 텐서를 사용하여 훈련할 경우, 기본값인 None은 입력 데이터의 샘플 수를 배치 크기로 나눈 값과 동일하거나, 이를 결정할 수 없을 경우에는 1의 값을 가진다. x가 tf.data 데이터 세트이고 steps_per_epoch이 None이면, 입력 데이터 세트(Dataset)가 다 사용될 때까지 에포크가 실행된다. 무한히 반복되는 데이터 세트를 사용할 경우에는 steps_per_epoch 인수를 지정해야 하며, 배열 입력에 대해서는 이 기능이 지원되지 않는다.

validation_steps는 tf.data 데이터 세트의 validation_data가 제공될 경우에만 유효하게 동

작하며, 모든 에포크가 끝나고 성능을 평가하기 전까지의 총 단계(샘플의 배치)의 수를 의미한다. 만약 validation_step이 None이면, validation_data가 모두 사용될 때까지 평가가 수행된다. 만약 무한히 반복되는 데이터 세트를 사용할 경우에는 무한 루프가 발생하기 때문에 주의하여야 한다. validation_steps가 지정되고 데이터 세트의 일부만 사용되는 경우에는 각 에포크의 데이터 세트의 시작에서부터 평가가 수행되며, 이러한 방식으로 매번 동일한 평가 샘플을 사용할 수 있다.

validation_batch_size는 평가 배치당 샘플 수를 지정하는 정수 또는 None이 사용될 수 있으며, 지정하지 않는다면 기본값은 batch_size가 된다. x가 데이터 셋, 생성기, keras.utils.Sequence의 인스턴스인 경우에는 None 이외의 특정한 값을 지정하지 않아야 한다. validation_freq는 평가 데이터가 제공되는 경우에 유효하며, 정수 또는 collections_abs.Container 인스턴스 형태로 지정한다. 이 값에 따라서 평가를 수행하기 전에 실행할 학습의 에포크 수가 정해진다. 만약 validation_freq가 3으로 지정되면, 3 에포크마다 평가가 수행된다. 컨테이너(Container)인 경우에는 평가를 수행할 임의의 에포크를 지정할 수 있다. 예를 들어 validation_freq = [1,3,5]로 지정하면, 1 에포크, 3 에포크, 5 에포크 단계가 끝날 때에 평가가 수행된다.

max_queue_size는 생성기 또는 keras.utils.Sequence로 입력을 생성할 경우에만 사용할 수 있다. 이 인자는 생성기 대기열의 최대 크기를 지정하며, 기본값은 10이다. worker는 max_queue_size와 동일한 사용 조건을 가지며, 사용할 최대 스레딩(Threading) 수를 의미한다. 기본값은 1이며, 0으로 설정한다면 기본 스레드에서 생성기가 실행된다. use_multiprocessing도 max_queue_size와 동일한 사용 조건을 가지면 논리 자료형으로 지정하여야 한다. 기본값은 False이며, True로 설정하면 프로세스 기반 스레딩을 사용한다.

fit()는 연속된 에포크에 대한 학습 과정의 손실값 및 평가 항목에 대한 기록뿐만 아니라, 관련 설정이 되어 있을 경우에 평가 시의 손실값과 평가 항목에 대한 값의 기록인 History.history를 반환한다.

2) 모델 평가

학습된 모델의 평가를 수행하여 손실값 및 평가 항목에 대한 결과를 확인할 수 있는 evaluate() 함수를 지원하며, 원형은 아래와 같다.

```
Model.evaluate(
    x=None,
    y=None,
    batch_size=None,
    verbose=1,
    sample_weight=None,
    steps=None,
    callbacks=None,
    max_queue_size=10,
    workers=1,
    use_multiprocessing=False,
    return_dict=False, )
```

이 함수의 대부분의 인자들은 compile()의 인수와 동일한 의미를 가진다. steps는 평가가 완료되기까지의 총 단계 수를 의미하며, 기본값은 None이다. x가 tf.data 데이터 세트이고 steps가 None이면 데이터가 다 사용될 때까지 평가가 수행되며 배열 입력에 대해서는 이 기능이 지원되지 않는다.

evaluate() 함수는 모델이 단일 출력 또는 평가 항목이 없는 경우에는 스칼라 테스트 손실을 출력하고, 다중 출력 또는 평가 항목이 있는 경우에는 스칼라 목록을 출력한다. model.matrics_names 속성에서 스칼라 출력에 대한 표시 레이블을 제공한다.

3) 모델을 통한 추론

학습된 모델을 이용하여 주어진 입력 샘플에 대한 예측 결과를 확인할 수 있는 predict() 함수를 지원하며 원형은 아래와 같다.

```
Model.predict(
    x,
    batch_size=None,
```

```
        verbose=0,
        steps=None,
        callbacks=None,
        max_queue_size=10,
        workers=1,
        use_multiprocessing=False, )
```

이 함수의 계산은 배치 단위로 수행되며, 대규모 입력에 대한 성능 평가를 위해 고안된 방법이다. 만약 소수의 입력에 대하여 예측을 수행하고자 할 경우에는 model(x) 또는 model(x, training=False)와 같은 방식으로 직접 모델을 실행하는 것이 효율적이다.

x는 입력 샘플이고 Numpy 배열 또는 배열의 리스트, 텐서플로우의 텐서 또는 텐서의 배열, tf.data 데이터 세트 등이 사용될 수 있다. batch_size는 배치당 샘플의 수를 의미하며, 정수 또는 None이 사용될 수 있다. 특정한 값을 설정하지 않는다면, 기본값은 32가 된다. 만약 x가 데이터 셋, 생성기, keras.utils.Sequence의 인스턴스인 경우에는, 해당 인수를 설정하지 않아야 한다. verbose는 0의 자동 출력 또는 1의 진행 줄 표시가 지원된다.

steps는 예측이 완료되기까지의 총 단계(샘플의 배치) 수를 의미하며 기본값은 None이다. x가 tf.data 데이터 세트이고 steps가 None이면, 데이터가 다 사용될 때까지 예측을 수행한다. 이외의 다른 인수들은 evaluation()의 인수와 동일한 의미를 가진다.

predict() 함수는 예측한 결과에 대한 Numpy 배열을 출력으로 반환한다.

4) 소규모 데이터에 대한 지원 함수

학습 및 예측의 수행 과정에서 특정한 단일 샘플 배치에 대해서 처리해야 할 경우가 발생할 수 있다. 예를 들어 특정한 데이터를 사용하여 추가적인 학습을 수행하거나, 임의의 입력 데이터에 대하여 예측 성능을 확인하는 것이다. 이러한 단일 샘플 배치에 대한 처리를 위하여 케라스에서는 몇 개의 함수를 지원하고 있다.

train_on_batch() 함수는 주어진 단일 배치의 데이터에 대하여 경사 업데이트를 수행하며, 이를 통하여 모델의 가중치를 조정할 수 있다. 이 함수의 원형은 아래와 같다.

```
Model.train_on_batch(
    x,
    y=None,
    sample_weight=None,
    class_weight=None,
    reset_metrics=True,
    return_dict=False, )
```

이 함수의 x, y, sample_weight, class_weight 인수는 앞의 함수들과 동일한 목적으로 사용된다. reset_metrics가 True이면 주어진 배치에 대해서만 평가항목에 반영되고, False이면 배치들에 대하여 누적되어 평가항목에 반영된다. return_dict가 True이면 손실값 및 평가 항목의 결과가 딕셔너리 형태로 반환되고, False이면 리스트 형태로 반환된다.

훈련된 결과는 evaluation() 함수와 동일하게, 모델이 단일 출력 또는 평가 항목이 없는 경우에는 스칼라 테스트 손실을 출력하고, 다중 출력 또는 평가 항목이 있는 경우에는 스칼라 목록을 출력한다. model.matrics_names 속성에서 스칼라 출력에 대한 표시 레이블을 제공한다.

test_on_batch()는 단일 샘플 배치에 대한 테스트를 수행하며 원형은 아래와 같다. 이 함수의 인자들은 train_on_batch()의 인자와 동일한 의미를 가진다.

```
Model.test_on_batch(
    x,
    y=None,
    sample_weight=None,
    reset_metrics=True,
    return_dict=False )
```

predict_on_batch(x)은 단일 샘플 배치에 대한 예측을 수행하여 그 결과를 Numpy 배열으로 반환한다. 이 함수의 원형은 아래와 같으며 x는 입력 샘플을 의미한다.

```
Model.predict_on_batch(x)
```

5) 디버깅을 위한 설정

설계된 모델의 학습 과정에서 디버깅(Debugging)이 필요할 수도 있다. 예를 들어 코드의 중간에 print() 함수를 추가하여 모델의 특정 레이어에서 계산된 값을 확인하거나, 특정 레이어에서의 입력과 출력 데이터를 검증하는 작업을 수행하는 것이다.

케라스에서는 모델이 빠르게 실행되도록 최적화된 계산 그래프로 컴파일되기 때문에 작성된 코드와 실제로 동작하는 코드가 다르며, 이로 인해 사용자가 의도한 디버깅이 수행되지 않는다. 디버깅을 위하여 논리형 인자인 run_eagerly를 지원한다. 이 값이 True로 지정되어 있으면 설계자가 작성한 코드로 실행된다. 이 상태에서는 모델의 수행 속도가 매우 느려지기 때문에 디버깅을 완료하면 인자의 값을 False로 수정해야 한다.

4.2.3 모델 저장 및 불러오기 관련 API

1) 모델 저장

학습된 모델 저장을 위하여 save()(save_model()) 함수를 지원하며, 텐서플로우의 SaveModel 또는 HDF5 파일 형태로 저장할 수 있다. 이 함수의 원형은 아래와 같다.

```
Model.save(
    filepath,
    overwrite=True,
    include_optimizer=True,
    save_format=None,
    signatures=None,
```

```
    options=None,
    save_traces=True, )
```

filepath는 SaveModel을 저장하기 위한 경로 또는 모델을 저장할 HDF5 파일을 지정한다. overwrite는 지정된 위치에 있는 기존 파일을 자동으로 덮어쓸지 또는 사용자에게 덮어쓸지 여부를 수동으로 확인받을지를 결정하기 위한 인자로, True이면 자동으로 기존 파일을 대체한다.

include_optimizer가 True로 설정되어 있으면 최적화기(Optimizer)의 상태도 함께 저장된다. save_format은 모델을 SaveModel 또는 HDF5로 저장할지를 지정하는 인자이며 'tf' 또는 'h5'로 설정할 수 있다. 텐서플로우 버전 1에서는 h5, 버전 2에서는 tf가 기본값이다. signatures는 SavedModel 저장할 때에 함께 저장되는 정보로 텐서 인자의 형태와 타입을 나타낼 수 있으며 'tf' 형식으로 저장할 경우에만 지원한다.

options는 SavedModel 형태에서만 지원되며 SavedModel에 저장하기 위한 옵션에 대한 tf.saved_model.SaveOptions 객체이다. save_traces는 options와 마찬가지로 SavedModel 형태에서만 지원되며 각각의 레이어에 대한 참조 함수 정보를 저장할지 여부를 결정한다. 기본값은 True이며, False인 경우에는 각 레이어의 구조만 저장된다. 이 기능을 사용하지 않는다면 모델을 구성하는 시간과 파일 크기를 줄일 수 있지만 설계자가 정의한 모든 레이어와 모델을 get_congif()에 구현하여야 한다.

2) 모델 불러오기

저장된 모델을 불러오기 위해 load_model() 함수를 지원하며 원형은 다음과 같다.

```
tf.keras.models.load_model(
    filepath,
    custom_objects=None,
    compile=True,
    options=None )
```

filepath는 모델이 저장된 결로 또는 불러올 h5py.File 개체를 의미한다. custom_objects는 모델을 불러오는 역직렬화(Deserialization) 과정에서 고려해야 할 사용자 정의 클래스 또는 함수에 대한 선택적인 딕셔너리 매핑 이름(문자열)을 지정한다. compile는 모델을 불러온 이후에 컴파일을 수행할지 여부를 결정하는 논리 자료형 인자이다. options는 SavedModel로부터 모델을 불러올 때에 지정할 수 있는 옵션으로 tf.saved_model.LoadOptions 객체 형태의 선태적인 인자이다.

이 함수는 케라스 모델 인스턴스를 결과로 반환하며, 저장된 모델이 컴파일이 완료된 상태이고 최적화기도 저장되어 있다면 불러온 이후에 컴파일이 수행되고, 그렇지 않다면 컴파일 되지 않은 상태를 유지한다. 만약 compile이 True로 지정된 상태에서 컴파일이 수행되지 않은 모델이 반환되면 결괏값에 경고가 표시된다.

3) 모델 가중치 불러오기/저장하기

모델에 저장된 가중치를 확인하고자 할 때에는 get_weight() 함수를 이용할 수 있다. 이 함수는 Numpy 배열의 리스트 형태로 모델의 가중치를 반환한다.

```
Model.get_weights()
```

모델의 가중치를 설정할 수 있는 있도록 set_weight() 함수를 지원하며, Numpy 배열 형태로 가중치를 지정할 수 있다. 가중치를 설정할 때에는 모델의 레이어에서 생성된 순서대로 가중치가 대입되어야 한다. 즉 이 함수의 입력인 weights는 get_weight() 함수를 통해 획득한 출력과 동일한 형태를 가져야 한다. 또한, 이 기능을 사용하여 가중치를 변경할 때에는 레이어의 가중치가 인스턴트화되어 있어야 한다. 이에 대한 예는 아래와 같다.

```
import tensorflow as tf
import tensorflow.keras.layers as keras_layers

```

```
layer1 = keras_layers.Dense(1,
                            kernel_initializer=tf.constant_initializer(5.))
layer1_out = layer1(tf.convert_to_tensor([[1., 2., 3.]]))
layer1.get_weights()

layer2 = keras_layers.Dense(1,
                            kernel_initializer=tf.constant_initializer(2.))
layer2_out = layer2(tf.convert_to_tensor([[10., 20., 30.]]))
layer2.get_weights()

layer2.set_weights(layer1.get_weights())
layer2.get_weights()
```

위 코드를 Colab에서 수행하면 아래와 같은 결과를 얻을 수 있다. layer1의 가중치들은 5, layer2의 가중치들은 2로 초기화하였으며, get_weight() 함수를 통하여 각각의 레이어 가중치가 의도한 값들로 설정되어 있음을 확인할 수 있다. set_weights() 함수를 사용하면 layer2의 가중치 값들을 layer1의 가중치 값들로 대체됨을 확인할 수 있다.

```
import tensorflow as tf
import tensorflow.keras.layers as keras_layers

layer1 = keras_layers.Dense(1,
                            kernel_initializer=tf.constant_initializer(5.))
layer1_out = layer1(tf.convert_to_tensor([[1., 2., 3.]]))
layer1.get_weights()
```

```
[array([[5.],
        [5.],
        [5.]], dtype=float32), array([0.], dtype=float32)]
```

```
layer2 = keras_layers.Dense(1,
                            kernel_initializer=tf.constant_initializer(2.))
layer2_out = layer2(tf.convert_to_tensor([[10., 20., 30.]]))
layer2.get_weights()
```

```
[array([[2.],
        [2.],
        [2.]], dtype=float32), array([0.], dtype=float32)]
```

```
layer2.set_weights(layer1.get_weights())
layer2.get_weights()
```

```
[array([[5.],
        [5.],
        [5.]], dtype=float32), array([0.], dtype=float32)]
```

[그림 4-36] 가중치 변경에 대한 Colab 실행 예

모든 레이어의 가중치를 저장하는 save_weights() 함수를 지원하며, 원형은 아래와 같고, save() 방법의 인자와 동일한 의미를 가진다.

```
Model.save_weights(
    filepath,
    overwrite=True,
    save_format=None,
    options=None )
```

텐서플로우 또는 HDF5 가중치 파일로 부터 모든 레이어의 가중치를 불러올 수 있는 load_weights() 함수를 지원하며, 원형은 아래와 같다.

```
Model.save_weights(
    filepath,
    by_name=False,
    skip_mismatch=False,
    options=None )
```

filepath는 불러오고자 하는 가중치 파일명 또는 경로를 지정하기 위해 사용한다. by_name은 가중치를 명칭 또는 토폴로지 순서(Topological Order)로 불러올지를 결정하는 논리 자료형 인자이며, 가중치 파일이 텐서플로우 형식일 때만 이 기능이 지원된다. 텐서플로우 형식의 가중치 파일이면서 이 인자가 False이면 네트워크의 토폴로지 기반으로 가중치를 불러오며, 이로 인하여 이 함수를 호출하는 모델의 구조(Architecture)는 가중치를 저장할 때와 동일해야 한다. 가중치가 없는 레이어들은 토폴로지 순서에 반영되지 않기 때문에 이러한 레이어들을 제거하는 것이 좋다. by_name이 True로 설정되며 동일한 이름을 공유하는 가중치만 레이어에 반영된다. 이러한 방식은 일부 레이어가 변경된 모델을 파인튜닝(Fine-tuning)하거나 전이학습(Transfer-learning)할 때에 유용하게 사용될 수 있다.

skip_mismatch는 가중치의 수 또는 가중치의 형태가 일치하지 않는 레이어에 대한 처리 여부를 결정하는 논리 자료형 인자이며, by_name이 True로 설정된 경우에만 유효하게 동작한다. options는 가중치를 불러올 때 지정할 수 있는 tf.train.CheckpointOptions 객체 형태의 선택적으로 사용 가능한 인자이다.

4.2.4 레이어 관련 API

1) 레이어 클래스 선언 및 동작

모델을 구현하기 위해서는 앞에서 설명한 모델 생성과 같이 레이어들을 선언하고, 가중치 초기화 및 레이어 간의 입출력 관계 정의 등의 과정이 필요하다. 이러한 과정에 필요한 함수들에 대하여 알아보자. 케라스에서 레이어를 선언하고, 해당 레이어에 대한 입력 데이터를 전달하여 계산된 결괏값을 받는 과정은 아래와 같은 방식으로 구현할 수 있다.

```python
import tensorflow as tf
from tensorflow.keras import layers

layer = layers.Dense(32, activation='relu')
in = tf.random.uniform(shape=(10, 20))
out = layer(inputs)
```

이 예에서는 레이어 생성함수 중에서 Dense()를 이용하여 레이어를 생성하고, 임의로 생성한 입력을 레이어에 대입하여 그 결과를 출력으로 받았다. 레이어를 생성하는 구체적인 방법, 입력을 만드는 방식은 달라질 수 있지만, 전반적인 처리 과정은 대부분 이 예제의 구조와 동일하다.

tf.keras.layers.Layer는 모든 레이어가 상속하는 클래스로, 하나 이상의 입력 텐서에 대하여 하나 이상의 출력 텐서를 가진다. 이 레이어는 call(), __init()__, build() 방법에 대한 정의가 포함될 수 있으며 원형은 아래와 같다.

```python
tf.keras.layers.Layer(
    trainable=True,
    name=None,
    dtype=None,
    dynamic=False,
    **kwargs )
```

trainable은 레이어의 변수가 학습 가능한지를 지정하는 인자이고, name은 레이어의 이름을 지칭하는 문자열 인자이다. dtype는 레이어의 계산과 가중치에 대한 데이터형을 의미하며, 기본값은 float32이다. dynamic은 레이어가 디버깅 상태(run_eagerly = True)일 때 True로 지정해 주는 인자이며, 빌드를 위한 정적 계산 그래프(Static Computation Graph) 생성 시에는 사용해서는 안 된다. 이 인자가 False인 경우에는 정적 계산 그래프를 생성하기 위하여 레이어를 사용해도 안전하다고 가정하게 된다.

입력을 받아서 가중치를 곱하고, 바이어스를 더하는 연산을 수행하는 단순한 레이어를 생성하는 예제를 살펴보자.

```
import tensorflow as tf
from tensorflow.keras import layers

class exDense(layers.Layer):
  def __init__(self, units=32):
      super(exDense, self).__init__()
      self.units = units
  def build(self, input_shape):
    w_init = tf.random_normal_initializer()
    self.w = tf.Variable(
        initial_value=w_init(shape=(input_shape[-1], self.units),
                             dtype='float32'), trainable=True, name="weight")
    b_init = tf.ones_initializer()
    self.b = tf.Variable(
        initial_value=b_init(shape=(self.units,), dtype='float32'),
        trainable=True, name="bias")
  def call(self, inputs):
     return tf.matmul(inputs, self.w) +self.b
```

클래스명은 exDense로 하였고, 클래스 내부에 __init__(), build(), call() 방법을 지정하였다. 레이어의 가중치 등과 같은 상태를 정의하는 build()에서, 가중치 w의 값은 임의로 생성하도록 하였고, 입력의 형태에 따라서 가중치 행렬이 만들어 지도록 하였다. 바이어스는 모든 값이 1으로 되도록 하였고, 초기 설계자가 지정하는 형태로 만들어지도록 하였다. 입력과 출력 간의 연산 과정을 정의하는 call()에서는 tf.matmul() 함수를 이용하여 입력과 가중치의 행렬 곱을 수행하고 그 결괏값에 바이어스를 더하도록 하였다.

위의 코드를 colab에서 동작시켜 보자. 아래 그림은 정의된 레이어 클래스로 인스턴스를 생성하고, 행렬의 모든 값이 1인 3×3 입력 데이터에 대한 출력을 확인하는 코드의 결과이다.

```
# 레이어 인스턴스 생성.
exDense_layer = exDense(4)

# build() 호출 전의 가중치 확인
before_w = exDense_layer.weights
print("all weights(before)", before_w)

# 입력 데이터 대입 및 결과 반환
out = exDense_layer(tf.ones((3, 3)))
print("\noutputs:", out)

# build() 호출 후의 가중치 확인
after_w = exDense_layer.weights
print("\nall weights(after)", after_w)
```

```
all weights(before) []

outputs: tf.Tensor(
[[0.94798553 1.0228598  0.9676775  1.0230043 ]
 [0.94798553 1.0228598  0.9676775  1.0230043 ]
 [0.94798553 1.0228598  0.9676775  1.0230043 ]], shape=(3, 4), dtype=float32)

all weights(after) [<tf.Variable 'ex_dense_1/weight:0' shape=(3, 4) dtype=float32, numpy=
array([[-0.05207212, -0.0215274 , -0.065446  ,  0.03508271],
       [-0.02632996,  0.08954313,  0.03605409, -0.02706179],
       [ 0.02638763, -0.04515593, -0.00293064,  0.01498341]],
      dtype=float32)>, <tf.Variable 'ex_dense_1/bias:0' shape=(4,) dtype=float32, numpy=array([1., 1., 1., 1.], dtype=float32)>]
```

[그림 4-37] 레이어 생성에 대한 Colab 실행 예

레이어 인스턴스를 생성하는 것만으로는 아무런 가중치 및 바이어스가 생성되지 않는다는 것을 첫 번째 출력문을 통하여 알 수 있다. 이들이 생성되고 초기화되는 것은 build() 내부에서 실행이 되는데, 인스턴스를 생성할 때에는 이 함수가 호출되지 않기 때문이다. 레이어의 실제 연산이 수행되면 build()가 먼저 수행되고 이후에 call()이 수행된다. 두 번째 출력문에서 연산 결과를 확인할 수 있다. 3×3 입력 데이터와 3×4 가중치의 행렬곱을 통하여 3×4의 결과 행

렬을 가짐을 알 수 있다. build()이 수행된 이후에 레이어의 모든 가중치 및 변수를 확인한 것이 세 번째 출력문이다. "weight"로 명칭된 가중치와 "bias"로 명칭된 바이어스가 의도한 대로 생성되고 초기화되었음을 확인할 수 있다.

weights를 이용하여 레이어에 존재하는 모든 변수와 가중치의 리스트를 확인할 수 있다. 이외에도 trainable_weights를 이용하여 학습 가능한 가중치, non_trainable_weights를 이용하여 학습할 수 없는 가중치, trainable_variables를 이용하여 학습 가능한 변수 등을 확인할 수 있다. 위의 레이어 클래스 선언에서 "bias" 변수인 b의 설정 중에서 trainable를 "trainable=False"로 수정한 후에 학습 가능한 가중치 또는 변수 등을 확인해 보자. 학습이 가능하도록 설정된 "weight"와 학습할 수 없도록 선언한 "bias"가 의도한 대로 동작하고 있음을 확인할 수 있다.

```
t_w = exDense_layer.trainable_weights
print("\ntraninable_weights", t_w)

nt_w = exDense_layer.non_trainable_weights
print("\nnon_traninable_weights", nt_w)

t_v = exDense_layer.trainable_variables
print("\ntraninable_variables", t_v)

nt_v = exDense_layer.non_trainable_variables
print("\nnon_traninable_variables", nt_v)
```

```
traninable_weights [<tf.Variable 'ex_dense_2/weight:0' shape=(3, 4) dtype=float32, numpy=
array([[-0.05319884,  0.02535464,  0.02014052, -0.05885068],
       [-0.05355629, -0.05616728,  0.0636033 , -0.117639  ],
       [ 0.08157578, -0.02454344, -0.02615165, -0.07083832]],
      dtype=float32)>]

non_traninable_weights [<tf.Variable 'ex_dense_2/bias:0' shape=(4,) dtype=float32, numpy=array([1., 1., 1., 1.], dtype=float32)>]

traninable_variables [<tf.Variable 'ex_dense_2/weight:0' shape=(3, 4) dtype=float32, numpy=
array([[-0.05319884,  0.02535464,  0.02014052, -0.05885068],
       [-0.05355629, -0.05616728,  0.0636033 , -0.117639  ],
       [ 0.08157578, -0.02454344, -0.02615165, -0.07083832]],
      dtype=float32)>]

non_traninable_variables [<tf.Variable 'ex_dense_2/bias:0' shape=(4,) dtype=float32, numpy=array([1., 1., 1., 1.], dtype=float32)>]
```

[그림 4-38] 가중치 및 변수 확인에 대한 Colab 실행 예

입력에 따라서 적절한 가중치 형태가 생성되도록 하는 레이어 클래스 코드를 더 간편하게 구현하기 위해 add_weight() 함수를 사용할 수 있다. add_weight() 함수를 이용하여 수정한 bulid()는 아래와 같으며, 가중치의 선언하고 초기화하는 과정을 하나의 함수 내에서 표현하고 있음을 알 수 있다.

```
  def build(self, input_shape):
    self.w =self.add_weight(shape=(input_shape[-1], self.units),
                            initializer='random_normal',
                            trainable=True, name="weight")
    self.b =self.add_weight(shape=(self.units,),
                            initializer='random_normal',
                            trainable=True, name="bias")
```

모델 학습 및 평가 시에 사용되는 손실값, 평가 항목을 생성할 수 있도록 하는 add_lose(), add_metric() 함수도 지원한다.

2) 활성화 함수 API

케라스에서는 다양한 활성화 함수를 지원하며, 이 함수는 활성화 레이어 또는 순방향(Forward) 레이어의 활성화 인수를 통하여 사용될 수 있다. 아래 코드는 relu 함수를 이용하여 활성화를 수행하는 방식을 보여 준다.

```
from tensorflow.keras import layers
from tensorflow.keras import activations

model.add(layers.Dense(64))
model.add(layers.Activation(activations.relu))
```

이를 좀 더 단순하면서도 함축적으로 사용할 수 있도록 함수를 명시적으로 선언하거나 함수의 이름을 대입하는 방식도 지원한다. 다음은 위의 코드를 다른 방식으로 표현한 예로, 가독성이 좋으며 코드의 줄 수를 줄일 수 있다.

```
model.add(layers.Dense(64, activation=activations.relu))
```

```
model.add(layers.Dense(64, activation='relu'))
```

일반적으로 많이 사용되는 relu 함수는 다음과 같은 원형을 가진다.

```
tf.keras.activations.relu(
    x,
    alpha=0.0,
    max_value=None,
    threshold=0)
```

이 함수는 기본적으로 입력 텐서의 각 요소와 0의 값 중에서 더 큰 값을 반환하도록 동작한다. x는 입력 텐서 또는 변수이다. alpha는 임계값보다 낮은 입력을 처리할 때 사용되는 부동 소수점 인자로, 입력값에 alpha가 반영되어 출력된다. max_value는 이 함수에서 반환할 수 있는 최댓값을 지정하는 부동 소수점 인자이며, threshold는 임계값을 지정하는 부동 소수점 인자로 입력값을 감쇠시키거나 0으로 설정하기 위하여 사용된다. 정규 분포에서 임의로 추출된 입력에 대하여 relu는 동작 예시는 아래와 같다.

```
import tensorflow as tf

norm = tf.random.normal([1, 5], mean=-1, stddev=10, dtype="half")
print("input : ", norm)
```

```
tf.keras.activations.relu(norm).numpy()
```

```
input :  tf.Tensor([[  2.863 -14.555  -0.653  -1.384   5.07 ]], shape=(1, 5), dtype=float16)
array([[2.863, 0.   , 0.   , 0.   , 5.07 ]], dtype=float16)
```

[그림 4-39] relu에 대한 Colab 실행 예

relu의 alpha, max_value, threshold를 조정하여 설계자가 의도한 결과를 얻을 수도 있다. 아래는 이에 대한 예시이다. alpha를 0.5로 설정하면, 0보다 작은 입력값에 대하여 출력값은 입력값의 절반이 됨을 알 수 있다. max_value를 1로 설정하면, 0보다 큰 입력값들이 모두 1로 출력된다. threshold를 입력값 중에서 첫 번째 값으로 설정하며, 이 값 이하의 입력들이 모두 0으로 출력된다.

```
al = tf.keras.activations.relu(norm, alpha=0.5)
max_v = tf.keras.activations.relu(norm, max_value=1)
thres = tf.keras.activations.relu(norm, threshold=norm[0,0])
print("alpha : ", al)
print("\nmax_value : ", max_v)
print("\nthreshold : ", thres)
```

```
alpha :  tf.Tensor([[ 2.863  -7.277  -0.3264 -0.692   5.07  ]], shape=(1, 5), dtype=float16)

max_value :  tf.Tensor([[1. 0. 0. 0. 1.]], shape=(1, 5), dtype=float16)

threshold :  tf.Tensor([[ 0.   -0.   -0.   -0.    5.07]], shape=(1, 5), dtype=float16)
```

[그림 4-40] relu 설정 변경에 대한 Colab 실행 예

sigmoid 함수는 아래와 같은 원형을 가진다.

```
tf.keras.activations.sigmoid(x)
```

이 함수는 입력이 -5보다 작은 값을 가질 때에는 0에 근접한 값을 반환하고, 5보다 큰 값인 경우에는 1에 근접한 값을 반환한다. 아래는 sigmoid 함수에 대한 예제로, 입력이 [0,1] 사이의 값으로 출력됨을 확인할 수 있다.

```
from matplotlib import pyplot as plt

in1 = tf.constant([-10, -5.0, -2.0, 0.0, 2.0, 5.0, 10], dtype = tf.float32)
out1 = tf.keras.activations.sigmoid(in1)
print("sigmoid : ", out1)

plt.plot(in1 ,out1)
plt.title("Sigmoid Visualization")
```

```
sigmoid :  tf.Tensor(
[4.5399931e-05 6.6929162e-03 1.1920291e-01 5.0000000e-01 8.8079709e-01
 9.9330711e-01 9.9995458e-01], shape=(7,), dtype=float32)
Text(0.5, 1.0, 'Sigmoid Visualization')
```

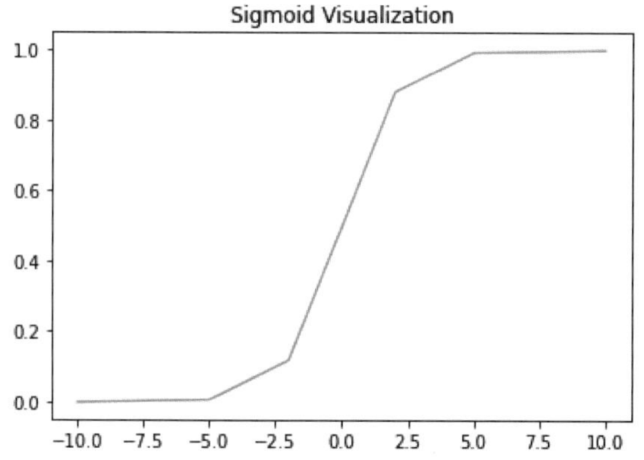

[그림 4-41] sigmoid에 대한 Colab 실행 예

softmax 함수는 아래와 같은 원형을 가진다.

```
tf.keras.activations.softmax(x, axis=-1)
```

이 함수는 실수 벡터의 입력을 범주형 확률의 벡터로 변환한다. 반환되는 벡터는 [0,1]의 범위를 가지며 벡터의 합은 1이 된다. x는 입력 텐서이고, axis는 softmax가 적용되는 축을 의미한다. 이 함수의 결과는 확률 분포로 표현되기 때문에 분류를 위한 네트워크의 마지막 레이어의 활성화 함수로 사용되는 빈도가 높다. 아래는 softmax 함수에 대한 예제로, 각각의 입력이 [0, 1] 사이의 확률로 출력되며, 출력값들의 합이 1임을 확인할 수 있다.

```
in2 = tf.constant([[0.0, 1.0, 5.0, -2.0, 4.0, 8.0, 3.0]], dtype = tf.float32)
plt.plot(in2[0,:])
plt.title("Input Visualization")
plt.show()

out2 = tf.keras.activations.softmax(in2, axis=-1).numpy()
print("softmax : ", out2)
print("\nsum of softmax : ", out2.sum())

x = [x for x in range(7)]
plt.plot(x, out2[0,x], '-')

plt.title("Softmax Visualization")
plt.show()
```

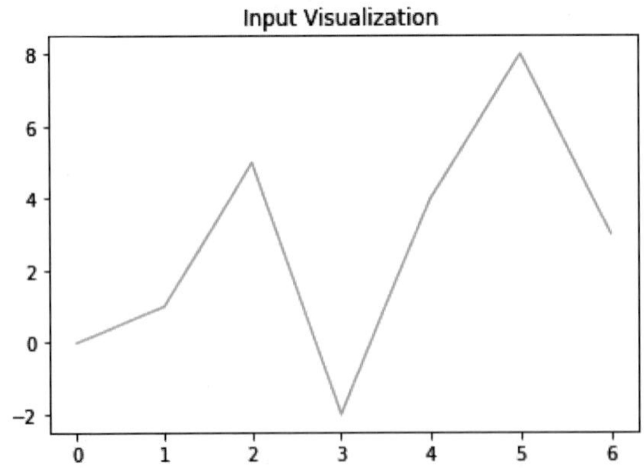


```
softmax :  [[3.1172961e-04 8.4736891e-04 4.6264775e-02 4.2188014e-05 1.7019860e-02
  9.2925286e-01 6.2612565e-03]]
```

```
sum of softmax :  1.0
```

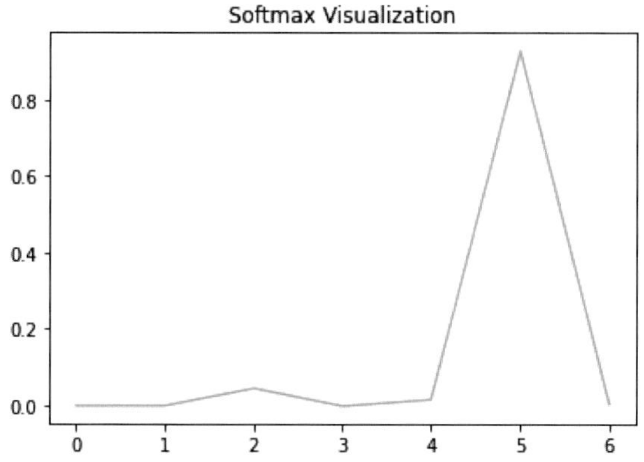

[그림 4-42] softmax에 대한 Colab 실행 예

이외에 softplus, softsign, than, exponential 함수가 지원되면, 원형 및 반환값에 대한 수식은 아래 표와 같다.

함수 원형	반환 수식
tf.keras.activations.softplus(x)	$log\,(exp\,(x)+1)$
tf.keras.activations.softsign(x)	$\left(\frac{x}{(abs\,(x)+1)}\right)$
tf.keras.activations.tanh(x)	$\frac{(exp\,(x)-\ exp\,(-x))}{(exp\,(x)+\ exp\,(-x))}$
tf.keras.activations.exponential(x)	$exp\,(x)$

지수함수 형태도 지원되면, elu와 selu 함수가 있다. elu 함수는 지수 선형 연산을 수행하며 원형 및 반환 수식은 아래와 같다.

```
tf.keras.activations.elu(x, alpha=1.0)
```

$$\text{alpha} > 0: \begin{cases} \text{if } x > 0\ x \\ \text{if } x < 0\ \ \text{alpha} \times (exp\,(x)-1) \end{cases}$$

x는 입력 텐서이고, alpha는 입력 중에서 음수인 값들에 대한 반환값을 조정하기 위한 인수이다. 이 인자의 값이 0보다 큰 양수일 때, 입력이 양수이면 입력을 그대로 출력한다. 만약 입력이 음수이면, 수식에 의하여 반환값이 결정된다. alpha에 따라서 음수 입력의 크기를 0에 가깝게 감쇠하는 효과가 있으며, 이는 학습을 더 빠르게 진행할 수 있도록 해준다.

selu 함수는 비율이 적용된(Scaled) 지수 선형 연산을 수행한다. 원형 및 반환 수식은 아래와 같으며 입력에 따라서 처리되는 방식이 달라진다.

```
tf.keras.activations.selu(x)
```

alpha와 scale은 사전에 정의된 상수로 각각 1.67326324와 1.05070098의 값을 가진다. 이 함수는 elu() 함수의 결과에 scale을 곱하는 것으로, 0보다 큰 양수 입력에 대해 1보다 큰 값을 반환하도록 한다.

3) 가중치 초기화 함수 API

초기화는 레이어의 초기 가중치를 설정하는 방법을 정의하는 것이다. 초기화를 위해 사용되는 인자는 레이어에 사용되는 초기화 함수에 따라 달라지며, 일반적으로 kernel_initializer와 bias_initializer가 많이 사용된다. 이에 대한 간단한 예시는 아래와 같다.

```
from tensorflow.keras import layers
from tensorflow.keras import initializers

layer = layers.Dense(
    units=64,
    kernel_initializer=initializers.RandomNormal(stddev=0.01),
    bias_initializer=initializers.Zeros()
)
```

초기화에 대하여 문자열을 사용하여 더 간단하게 표시할 수도 있다.

```
layer = layers.Dense(
    units=64,
    kernel_initializer='random_normal',
    bias_initializer='zeros'
)
```

케라스에서 초기화를 위하여 많이 사용되는 방법들에 대하여 알아보자. 가장 대표적인 방법은 정규분포로부터 생성된 임의의 값으로 초기화를 수행하는 RandomNormal이며, 원형은 아래와 같다.

```
tf.keras.initializers.RandomNormal(
    mean=0.0,
    stddev=0.05,
    seed=None)
```

mean은 스칼라 또는 스칼라 텐서이며, 정규 분포의 평균을 의미한다. stddev는 mean과 동일한 자료형이며, 정규 분포의 표준편차이다. seed는 정수이며, 이 인자에 주어진 값에 따라서 항상 동일한 텐서가 정의된 형태와 데이터형으로 생성된다. 아래는 RandomNormal에 대한 예제로, seed 인자의 설정에 따라서 초기화가 달라짐을 확인할 수 있다. seed를 설정하지 않은 initializer1은 초기화를 수행할 때마다 새로운 값들이 생성되고, seed를 100으로 설정한 initializer2는 반복적인 초기화에도 동일한 값들이 생성된다.

```
import tensorflow as tf
from tensorflow.keras import initializers

norm_init1 = tf.keras.initializers.RandomNormal(mean=0., stddev=1.)
```

```
norm_init2 = tf.keras.initializers.RandomNormal(mean=0., stddev=1., seed=100)

for i in range(3):
  values1 = norm_init1(shape=(2, 2)).numpy()
  values2 = norm_init2(shape=(2, 2)).numpy()
  print(i, "initializer1 : ", values1)
  print(i, "initializer2 : ", values2)
```

```
0 initializer1 :  [[ 0.22035073 -0.8026756 ]
 [ 0.46420974 -0.02215832]]
0 initializer2 :  [[ 1.7098777  -0.12379249]
 [-1.8377445   0.46580476]]
1 initializer1 :  [[ 0.49273065 -0.25117344]
 [ 0.5993236  -0.6506494 ]]
1 initializer2 :  [[ 1.7098777  -0.12379249]
 [-1.8377445   0.46580476]]
2 initializer1 :  [[ 0.9750565  -1.1627104 ]
 [ 0.00169531 -1.4245095 ]]
2 initializer2 :  [[ 1.7098777  -0.12379249]
 [-1.8377445   0.46580476]]
```

[그림 4-43] RandomNormal에 대한 Colab 실행 예

정규 분포를 이용하여 초기화를 수행하는 TruncatedNormal이 있으며, 함수에 사용되는 인자는 RandomNormal과 동일하다. TruncatedNormal로 인해 생성된 초기화 값은 평균과 표준편차의 2배 이내에서 발생한다는 것이 RandomNormal과의 차이다. 즉 정규 분포의 이내에서 초기화 값이 생성되도록 동작한다. 아래는 RandomNormal과 TruncatedNormal에 의해 발생하는 값들의 차이를 보여 주는 예제이다. 그래프에서 검은색 동그라미는 RandomNormal, 회색 별표는 TruncatedNormal에 의해 생성된 데이터를 표시하였다. 초기화 값을 1,000번 생성하는 동안에 RandomNormal은 범위 밖의 값도 생성되지만, TruncatedNormal은 지정된 범위 내에서만 값이 생성되었음을 알 수 있다.

```
norm_init3 = tf.keras.initializers.RandomNormal(mean=0., stddev=5.)
tun_norm_init1 = tf.keras.initializers.TruncatedNormal(mean=0., stddev=5.)

```

```python
for i in range(1000):
  value3 = norm_init3(shape=(1,1)).numpy()
  value4 = tun_norm_init1(shape=(1,1)).numpy()
  plt.plot(i, value3[0,0], 'o', color = 'black')
  plt.plot(i, value4[0,0], '*', color = 'gray')

plt.title("Difference of RandomUniform and TruncatedNormal")
plt.show()
```

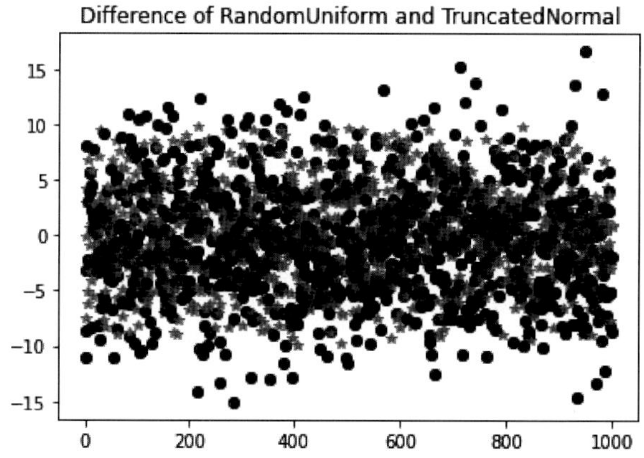

[그림 4-44] RandomNormal에 대한 Colab 실행 예

RandomNormal과 유사한 방식으로 RandomUniform이 있다. 이 함수는 균일 분포로부터 생성된 임의의 값으로 초기화를 진행하며 원형은 아래와 같다.

```python
tf.keras.initializers.RandomUniform(
      minval=-0.05,
      maxval=0.05,
      seed=None)
```

minval은 스칼라 또는 스칼라 텐서로, 균일 분포의 하한을 설정하는 인자이다. maxval은 minval와 동일한 자료형이며, 균일 분포의 상항을 설정하는 인자이다. seed는 RandomNormal

의 seed 인자와 동일한 역할을 수행한다. minval와 maxval의 차이가 클수록 더 다양한 값들이 발생할 수 있으며, 이에 대한 예제는 아래와 같다.

```
from matplotlib import pyplot as plt

unif_init1 = tf.keras.initializers.RandomUniform(minval=0, maxval=1)
unif_init2 = tf.keras.initializers.RandomUniform(minval=-2, maxval=2)

for i in range(100):
  value3 = unif_init1(shape=(1,1)).numpy()
  value4 = unif_init2(shape=(1,1)).numpy()
  plt.plot(i, value3[0,0], 'o', color = 'black')
  plt.plot(i, value4[0,0], '*', color = 'gray')

plt.title("Results of RandomUniform")
plt.show()
```

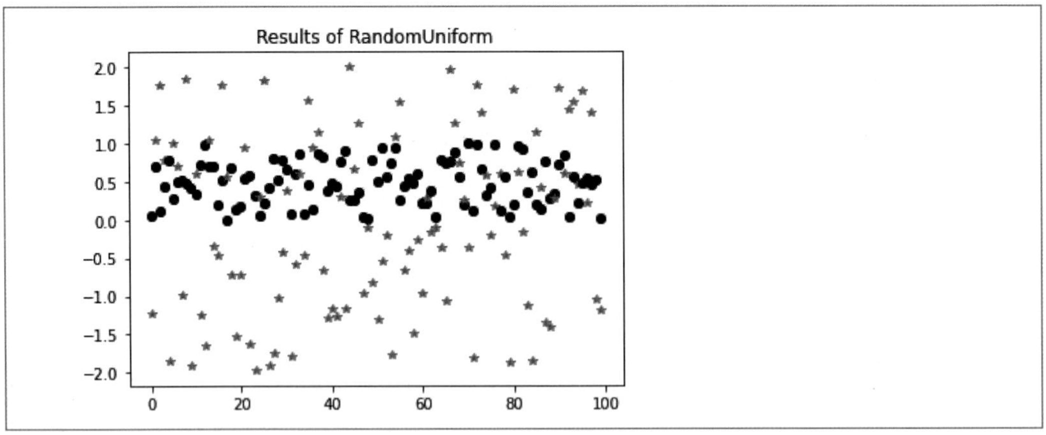

[그림 4-45] RandomUniform에 대한 Colab 실행 예

이외에도 정규 분포의 표준편차를 가변적으로 사용할 수 있는 GlorotNormal 방법과 하한 및 상한의 값을 가변적으로 조정할 수 있는 GlorotUniform 방법을 지원한다. 이들은 아래의 수식의 기반으로 동작한다. *fan_in*과 *fan_out*은 각각 가중치 텐서의 입력과 출력의 수를 의

미한다. 입력과 출력의 가중치 수가 증가할수록 표준편차를 작게 하고 상한과 하한의 범위를 좁게 하여 가중치 값이 생성되는 범위를 조정하였다.

$$stddev = \sqrt{\left(\frac{2}{(fan\_in + fan\_out)}\right)}$$

$$[-limit, +limit],\ limit = \sqrt{\left(\frac{6}{fan\_in + fan\_out}\right)}$$

모든 초기화 값을 0, 1 또는 특정 상수로 생성하도록 하는 Zeros, Ones, Constant 방법을 지원하며, 이들의 원형은 아래와 같다.

```
tf.keras.initializers.Zeros()
```

```
tf.keras.initializers.Ones()
```

```
tf.keras.initializers.Constant(value=0)
```

아래의 예제는 위의 방법을 사용하여 초기화 값을 생성한 것이다.

```
init_ones = tf.keras.initializers.Ones()
init_zeros = tf.keras.initializers.Zeros()
init_constant = tf.keras.initializers.Constant(value=3)

print("one init : ", init_ones(shape=(1,5)).numpy())
print("\nzeros init : ", init_zeros(shape=(1,5)).numpy())
print("\nconstant init : ", init_constant(shape=(1,5)).numpy())
```

```
one init :  [[1. 1. 1. 1. 1.]]
zeros init :  [[0. 0. 0. 0. 0.]]
constant init :  [[3. 3. 3. 3. 3.]]
```

[그림 4-46] Ones, Zeros, Constant에 대한 Colab 실행 예

4) 가중치 정규화 함수 API

정규화(Regularizer)는 레이어 변수 또는 최적화 중의 레이어 조정 활동에 임의의 조작을 가하기 위하여 적용하는 페널티로, 가중치가 작은 값을 가지도록 강제하여 가중치 값의 분포를 균일하게 하도록 한다.

L_1, L_2 방법을 지원하며, 이 두 가지 방법을 함께 사용할 수도 있다. 이들 함수의 원형은 아래와 같다. L_1은 가중치의 절댓값에 비례하여 페널티를 조정하고, L_2는 가중치의 제곱에 비례하여 페널티를 조정한다.

```
tf.keras.regularizers.l1(l1=0.01, **kwargs)
```

```
tf.keras.regularizers.l2(l2=0.01, **kwargs)
```

```
tf.keras.regularizers.l1_l2(l1=0.01, l2=0.01)
```

5) 주요 레이어 API

케라스에서 지원하는 기본적이면서 핵심적인 레이어의 함수 Input(), Dense() 레이어에 대하여 알아보자.

Input()은 케라스 텐서를 인스턴스화하기 위하여 사용된다. 케라스 텐서는 텐서플로우 텐서 객체로, 모델의 입력과 출력을 아는 것으로도 케라스 모델을 구축할 수 있도록 특정 속성을 생성하도록 해준다. 이 함수의 원형은 아래와 같다.

```
tf.keras.Input(
    shape=None,
    batch_size=None,
    name=None,
    dtype=None,
    sparse=False,
    tensor=None,
    ragged=False,
    **kwargs )
```

shape는 정수로 표현되는 형태 튜플로 배치 크기를 포함하지 않는다. 예를 들어 shape=(32,)는 입력이 32차원 벡터의 배치일 것이라는 것을 의미한다. 이 인자는 None로 설정될 수 있으면, 이는 형태를 알고 있지 않음을 의미한다. batch_size는 배치 크기를 설정하는 것이다. name은 레이어의 이름을 설정하는 문자열 인자로, 모델에서 각 레이어마다 고유한 이름을 가져야 한다. 이 인자가 None이면 자동으로 생성된다. dtype는 예상되는 입력 데이터의 자료형에 대한 문자열으로, float32, float64, int32 등이 사용될 수 있다. sparse는 플레이스홀더(Placeholder)가 희소(Sparse)인지 여부를 지정하는 논리 자료형 인자이다. tensor는 입력 레이어에 래핑(Wrapping)할 기존의 텐서를 지정하는 선택적 인자로, 이 인자를 사용하면 새로운 플레이스홀더 텐서를 생성하는 대신에 이 인자에 설정된 기존 텐서의 tf.TypeSpec를 이용한다. ragged는 플레이스홀더가 비정형(Ragged)인지 여부를 지정하는 논리 자료형 인자로, 이 인자와 sparse 인자 중 하나만 True 값을 가져야 한다.

아래 예제는 Input() 방법을 이용한 간단한 모델 수행이다. Input() 방법을 이용하여 32차원의 입력 벡터 *x*를 선언하고, 이를 입력으로 받아서 연산 과정을 거친 후에 16개의 출력값을 softmax() 방법으로 반환하는 *y*를 선언하였다. 모델의 입력과 출력을 각각 *x*와 *y*로 선언한 model 만들었다. 이에 임의의 32차원 입력을 전달하면 출력 *y*가 생성됨을 확인할 수 있다.

```
import tensorflow as tf
from tensorflow.keras import Input
```

```
from tensorflow.keras import layers
from tensorflow.keras import Model

x = Input(shape=(32,))
y = layers.Dense(16, activation='softmax')(x)
model = Model(x, y)

norm = tf.random.normal([1, 32], mean=-1, stddev=10, dtype="half")
model(norm)
```

```
<tf.Tensor: shape=(1, 16), dtype=float32, numpy=
array([[1.2338816e-04, 3.9741205e-10, 4.7804311e-05, 2.0904923e-03,
        1.3210494e-09, 1.2445989e-07, 2.9848103e-08, 3.8842884e-01,
        3.6156171e-03, 1.2632728e-07, 5.3269792e-01, 5.0134990e-17,
        7.2928511e-02, 8.2636636e-15, 6.9458237e-12, 6.7149747e-05]],
      dtype=float32)>
```

[그림 4-47] Input() 이용한 모델에 대한 Colab 실행 예

Dense() 방법은 케라스에서 가장 많이 사용되는 레이어 중에 하나이며, 모든 입력이 레이어의 모든 가중치와 연결된 인공 신공망으로 원형은 아래와 같다.

```
tf.keras.layers.Dense(
    units,
    activation=None,
    use_bias=True,
    kernel_initializer="glorot_uniform",
    bias_initializer="zeros",
    kernel_regularizer=None,
    bias_regularizer=None,
    activity_regularizer=None,
    kernel_constraint=None,
    bias_constraint=None,
    **kwargs)
```

units는 양수인 정수로, 출력의 차원을 나타낸다. activation은 출력을 결정하는 활성화 함수를 나타내며, 특별히 정의되지 않는다면 활성화 함수의 입력값이 그대로 출력값이 된다. use_bias는 바이어스를 사용할지를 결정하는 논리 자료형 인자이다. kernel_initializer는 레이어의 가중치를 초기화하는 방법을 지정하는 것이고, bias_initializer는 바이어스의 초기화 방법을 지정하는 인자이다. kernel_regularizer, bias_regularizer, activity_regularizer는 각각 가중치, 바이어스, 활성화에 적용되는 정규화 기능을 지정하기 위해 사용된다. kernel_constraint, bias_constraint는 가중치와 바이어스의 제약에 사용되는 방법을 지정하는 인자이다.

이 방법의 출력은 다음의 수식으로 결정된다.

$$output = activation(dot(input, kernel) + bias)$$

activation은 활성화 함수를 의미하며, input은 입력 데이터, kernel은 레이어의 가중치, bias는 편향을 나타낸다. dot()는 내적 연산을 의미한다. 입력에 가중치를 곱하고 바이어스를 더한 후에 활성화 함수를 통해 결과를 반환하는 대표적인 인공 신경망의 연산 과정이다.

6) 컨볼루션 레이어 API

케라스에서는 다양한 차원의 컨볼루션 연산을 수행할 수 있는 레이어를 지원한다. 가장 단순한 형태인 1차원 컨볼루션을 위하여 Conv1D를 지원하며 원형은 아래와 같다.

```
tf.keras.layers.Conv1D(
    filters,
    kernel_size,
    strides=1,
    padding="valid",
    data_format="channels_last",
    dilation_rate=1,
    groups=1,
    activation=None,
    use_bias=True,
    kernel_initializer="glorot_uniform",
```

```
        bias_initializer="zeros",
        kernel_regularizer=None,
        bias_regularizer=None,
        activity_regularizer=None,
        kernel_constraint=None,
        bias_constraint=None,
        **kwargs)
```

filters는 출력 공간의 차원을 의미하는 정수로, 컨볼루션의 출력 필수의 수를 나타낸다. kernel_size는 1차원 컨볼루션 윈도우의 길이를 나타내는 단일 정수 또는 튜플/리스트이다. strides는 윈도우의 슬라이딩 간격을 의미하는 스트라이드를 지정하는 인자이다. padding은 입력 데이터에서 컨볼루션 윈도우가 적용되지 않는 공간을 처리하기 위한 방법을 지정하는 인자로, valid, same, 또는 causal 중 하나의 방법을 사용할 수 있다. valid는 패딩을 수행하지 않는다는 의미이며, 입력 데이터 중에서 컨볼루션 윈도우가 적용 가능한 데이터에 대해서만 연산을 수행한 결과를 반환한다. same은 출력이 입력과 동일한 차원을 가지도록 하기 위하여 입력 데이터의 좌우 또는 상하로 패딩을 수행함을 의미한다. causal은 주로 시계열 데이터에 대하여 causal 컨볼루션을 수행할 때에 지정하는 인자로, 이전 컨볼루션 윈도우의 계산값을 현재 윈도우의 계산에 반영한다. data_format은 channels_last 또는 channels_first를 중 하나를 나타내는 문자열이다. groups는 입력을 채널 축을 따라 분할되는 그룹의 수를 지정하는 양수이다. 나머지 인자들은 Dense() 방법의 인자들과 동일한 용도로 사용되었다. dilation_rate는 입력 데이터에 컨볼루션 윈도우를 적용하는 위치를 지정하는 인자이다. 예를 들어 dilation_rate=1이면 입력 데이터 위에 윈도우를 그대로 적용하고, dilation_rate=2이면 입력 데이터를 하나씩 건너뛰어 윈도우의 각 위치와 연산한다. 아래 그림은 길이가 2인 윈도우가 diliation_rate에 따라서 어떻게 적용되는지에 대한 간단한 예시이다. 회색으로 표시된 부분이 윈도우를 적용하는 위치를 나타낸다. dilation_rate=1인 경우에는 윈도우가 입력에 데이터를 순차적으로 사용하지만, dilation_rate=2이면 윈도우가 입력 데이터를 하나씩 건너뛰어 순차적으로 사용하게 된다.

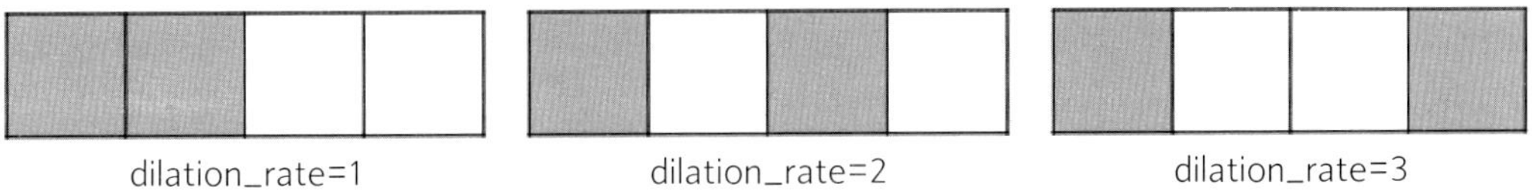

[그림 4-48] dilation_rate에 따른 윈도우 적용 예

아래는 Conv1D에 대한 간단한 예제이다. 배치 크기가 3이고, 길이가 1인 벡터 2개를 입력으로 선언하였다. 컨볼루션 레이어는 연산 결과를 쉽게 확인하기 위해 활성화를 수행하지 않고 계산된 결과를 그대로 출력하고, 레이어의 가중치도 모두 1이 되도록 하였다.

```
import tensorflow as tf

input_shape = (3, 2, 1)
x = tf.random.normal(input_shape)
y = tf.keras.layers.Conv1D(
    filters=1, kernel_size=2, activation=None, kernel_initializer = 'ones',
    input_shape=input_shape[1:])(x)

print("input ", x)
print("\nconv1D : ", y)
```

```
input  tf.Tensor(
[[[-0.16043147]
  [ 0.02068557]]

 [[ 0.385394  ]
  [ 0.5096423 ]]

 [[ 1.0090989 ]
  [-0.25729242]]], shape=(3, 2, 1), dtype=float32)

conv1D :  tf.Tensor(
[[[-0.1397459 ]]

 [[ 0.89503634]]

 [[ 0.7518065 ]]], shape=(3, 1, 1), dtype=float32)
```

[그림 4-49] Conv1D 연산에 대한 Colab 실행 예1

이 예제에서는 컨볼루션 연산을 위한 필터 수는 1개이고, 윈도우 크기는 2로 설정하였다. 이 예제의 연산 과정을 살펴보자. 먼저 각 배치에 윈도우가 적용되어 계산이 수행되고 활성화 단계가 None이므로 계산 결과가 그대로 출력되므로 직관적으로 출력값을 유추할 수 있다.

위 예제에서 배치 크기를 3, 길이 1인 벡터 3개를 입력으로 변경하고, 컨볼루션 필터(윈도우) 수를 2개로 변경하여 좀 더 복잡한 연산을 살펴보자. 이에 대한 코드 및 실행 결과는 아래와 같다.

```
input_shape = (3, 3, 1)
x = tf.random.normal(input_shape)
y = tf.keras.layers.Conv1D(
    filters=2, kernel_size=2, activation=None, kernel_initializer = 'ones',
    input_shape=input_shape[1:])(x)

print("input ", x)
print("\nconv1D : ", y)
```

```
input  tf.Tensor(
[[[-1.3343631 ]
  [ 0.26213557]
  [-0.52546805]]

 [[ 0.29413816]
  [-1.7074261 ]
  [-0.42327222]]

 [[ 1.3521407 ]
  [-0.25541195]
  [ 1.1116533 ]]], shape=(3, 3, 1), dtype=float32)

conv1D :  tf.Tensor(
[[[-1.0722275  -1.0722275 ]
  [-0.2633325  -0.2633325 ]]

 [[-1.4132879  -1.4132879 ]
  [-2.1306982  -2.1306982 ]]

 [[ 1.0967287   1.0967287 ]
  [ 0.85624135  0.85624135]]], shape=(3, 2, 2), dtype=float32)
```

[그림 4-50] Conv1D 연산에 대한 Colab 실행 예2

이전 장에서 컨볼루션 연산에 대하여 이론적으로 설명한 내용이 Conv1D에서 어떻게 적용되는지 이 예제를 통하여 확인해 보자. 우선 입력 데이터의 형태와 컨볼루션에 정의된 필터(윈도우)의 수와 길이를 기반으로 Conv1D의 출력 형태를 예측해 보자. 컨볼루션은 각각의 배치에 독립적으로 수행하며, 배치의 수가 3이므로 출력 형태의 첫 번째 요소는 3이 된다. 입력 데이터는 길이가 3이고 컨볼루션 수행을 위한 윈도우의 길이는 2, 스트라이드는 1, 그리고 패딩을 수행하지 않으므로, 길이 3의 입력 데이터에 대하여 윈도우가 2번 적용되어 결과가 반영되고 출력 형태의 두 번째 요소는 2가 된다. 마지막으로 컨볼루션 윈도우 수가 2이고, 윈도우는 배치에 각각 적용되어 결과를 반환하므로, 출력 형태의 세 번째 요소는 2가 된다. 정리하며, 입력 데이터의 형태가 (3, 3, 1)인 경우에 컨볼루션을 위한 윈도우 수를 2, 윈도우 길이를 2, 스트라이드를 1, 그리고 패딩을 수행하지 않는다고 설정하면 Conv1D의 출력 형태는 (3, 2, 2)가 된다.

컨볼루션의 윈도우가 적용되는 과정에 대한 예시가 아래 그림과 같다. 이 그림에서는 첫 번째 배치에 대하여 컨볼루션의 첫 번째 윈도우가 동작하는 것을 보여 준다. 첫 번째 배치의 데이터에 윈도우를 적용하여, 각각의 위치에 대응하는 입력값과 필터값을 곱한 후에 합한다. 이 값을 활성화 함수에 입력하고, 활성화 함수의 출력값이 Conv1D의 결괏값에 저장된다. 다음 단계에서는 윈도우를 스트라이드에서 설정된 값만큼 이동시킨 후 앞의 과정을 동일하게 수행하면 된다.

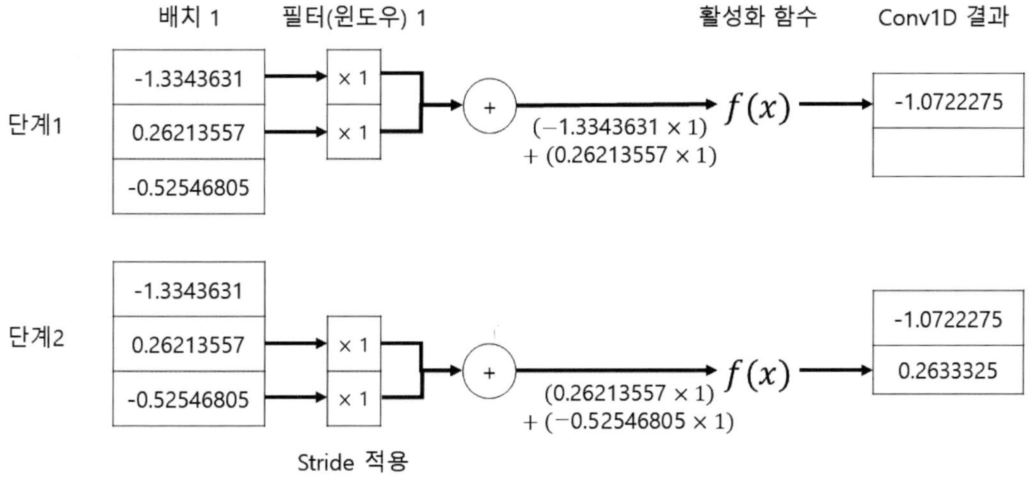

[그림 4-51] Conv1D 연산 과정

2차원 3차원 입력에 대한 컨볼루션을 위한 Conv2D, Conv3D 방법도 지원되며, 이들에 사용되는 인자도 Conv1D와 대부분 동일하다. 다만 차원이 증가하므로 이에 맞도록 설정값들이 바뀐다. 예를 들어 Conv1D에서는 1차원으로 윈도우가 이동하므로 strides=1, dilation_rate=1로 설정하지만, Conv2D는 윈도우가 2차원에서 동작해야 하므로 strides=(1,1), dilation_rate=(1,1)와 같이 2차원 데이터의 행(가로 방향)과 열(세로 방향)에 대하여 모두 설정하여야 한다. 또한, 윈도우의 크기도 kernel_size=(3,2)와 같이 가로와 세로 방향의 크기를 다르게 설정하는 것도 가능하다.

7) 풀링 레이어 API

풀링은 다운 샘플링을 수행하는 방법으로, 케라스에서는 다양한 풀링 방법을 지원하고 있다. 가장 기본적인 방법으로 1차원 데이터에 일정 크기의 윈도우를 적용하여 윈도우 내부의 값 중에서 최댓값을 반환하는 MaxPooling1D가 있으며, 원형은 아래와 같다.

```
tf.keras.layers.MaxPooling1D(
    pool_size=2,
    strides=None,
    padding="valid",
    data_format="channels_last",
    **kwargs)
```

pool_size는 풀링을 적용할 윈도우의 크기를 지정하는 정수이다. strides는 윈도우 슬라이딩 방식에서 윈도우를 이동하는 간격을 지정하는 정수형의 인자로, None으로 설정되어 있다면 pool_size에 설정된 값을 기본값으로 사용한다. padding은 입력 데이터에서 컨볼루션 윈도우가 적용되지 않는 공간을 처리하기 위한 방법을 지정하는 인자로, valid 또는 same을 사용할 수 있다. data_format은 channels_first 또는 channels_last 중에 하나를 설정하는 문자열 인자로, 입력 데이터의 차원 순서를 나타낸다. channels_first는 입력이 배치(Batch), 특징(Feature), 단계(Steps)이고, channels_last는 (배치, 단계, 특징)의 순서로 대응한다. 특징과 단계라는 단어는 케라스를 설명하기 위한 홈페이지(keras.io)에서 사용한 용어를 그대로 사용한 것이다. 풀링 과정에서 특징, 단계의 의미는 각각 데이터의 길이와 특정 길이를 가지는 데이터의 수이다. 예를 들어 (3, 2, 4)는 3개의 데이터 집합이고, 각각의 데이터 집합은 2개의 데이터로 구성된 데이터 묶음 4개로 구성된다는 의미이다. 아래 예제는 MaxPooling1D을 수행한 결과이다. tf.constant() 함수를 이용하여 10개의 상수를 가지는 데이터 x를 만들고, 이 데이터에 tf.reshape() 이용하여 배치 1, 단계 5, 특징 2의 형태를 가지도록 x1로 변환시켜 풀링을 수행할 입력 데이터로 사용하였다. 풀링을 위한 인자로 윈도우의 길이는 2로 설정하고, 윈도우를 1씩 이동시키면서 윈도우 내의 값 중에서 최댓값을 반환하도록 하였다. 앞에서 설명한 Conv1D에서 윈도우가 적용되는 방식과 동일하게 MaxPooling에서도 윈도우가 반영된다. 윈도우 내에서 최댓값이 반환됨을 결과를 통하여 확인할 수 있다.

```
import tensorflow as tf

x = tf.constant([1., 3., 5., 7., 9., 2., 4., 6., 8., 10.])
x1 = tf.reshape(x, [1, 5, 2])
maxpool1d = tf.keras.layers.MaxPooling1D(pool_size=2, strides=1,
                                          padding='valid')(x1)

print("input : ", x1)
print("\nmax pooling 1d : " ,maxpool1d)
```

```
input :  tf.Tensor(
[[[ 1.  3.]
  [ 5.  7.]
  [ 9.  2.]
  [ 4.  6.]
  [ 8. 10.]]], shape=(1, 5, 2), dtype=float32)

max pooling 1d :  tf.Tensor(
[[[ 5.  7.]
  [ 9.  7.]
  [ 9.  6.]
  [ 8. 10.]]], shape=(1, 4, 2), dtype=float32)
```

[그림 4-52] MaxPooling1D 연산에 대한 Colab 실행 예

평균값을 반환하는 방법으로 AveragePooling1D가 있으며, 함수의 인자는 MaxPooling1D와 동일하다. 아래 예제는 AveragePooling1D을 수행한 결과이다. 데이터 x를 배치 1, 단계 2, 특징 5의 형태를 가지도록 x2로 변환시켜 풀링을 수행할 입력 데이터로 사용하였다. 풀링을 위한 윈도우는 2의 길이를 가지고 1씩 이동하도록 지정하고, 앞의 예제와 다르게 padding='same'으로 설정하였다. 출력의 크기가 입력과 동일하도록 설정하였으므로 입력과 출력이 같은 형태를 가짐을 확인할 수 있다.

```
x2 = tf.reshape(x, [1, 2, 5])
averagepool1d = tf.keras.layers.AveragePooling1D(pool_size=2, strides=1,
                                                  padding='same')(x2)
print("input : ", x2)
print("\nAverage pooling 1d : " ,averagepool1d)
```

```
input :  tf.Tensor(
[[[ 1.  3.  5.  7.  9.]
  [ 2.  4.  6.  8. 10.]]], shape=(1, 2, 5), dtype=float32)

Average pooling 1d :  tf.Tensor(
[[[ 1.5  3.5  5.5  7.5  9.5]
  [ 2.   4.   6.   8.  10. ]]], shape=(1, 2, 5), dtype=float32)
```

[그림 4-53] AveragePooling1D 연산에 대한 Colab 실행 예

MaxPooling 또는 AveragePooling 방법은 설정된 pool_size와 strides에 의해 적용되는 윈도우 내에서 최댓값 또는 평균값을 반환하는 방식이지만, 이와는 다르게 입력 데이터의 특징에서 최댓값 또는 평균값을 반환할 수 있는 방법인 GlobalMaxPooling, GlobalAveragePooling도 지원한다. 1차원으로 풀링을 수행하는 이들 방법의 원형은 아래와 같다. 이들은 앞의 방법들과 다르게 pool_size와 strides이 없고, 필요시에 data_format만 설정해 주면 된다.

```
tf.keras.layers.GlobalMaxPooling1D(data_format="channels_last", **kwargs)
```

```
tf.keras.layers.GlobalAveragePooling1D(data_format="channels_last", **kwargs)
```

위의 방법을 사용하여 입력 데이터 전체에서 특정값을 반환하는 예제는 다음과 같다. 풀링을 위한 데이터는 AveragePooling1D 방법에서 사용한 것과 동일하게 사용하였다. 반환된 값을 살펴보면 단계에 상관없이 특징의 위치별로 최댓값 또는 평균값이 출력됨을 확인할 수 있다.

```
globalmaxpool1d = tf.keras.layers.GlobalMaxPooling1D()(x2)
globalaveragepool1d = tf.keras.layers.GlobalAveragePooling1D()(x2)

print("Global max pooling 1d : " ,globalmaxpool1d)
print("\nGlobal average pooling 1d : " ,globalaveragepool1d)
```

```
Global max pooling 1d :  tf.Tensor([[ 2.  4.  6.  8. 10.]], shape=(1, 5), dtype=float32)

Global average pooling 1d :  tf.Tensor([[1.5 3.5 5.5 7.5 9.5]], shape=(1, 5), dtype=float32)
```

[그림 4-54] GlobalMaxPooling1D, GlobalAveragePooling1D 연산에 대한 Colab 실행 예

풀링도 컨볼루션과 마찬가지로 2~3차원으로 확장된 방법인 MaxPooling2D, MaxPooling3D, AveragePooling2D, AveragePooling3D, GlobalMaxPooling2D, GlobalMaxPooling3D, GlobalAveragePooling2D, GlobalAveragePooling3D을 제공하며, 사용되는 인자도 동일하다.

4.3 학습 및 평가 데이터 지원

케라스에서는 학습 및 평가에 예제에 활용할 수 있는 데이터를 제공하고 있으며, 이는 아래와 같다.

데이터세트명	용도	함수명
MNIST	분류	tf.keras.datasets.mnist.load_data( )
CIFAR10	분류	tf.keras.datasets.cifar10.load_data( )
CIFAR100	분류	tf.keras.datasets.cifar100.load_data( )
IMDB movie review sentiment	분류	tf.keras.datasets.imdb.load_data( ) tf.keras.datasets.imdb.get_word_index( )

Reuters newswire	분류	tf.keras.datasets.reuters.load_data( ) tf.keras.datasets.reuters.get_word_index( )
Fashion MNIST	분류	tf.keras.datasets.fashion_mnist.load_data( )
Boston Housing price	회귀	tf.keras.datasets.boston_housing.load_data( )

[표 4-3] 케라스에서 제공하는 데이터 세트

MNIST는 관련 사이트(http://yann.lecun.com/exdb/mnist/)에서 제공하는 0~9까지의 숫자 필기체에 대한 데이터로 각각의 데이터는 28×28 크기의 그레이 영상이고, 테스트 세트 1만 장을 포함하여 총 6만 장의 이미지를 제공한다. CIFAR은 관련 사이트(https://www.cs.toronto.edu/~kriz/cifar.html)에서 제공하는 데이터로 컵, 탁자, 의자 등 다양한 종류에 대한 32×32 크기의 컬러 이미지를 제공한다. CIFAR10은 총 10개의 범주(Class)에 대하여 1만 장의 테스트 세트를 포함하여 총 6만 장의 이미지를 제공하며, 각각의 범주는 6천 장의 이미지로 구성된다.

[그림 4-55] CIFAR 예

CIFAR100은 총 100개의 범주에 대하여 600개의 이미지를 제공하며, 각각의 범주는 100장의 테스트 이미지와 500장의 훈련 이미지로 구성된다. CIFAR100에서는 범주를 총 20개의 상위 범주(Superclass)로 구분하여, 범주를 "fine" 라벨이라고 하고, 각 범주가 속한 상위 범주를 "coarse" 라벨이라고 명칭하며, 이에 대한 예시는 아래 표와 같다.

Superclass	Classes
flowers	orchids, poppies, roses, sunflowers, trout
people	baby, boy girl, man, woman
trees	maple, oak, palm, pine, willow

IMDB는 관련 사이트(https://ai.stanford.edu/~amaas/data/sentiment/)에서 제공하는 2만 5천 건의 영화 리뷰 데이터로, 이들은 2가지 의견(긍정적 또는 부정적)으로 라벨되어 있다. 각각의 리뷰는 단어를 정수 단위의 색인 목록으로 인코딩되어 있다. 예를 들어 정수 "2"는 데이터에서 두 번째로 많이 사용되는 단어가 인코딩된다. 이를 기반으로 학습에 사용하고자 하는 단어들을 필터링할 수 있다. 예로써 사용 빈도가 높은 만 개의 단어를 고려하고, 가장 많이 사용되는 상위 10개 단어는 제거하는 방식을 사용할 수 있다.

Reuters newswire(뉴스 제공 서비스)는 11,228개의 newswire를 46개 이상의 주제로 라벨링된 데이터이다. IMDB와 마찬가지로 정수 단위 색인 목록으로 인코딩되어 있다. 통상적으로, 정수 "0"은 특정 단어가 아닌 알 수 없는 단어를 인코딩하는 데 사용된다. Fashion MNIST는 의상에 대한 데이터로 MNIST와 마찬가지로 28×28 크기의 그레이 영상을 제공하며, 테스트 세트 1만 장을 포함하여 총 6만 장의 이미지로 구성된다. 이 데이터의 라벨은 다음과 같다.

라벨	라벨 설명
0	T-shirt/top
1	Trouser
2	Pullover
3	Dress
4	Coat
5	Sandal
6	Shirt
7	Sneaker
8	Bag
9	Ankle boot

Boston housing prise는 관련 사이트(http://lib.stat.cmu.edu/datasets/boston)에서 제공하는 보스턴 교외의 다양한 위치의 주택에 대한 13가지 속성을 나타내는 데이터이며, 이 데이터들의 목적은 주택의 중앙값을 찾는 것이다. 속성은 각 마을의 1인당 범죄율을 나타내는 CRIM, 2만 5천 평방피트 이상의 부지에 구역화된 주거용 토지의 비율인 ZN, 마을별 학생과 교사의 비율인 PTRATIO 등으로 다양하게 구성되어 있다.

4.4 실제 활용 예제

여기서는 케라스와 텐서플로우를 기반으로 파이참과 Colab에 환경에서 하나씩의 예제를 실제로 동작시켜 보고자 한다. 앞에서 설명하였듯이, 인공 신경망 개발 환경을 구축하는 것은 많은 작업을 요구하며, GPU와 같은 추가적인 하드웨어도 요구한다. 이러한 환경을 구축하고 유지 관리할 수 있다면, 개별적으로 구축된 환경에서 파이참 등을 이용하여 학습을 수행하는 것이 좋을 것이다. 반변에 개별 개발 환경을 구축할 필요가 없거나 GPU 등의 하드웨어를 가지고 있지 않으며, 소규모의 인공 신경망에 대한 학습인 경우에는 Colab를 활용하는 것이 하나의 대안이 될 수 있다.

여기서 다루는 예제를 포함한 다양한 예제들을 텐서플로우와 케라스의 관련 홈페이지(https://www.tensorflow.org/tutorials, https://keras.io/examples/)에서 더 찾을 수 있으며, 인공 신경망, 텐서플로우와 케라스에 대한 공부를 위하여 이들을 직접 동작시켜 보는 것을 추천한다.

4.4.1 필기체 인식 : 학습 및 추론의 전 과정

아래 코드는 파이참에서 텐서플로우 기반의 케라스를 이용하여, 필기체로 작성된 숫자를 학습시키는 예제이다. 학습에 필요한 데이터는 텐서플로우에서 제공해 주는 것을 그대로 사용했다. 아래 그림은 학습 데이터의 일부를 보여 주고 있다. 학습을 위한 이미지가 총 6만 장이고, 테스트를 위한 이미지가 총 1만 장이 제공된다.

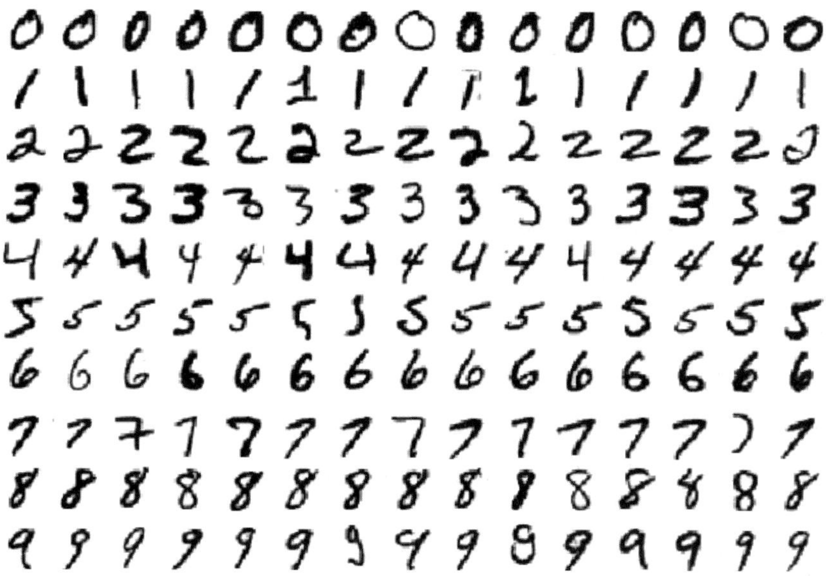

[그림 4-56] 필기체 숫자 인식을 위한 데이터 예 (MNIST)

지금까지 파이참에서 사용하지 않았던 새로운 라이브러리인 tensorflow를 사용하며, tensorflow 모듈을 사용하기 위해 먼저 설치를 하여야 한다. 이는 파이참의 파일 메뉴 아래의 설정으로 찾아가서, 프로젝트의 인터프리터(Interpreter)에서 추가할 수 있다. 또는 아나콘다 prompt를 실행 후에 pip를 이용하여 설치할 수 있으며, cpu만 사용하는 버전을 설치하기 위해서는 'pip install tensorflow' 명령어를 입력하고, gpu 버전을 설치하기 위해서는 'pip install tensorflow-gpu' 명령어를 입력하면 된다.

tensorflow 모듈에서 학습 데이터, 모델 생성, 신경망과 관련된 라이브러리를 선언하는 부분이 3번째 줄의 코드에 나와 있다. 6~9번째 줄까지의 코드에서는 학습 데이터와 테스트 데이터를 불러오고 이들을 학습에 적절하도록 변경하는 과정을 수행한다. 11~28번째 줄까지의 코드는 인공신경망을 설계하고 이를 표시해 주기 위한 코드이다. summary() 함수를 이용하여 직전까지 설계된 인공 신경망을 확인할 수 있다. 아래 그림은 11~23번째 줄까지의 코드에서 정의한 인공 신경망을 summary() 함수로 표시한 결과이다. 모든 층의 구성과 그 출력, 사용된 변수의 개수가 모두 알 수 있도록 표현된다.

```
_________________________________________________________________
Model: "sequential"
_________________________________________________________________
Layer (type)                 Output Shape              Param #   
=================================================================
conv2d (Conv2D)              (None, 26, 26, 32)        320       
_________________________________________________________________
max_pooling2d (MaxPooling2D) (None, 13, 13, 32)        0         
_________________________________________________________________
conv2d_1 (Conv2D)            (None, 11, 11, 64)        18496     
_________________________________________________________________
max_pooling2d_1 (MaxPooling2 (None, 5, 5, 64)          0         
_________________________________________________________________
conv2d_2 (Conv2D)            (None, 3, 3, 64)          36928     
_________________________________________________________________
flatten (Flatten)            (None, 576)               0         
_________________________________________________________________
dense (Dense)                (None, 64)                36928     
_________________________________________________________________
dense_1 (Dense)              (None, 10)                650       
=================================================================
Total params: 93,322
Trainable params: 93,322
Non-trainable params: 0
```

[그림 4-57] 예제에서 설계한 인공 신경망 모델

학습 데이터와 모델을 사용하여 학습을 진행하고 평가하기 위한 과정이 24~30번째 코드이다. 여기에서는 compile() 함수를 사용하여 최적화를 수행하기 위한 방법, 오차함수, 학습과 평가를 위하여 사용할 지표를 설정하고, fit() 함수를 이용하여 실제 학습을 수행한다. evaluate() 함수를 이용하여 학습된 모델의 성능을 평가할 수 있다. 이 코드를 실행하면 아래와 같은 결과를 얻을 수 있다. 그림의 (a)에서 전체 학습 데이터에 대하여 한 번의 반복 학습을 수행했을 때 정확도가 약 95%가 되었음을 알 수 있으며, (b)에서는 학습된 모델이 1만 장의 테스트용 데이터에서 98%의 정확도를 가진다는 것을 알 수 있다. 학습된 모델을 저장하기 위해서는 save() 함수를 이용할 수 있으며, 34번째 줄의 코드가 이 부분에 해당한다.

```
59616/60000 [============================>.] - ETA: 0s - loss: 0.1507 - accuracy: 0.9536
59776/60000 [============================>.] - ETA: 0s - loss: 0.1504 - accuracy: 0.9536
59936/60000 [============================>.] - ETA: 0s - loss: 0.1501 - accuracy: 0.9538
60000/60000 [==============================] - 25s 410us/sample - loss: 0.1500 - accuracy: 0.9538
```

(a)

```
 9056/10000 [==========================>...] - ETA: 0s - loss: 0.0497 - accuracy: 0.9827
 9568/10000 [===========================>..] - ETA: 0s - loss: 0.0476 - accuracy: 0.9834
10000/10000 [==============================] - 1s 113us/sample - loss: 0.0489 - accuracy: 0.9834
```

(b)

[그림 4-58] 필기체 숫자 학습

(a) 학습 결과 (b) 검증 결과

```
# MNIST 학습 예제 (c4_ministLearning.py)
# 관련 라이브러리 선언
from tensorflow.keras import datasets, layers, models
from createFolder import createFolder
# 학습 데이터 불러오기 및 전처리
(train_images, train_labels), (test_images, test_labels) = datasets.mnist.load_data()
train_images = train_images.reshape((60000, 28, 28, 1))
test_images = test_images.reshape((10000, 28, 28, 1))
train_images, test_images = train_images /255.0, test_images /255.0
# 은닉층 설계
model = models.Sequential()
model.add(layers.Conv2D(32, (3, 3), activation='relu', input_shape=(28, 28, 1)))
model.add(layers.MaxPooling2D((2, 2)))
model.add(layers.Conv2D(64, (3, 3), activation='relu'))
model.add(layers.MaxPooling2D((2, 2)))
model.add(layers.Conv2D(64, (3, 3), activation='relu'))
# 모델 표시
model.summary()
# 출력층 설계
model.add(layers.Flatten())
```

```
model.add(layers.Dense(64, activation='relu'))
model.add(layers.Dense(10, activation='softmax'))
model.summary()
# 학습과정 설정
model.compile(optimizer='adam',
              loss='sparse_categorical_crossentropy',
              metrics=['accuracy'])
# 학습 및 평가
model.fit(train_images, train_labels, epochs=1)
model.evaluate(test_images, test_labels)
# 결과 저장
save_dir ='./code_res_imgs/_minist'
createFolder(save_dir)
model.save(save_dir +'/mnist_model.h5')
```

아래 예제는 학습된 모델을 불러와서 추론하는 코드이다. 이때 학습된 모델은 앞의 예제의 결과물을 이용하며, 케라스에서 지원하는 load_model() 함수를 이용하여 쉽게 불러올 수 있다. 예제는 마우스를 이용하여 0~9 사이의 숫자를 입력 받은 후, 키보드에서 'i' 키를 누르면 추론을 수행하여 숫자를 입력한 창의 좌측 상단에 인식된 숫자를 표시하고, 'r' 키를 누르면 숫자를 재입력받도록 한다. 마우스를 통하여 숫자를 입력받는 부분은 OpenCV의 마우스 이벤트를 이용하여 구현하였으며, 10~21번째 줄의 코드이다. 입력된 숫자는 학습 시에 사용한 입력 데이터의 형태와 동일하게 해 주어야 하며, 34~37번째 줄의 코드가 형태를 변환하기 위한 것이다. 추론은 predict_classes() 함수를 이용하여 간단히 처리할 수 있다.

```
1  # MNIST 추론 예제 (c4_mnistInference.py)
2  # 관련 라이브러리 선언
3  import numpy as np
4  import cv2
5  from tensorflow.keras.models import load_model
```

```
# 학습된 모델 불러오기
save_dir ='./code_res_imgs/_minist'
model = load_model(save_dir +'/mnist_model.h5')
# 마우스 필기체 입력 받기
onDown =False
xset, yset =None, None
def onmouse(event, x, y, flags, params):
    global onDown, img1, xset, yset
    if event == cv2.EVENT_LBUTTONDOWN:
        onDown =True
    elif event == cv2.EVENT_MOUSEMOVE:
        if onDown ==True:
            cv2.line(img1, (xset,yset), (x,y), (0,0,0), 5)
    elif event == cv2.EVENT_LBUTTONUP:
        onDown =False
    xset, yset = x,y
# 입력 필기체 인식 및 결과 출력
cv2.namedWindow("Input")
cv2.setMouseCallback("Input", onmouse)
width, height =280, 280
img1 = np.ones((280,280,3), np.uint8) *255
res_index =1
while True:
    cv2.imshow("Input", img1)
    key = cv2.waitKey(1)
    if key == ord('r'):
        img1 = np.ones((280,280,3), np.uint8) *255
    if key == ord('i'):
        x_resize = cv2.resize(img1, dsize=(28,28), interpolation=cv2.INTER_AREA)
        x_gray = cv2.cvtColor(x_resize, cv2.COLOR_BGR2GRAY)
        x_gray = ~x_gray
```

```
            x = x_gray.reshape(1, 28, 28, 1)
            y = model.predict_classes(x)
            cv2.putText(img1, str(y), (10,30), cv2.FONT_HERSHEY_COMPLEX, 1.0, (128,128,128), 2)
            cv2.imwrite(save_dir +'/'+str(res_index) +'.jpg', img1)
            res_index +=1
        if key == ord('q'):
            break
    # 영상창 닫기
    cv2.destroyAllWindows()
```

아래 그림은 위 예제의 결과의 예이다. 그림의 (a)는 인식에 성공한 결과로, 숫자에 대해 모호하게 작성되지 않은 필기체들은 올바르게 인식됨을 알 수 있다. 그림의 (b)는 잘못 인식된 결과를 보여 주고 있다. 숫자 5를 8이나 7로 인식하기도 하며, 숫자 8을 2로, 숫자 2를 4로 숫자 9를 3으로 오인식되기도 한다. 이러한 현황이 나타나는 이유는 학습 과정에서 각 숫자의 고유한 특징이 학습되는데, 그렇게 학습된 특징의 분별력이 저하되기 때문이다. 이러한 현상을 줄이기 위해서는, 학습 데이터와 학습 횟수를 증가시키는 방법과 더 깊은 인공 신경망을 설계하는 방법이 있다.

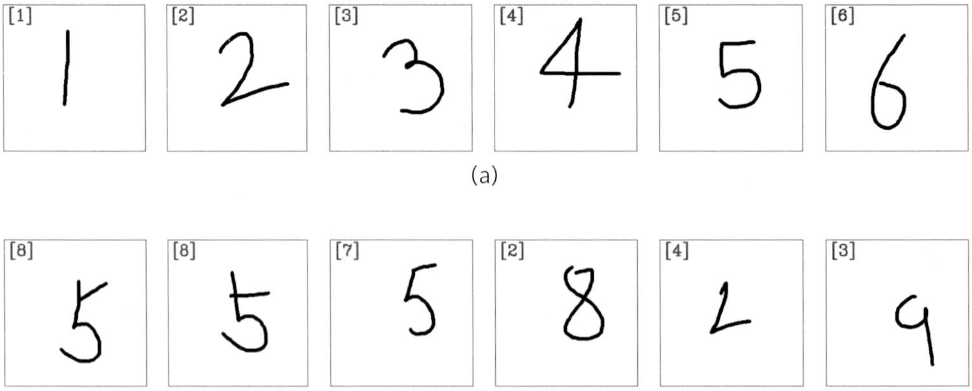

(a)

(b)

[그림 4-59] 필기체 숫자 인식 결과

(a) 올바른 인식 (b) 잘못된 인식

4.4.2 영상 향상 : 초해상도(Super-resolution) 영상 생성

이번에 설명하는 예제는[1] Colab에서 초해상도 영상을 생성하도록 하는 인공 신경망에 대한 것으로, 설명의 편의와 학습 시간을 줄이기 위하여 일부 코드의 순서 및 내용을 수정하였다. 사용하는 데이터 세트는 BSDS500[2]으로, 영상의 경계 검지와 영역 군집화를 위하여 사용되는 데이터이다. 이 예제에서 초해상도 영상 생성 인공 신경망을 만들기 위한 절차는 아래 그림과 같다.

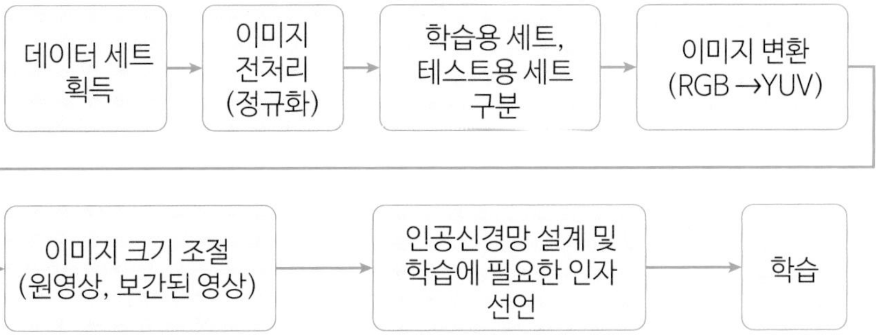

[그림 4-60] 초해상도 영상 생성 예제의 전반적인 처리 순서

실제 인공 신경망을 설계하고 학습하는 방식은 앞의 예제와 유사하며, 이번 예제에서는 데이터를 불러오고, 화면에 출력하는 방법에 대하여 배우기에 좋은 예제일 수 있다. 먼저, 관련 라이브러리는 아래와 같으며, 텐서플로우와 케라스에 대한 것들 이외에도 화면에 이미지를 출력하기 위한 라이브러리들이 더 추가되었다.

```
# 관련 라이브러리 선언
import tensorflow as tf

import os
import math
```

1) https://keras.io/examples/vision/super_resolution_sub_pixel/
2) https://www2.eecs.berkeley.edu/Research/Projects/CS/vision/grouping/resources.html

```
import numpy as np

from tensorflow import keras
from tensorflow.keras import layers
from tensorflow.keras.preprocessing.image import load_img
from tensorflow.keras.preprocessing.image import array_to_img
from tensorflow.keras.preprocessing.image import img_to_array
from tensorflow.keras.preprocessing import image_dataset_from_directory

from IPython.display import display

# 영상 출력을 위한 라이브러리
import matplotlib.pyplot as plt
from mpl_toolkits.axes_grid1.inset_locator import zoomed_inset_axes
from mpl_toolkits.axes_grid1.inset_locator import mark_inset
import PIL
```

다음으로는 이미지를 정규화하기 위하여 사용하는 scaling() 함수를 정의하였다. 일반적으로 이미지를 활용한 딥러닝 학습에서는 픽셀값을 0과 1 사이의 실수값으로 정규화 후에 사용한다. 그 이유는 정규화를 사용하지 않은 인공신경망의 계층 간에 전달되는 일부 값이 매우 크면 다른 성분(가중치)들이 학습에 반영되지 않을 수 있기 때문이다. RGB 이미지를 YUV 이미지로 변환하고 "area"(BICUBIC) 보간법을 기반으로 크기를 조절한 Y 이미지를 반환하는 process_input() 함수와 RGB 이미지를 YUV 이미지로 변환한 후 Y 이미지를 반환하는 processing_target() 함수를 정의하였다.

```
# 이미지 전처리 관련 연산 선언
# 이미지의 픽셀값을 (0~1)로 정규화 연산
def scaling(input_image):
    input_image = input_image / 255.0
```

```
        return input_image

# RGB 영상을 YUV(YCbCr) 영상으로 변경하고 크기 조절 연산
def process_input(input, input_size, upscale_factor):
    input = tf.image.rgb_to_yuv(input)
    last_dimension_axis = len(input.shape) - 1
    y, u, v = tf.split(input, 3, axis=last_dimension_axis)
    return tf.image.resize(y, [input_size, input_size], method="area")

def process_target(input):
    input = tf.image.rgb_to_yuv(input)
    last_dimension_axis = len(input.shape) - 1
    y, u, v = tf.split(input, 3, axis=last_dimension_axis)
    return y
```

다음으로 이미지를 화면에 출력하는 데 사용하는 함수들을 정의하였다. 이러한 함수들은 다양하게 활용될 수 있기 때문에 관심 있게 살펴보는 것을 추천한다. 이미지를 배열로 변환하도록 지원하는 img_to_array() 함수가 있고, pyplot 기반으로 영상을 표시하고 저장 및 화면에 출력할 수 있다.

```
#초해상도 이미지를 줌인 영역과 함께 저장 및 표시
def plot_results(img, prefix, title):
    img_array = img_to_array(img)
    img_array = img_array.astype("float32") / 255.0

    # 새로운 이미지 생성
    fig, ax = plt.subplots()
    im = ax.imshow(img_array[::-1], origin="lower")

    plt.title(title)
```

```
    # 줌인 인자: 2.0, 위치: 좌측상단
    axins = zoomed_inset_axes(ax, 2, loc=2)
    axins.imshow(img_array[::-1], origin="lower")

    # 경계 설정
    x1, x2, y1, y2 = 200, 300, 100, 200
    # x(가로방향) 제한 적용
    axins.set_xlim(x1, x2)
    # y(세로방향) 제한 적용
    axins.set_ylim(y1, y2)

    plt.yticks(visible=False)
    plt.xticks(visible=False)

    # 경계라인 그리기
    mark_inset(ax, axins, loc1=1, loc2=3, fc="none", ec="blue")
    plt.savefig(str(prefix) + "-" + title + ".png")
    plt.show()
```

이미지를 원하는 비율로 조정하는 기능을 수행하는 get_lowres_image() 함수와 이미지를 YCbCr로 변환한 후에 이 이미지를 모델에 적용하여 초해상도 이미지를 획득하고, 결과 이미지를 다시 RGB로 변환하여 반환하는 upscale_image() 함수를 정의하였다. 이러한 기능은 모델을 학습하고 결과를 확인하는 과정에 활용될 수 있으며, 코드를 필요에 맞도록 수정하여 적용해 보면서 결과가 어떻게 변화되는지 확인해 보는 것도 좋은 공부가 될 수 있다.

```
#초해상도 처리 이전의 영상 반환
def get_lowres_image(img, upscale_factor):
    return img.resize(
        (img.size[0] // upscale_factor, img.size[1] // upscale_factor),
```

```
        PIL.Image.BICUBIC,
    )

#초해상도 처리된 이미지를 RGB 영상으로 반환
def upscale_image(model, img):
    ycbcr = img.convert("YCbCr")
    y, cb, cr = ycbcr.split()
    y = img_to_array(y)
    y = y.astype("float32") / 255.0

    input = np.expand_dims(y, axis=0)
    out = model.predict(input)

    out_img_y = out[0]
    out_img_y *= 255.0

    # Restore the image in RGB color space.
    out_img_y = out_img_y.clip(0, 255)
    out_img_y = out_img_y.reshape((np.shape(out_img_y)[0],
                                   np.shape(out_img_y)[1]))
    out_img_y = PIL.Image.fromarray(np.uint8(out_img_y), mode="L")
    out_img_cb = cb.resize(out_img_y.size, PIL.Image.BICUBIC)
    out_img_cr = cr.resize(out_img_y.size, PIL.Image.BICUBIC)
    out_img = PIL.Image.merge(
        "YCbCr", (out_img_y, out_img_cb, out_img_cr)).convert("RGB")
    return out_img
```

학습에 사용할 데이터 세트의 경로를 지정한 후, keras.utils.get_file() 함수를 이용하여 데이터를 다운로드 받을 수 있다.

```
# BSDS300 데이터 세트 url 지정 및 다운로드
dataset_url = "http://www.eecs.berkeley.edu/Research/Projects/CS/vision/
               grouping/BSR/BSR_bsds500.tgz"
data_dir = keras.utils.get_file(origin=dataset_url, fname="BSR", untar=True)
```

추후 코드에 사용하기 위한 시스템 경로를 아래 코드와 같이 선언하였다.

```
# 다운로드 경로 및 추후 결과 출력 등을 위한 경로 설정
root_dir = os.path.join(data_dir, "BSDS500/data")
dataset = os.path.join(root_dir, "images")
test_path = os.path.join(dataset, "test")
```

아래 코드는 다운로드 받은 데이터 세트를 image_dataset_from_directory() 함수를 이용하여 학습용과 테스트용으로 구분한 것이다. 500개의 데이터 중에서 400개를 학습용으로, 100개를 테스트용으로 구분하였다.

```
# 다운로드된 데이터 세트에서 학습과 테스트용 데이터 세트 설정
crop_size = 100
upscale_factor = 2
input_size = crop_size // upscale_factor
batch_size = 8

train_ds = image_dataset_from_directory(
    root_dir,
    batch_size=batch_size,
    image_size=(crop_size, crop_size),
```

```
    validation_split=0.2,
    subset="training",
    seed=1337,
    label_mode=None,
)

valid_ds = image_dataset_from_directory(
    root_dir,
    batch_size=batch_size,
    image_size=(crop_size, crop_size),
    validation_split=0.2,
    subset="validation",
    seed=1337,
    label_mode=None,
)
```

```
Found 500 files belonging to 2 classes.
Using 400 files for training.
Found 500 files belonging to 2 classes.
Using 100 files for validation.
```

image_dataset_from_directory()은 사용 빈도가 높기에 좀 더 자세히 알아보자. 이 방법은 지정된 폴더에 저장된 이미지들을 이용하여 tf.data.Dataset를 생성해 주는 것으로 원형은 아래와 같다.

```
tf.keras.preprocessing.image_dataset_from_directory(
    directory,
    labels="inferred",
    label_mode="int",
    class_names=None,
    color_mode="rgb",
    batch_size=32,
```

```
    image_size=(256, 256),
    shuffle=True,
    seed=None,
    validation_split=None,
    subset=None,
    interpolation="bilinear",
    follow_links=False,
)
```

directory는 데이터가 있는 폴더를 의미한다. labels는 "inferred" 또는 폴더 내에 있는 이미지 개수와 동일한 크기의 정수 형태 라벨의 리스트/튜플이 될 수 있다. "inferred"는 폴더 내부에 각 범주에 대한 이미지를 저장하고 있는 하위 폴더가 존재한다는 것을 의미한다. label_mode는 라벨이 정의된 형식을 의미하며, 'int', 'categorical', binary', None이 사용될 수 있다. 'int'는 라벨이 정수 형식, 'categorical'은 라벨이 범주 벡터 형식, 'binary'는 라벨이 이진 형식으로 인코딩되어 있음을 의미하고, None은 라벨이 없음을 나타낸다. class_names는 클래스 이름의 명시적인 리스트로 하위 폴더명과 일치하여야 한다. 다만, 이 인자는 labels="inferred" 일 경우에만 유효하다. color_mode는 이미지의 컬러 공간을 나타내며, "rgb", "rgba", "grayscale"이 사용될 수 있다. batch_size는 데이터 배치의 크기를 지정한다. image_size는 이미지 불러온 후에 크기를 조절하기 위한 인자로, 기본값은 (256, 256)이다. 이 의미는 폴더에 저장되어 있는 이미지들이 이 방법으로 불러온 후에는 모두 동일한 크기를 가진다는 것이다. shuffle는 데이터를 섞을지 여부를 결정하는 논리 자료형 인자이며, False이면 글자와 숫자(Alphanumeric) 순서로 정렬한다. seed는 shuffle 등에 사용할 무작위 시드를 설정하는 인자이다. validation_split는 0과 1 사이의 실수로, 전체 데이터에서 검증(Validation)을 위해 사용할 데이터의 비율을 의미한다. subset은 "training" 또는 "validation"으로 지정할 수 있으며, validation_split가 설정되어 있을 경우에만 유효하다. interpolation은 이미지 크기 조절을 위해 사용하는 보간 방법을 지정하는 인자로, "bilinear", "nearest", "bicubic", "area", "lanczos3", "lanczos5", "gaussizn", "mitchellcubic"의 보간법을 지원한다. follow_links는 특정 하위 폴더를 방문할지를 결정하는 논리 자료형 인자이며, 기본값은 False이다.

아래 코드에서는 분류된 데이터 세트에 대하여 이미지 정규화를 수행하고, 추후에 테스트를 위하여 테스트용 이미지들에 대한 경로를 저장하였다. 경로를 확인하고 불러오는 것은 다양하게 활용될 수 있기 때문에 이 코드를 기억하는 것이 필요하다.

```
# 이미지의 정규화 수행
train_ds = train_ds.map(scaling)
valid_ds = valid_ds.map(scaling)

# 샘플 이미지 출력, 필요시 simlpe_visualize=True로 설정
simlpe_visualize = False
if(simlpe_visualize):
  for batch in train_ds.take(1):
    for img in batch:
        display(array_to_img(img))

# 테스트 이미지의 경로 지정
test_img_paths = sorted(
    [
        os.path.join(test_path, fname)
        for fname in os.listdir(test_path)
        if fname.endswith(".jpg")
    ]
)
```

초해상도 영상을 생성하는 모델을 학습하기 위해서는 초해상도 적용 전후의 영상이 필요하다. 이를 위하여 데이터 세트로부터 불러온 이미지를 초해상도 이미지로 간주하고, 이 영상을 더 작은 크기로 조절한 이미지를 초해상도 처리 이전의 이미지로 간주하였다. 이러한 과정을 수행하는 것이 아래 코드이다.

```
# 이미지 데이터를 학습 및 테스트를 위하여 변환
# RGB 영상을 YUV영상으로 변환하고, Y 영역을 사용
# Y 영역을 BICCUBIC 보간법을 사용하여 지정된 크기로 변환
train_ds = train_ds.map(
    lambda x: (process_input(x, input_size, upscale_factor), process_target(x))
)
train_ds = train_ds.prefetch(buffer_size=32)

valid_ds = valid_ds.map(
    lambda x: (process_input(x, input_size, upscale_factor), process_target(x))
)
valid_ds = valid_ds.prefetch(buffer_size=32)

# 원 이미지와 보간 처리된 이미지 출력, 필요시 simlpe_visualize=True로 설정
simlpe_visualize = False
if(simlpe_visualize):
  for batch in train_ds.take(1):
    for img in batch[0]:
        display(array_to_img(img))
    for img in batch[1]:
        display(array_to_img(img))
```

인공 신경망 설계 및 이를 이용한 모델의 생성을 아래 코드에서 확인할 수 있다. 모델은 입력층과 출력층을 포함하여 총 6개의 레이어로 구성되어 있으며, 은닉층에서는 Conv2D를 이용한 컨볼루션 연산이 수행된다. 다음의 그림에서 설계된 인공 신경망의 구조와 변수의 개수를 확인할 수 있다.

```
# 초해상도를 위한 인공 신경망 설계
def get_model(upscale_factor=3, channels=1):
```

```python
    conv_args = {
        "activation": "relu",
        "kernel_initializer": "Orthogonal",
        "padding": "same",
    }
    inputs = keras.Input(shape=(None, None, channels))
    x = layers.Conv2D(64, 5, **conv_args)(inputs)
    x = layers.Conv2D(64, 3, **conv_args)(x)
    x = layers.Conv2D(32, 3, **conv_args)(x)
    x = layers.Conv2D(channels * (upscale_factor ** 2), 3, **conv_args)(x)
    outputs = tf.nn.depth_to_space(x, upscale_factor)

    return keras.Model(inputs, outputs)

# 모델 생성 및 구조 출력
model = get_model(upscale_factor=upscale_factor, channels=1)
model.summary()
```

```
Model: "model_9"
_________________________________________________________________
Layer (type)                 Output Shape              Param #
=================================================================
input_10 (InputLayer)        [(None, None, None, 1)]   0
_________________________________________________________________
conv2d_36 (Conv2D)           (None, None, None, 64)    1664
_________________________________________________________________
conv2d_37 (Conv2D)           (None, None, None, 64)    36928
_________________________________________________________________
conv2d_38 (Conv2D)           (None, None, None, 32)    18464
_________________________________________________________________
conv2d_39 (Conv2D)           (None, None, None, 4)     1156
_________________________________________________________________
tf.nn.depth_to_space_9 (TFOp (None, None, None, 1)     0
=================================================================
Total params: 58,212
Trainable params: 58,212
Non-trainable params: 0
```

[그림 4-61] 예제에서 설계한 인공 신경망 모델

학습 시에 사용할 콜백함수, 손실함수, 최적화 함수 등을 아래 코드와 같이 선언하였다. 콜백 클래스에서는 에포크별로 학습의 중간 결과를 보여 주기 위한 호출 함수들을 정의하였다. 최적화을 위해서는 Adam 방법을 사용하였으며, 이외에도 앞에서 다루었던 SGD와 RMSprop, Adadelta, Adagrad, Adamax, Madam. Ftrl의 방법을 지원하고 있다. 이들에 대한 자세한 내용은 관련 사이트(https://keras.io/api/optimizers/)를 참고하는 것을 추천한다.

```
# 콜백함수 선언
class ESPCNCallback(keras.callbacks.Callback):
    def __init__(self):
        super(ESPCNCallback, self).__init__()
        self.test_img = get_lowres_image(load_img(test_img_paths[2]),
                                         upscale_factor)

    # 각 에포크마다 PSNR 성능을 저장
    def on_epoch_begin(self, epoch, logs=None):
        self.psnr = []

    def on_epoch_end(self, epoch, logs=None):
        print("Mean PSNR for epoch: %.2f" % (np.mean(self.psnr)))
        if epoch % 20 == 0:
            prediction = upscale_image(self.model, self.test_img)
            plot_results(prediction, "epoch-" + str(epoch), "prediction")

    def on_test_batch_end(self, batch, logs=None):
        self.psnr.append(10 * math.log10(1 / logs["loss"]))

# 학습에 사용할 콜백함수, 손실함수, 최적화함수 등 지정
early_stopping_callback = keras.callbacks.EarlyStopping(monitor="loss",
                                                        patience=10)

checkpoint_filepath = "/tmp/checkpoint"
```

```python

model_checkpoint_callback = keras.callbacks.ModelCheckpoint(
    filepath=checkpoint_filepath,
    save_weights_only=True,
    monitor="loss",
    mode="min",
    save_best_only=True,
)

callbacks = [ESPCNCallback(), early_stopping_callback,
             model_checkpoint_callback]
loss_fn = keras.losses.MeanSquaredError()
optimizer = keras.optimizers.Adam(learning_rate=0.001)
```

이제 훈련을 위한 모든 준비가 되었다. 실제로 훈련을 수행하도록 하는 코드는 아래와 같다. 총 50번의 에포크가 반복되고, 최적화 및 손실은 앞에서 정의한 것을 대입하였다. compile()과 fit() 방법으로 학습을 진행한다.

```python
# 훈련 실시
epochs = 50

model.compile(
    optimizer=optimizer, loss=loss_fn,
)

model.fit(
    train_ds, epochs=epochs, callbacks=callbacks, validation_data=valid_ds,
    verbose=2
)

```

```
# 모델의 학습된 가중치 확인
model.load_weights(checkpoint_filepath)
```

아래 그림은 훈련이 진행되는 과정이 보여 준다. 20 에포크에 한 번씩 학습된 가중치를 이용하여 결과를 출력하도록 하였다.

```
Epoch 1/50
50/50 - 13s - loss: 0.0752 - val_loss: 0.0530
Mean PSNR for epoch: 12.80
WARNING:tensorflow:8 out of the last 12 calls to <function M
```

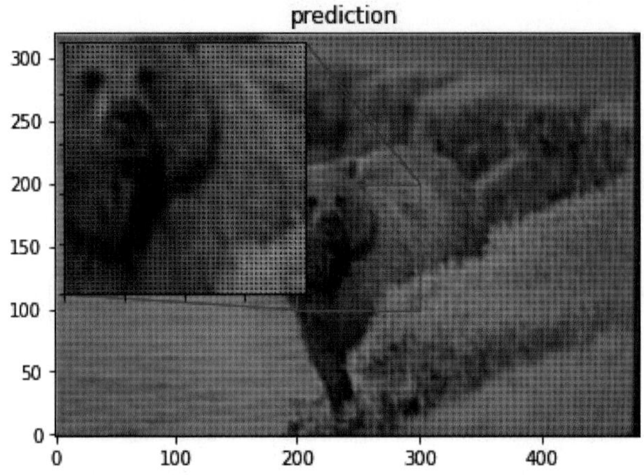


```
Epoch 2/50
50/50 - 13s - loss: 0.0108 - val_loss: 0.0057
Mean PSNR for epoch: 22.26
Epoch 3/50
50/50 - 13s - loss: 0.0058 - val_loss: 0.0047
Mean PSNR for epoch: 23.28
Epoch 4/50
50/50 - 13s - loss: 0.0052 - val_loss: 0.0045
Mean PSNR for epoch: 23.96
Epoch 5/50
50/50 - 13s - loss: 0.0050 - val_loss: 0.0044
Mean PSNR for epoch: 23.77
Epoch 6/50
50/50 - 13s - loss: 0.0050 - val_loss: 0.0044
Mean PSNR for epoch: 23.76
```

[그림 4-62] 학습 진행 과정

최종 학습이 완료된 이후에 결과를 살펴보면, 첫 번째 에포크에서는 PSNR이 12.80이지만 50번째 에포크에서는 23.97까지 향상되었다. 이 결과는 가중치의 초기화에 따라서 각자 다르게 나타날 수도 있다. 아래 그림은 1번째 에포크와 41번째 에포크에서의 결과를 표시한 것으로, 에포크가 증가할수록 이미지가 더 선명하고 정성적으로 우수한 평가를 내릴 수 있음을 알 수 있다.

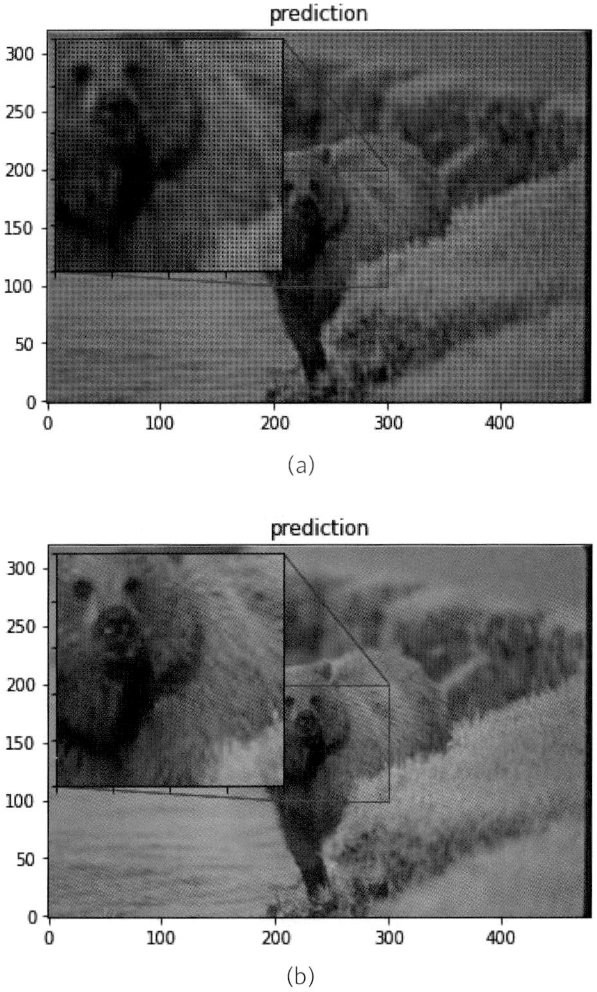

[그림 4-63] 학습 진행에 따른 결과

(a) 1번째 에포트에서의 결과 (b) 42번째 에포크에서의 결과

참고문헌

http://www.cs.toronto.edu/~tijmen/csc321/slides/lecture_slides_lec6.pdf
https://colab.research.google.com/notebooks/intro.ipynb
https://docs.opencv.org/4.2.0/
https://keras.io/
https://opencv-python.readthedocs.io/en/latest/doc/05.trackBar/trackBar.html
https://opencv.org/
https://pixabay.com/ko/
https://www.python.org/
https://www.tensorflow.org/?hl=ko

Christopher M. Bishop, Pattern Recognition and Machine Learning, Springer, 2006
Diederik P. Kingma, Jimmy Ba, Adam: A Method for Stochastic Optimization, arXiv, 2014
Ian Goodfellow, Yoshua Bengio, Aaron Courville, Deep Learning, 2016
Ilya Sutskever, James Martens, George Dahl, Geoffrey Hinton, On the importance of initialization and momentum in deep learning, 2013
John Canny. A computational approach to edge detection. Pattern Analysis and Machine Intelligence, IEEE Transactions on, (6):679-698., 1986.
Kenneth Dawson-Howe, A Practical Introduction to Computer Vision with OpenCV, wiley, 2014
Matthew D. Zeiler, ADADELTA: An Adaptive Learning Rate Method, arXiv, 2012
Nobuyuki Otsu, A Threshold Selection Method from Gray-Level Histograms, IEEE Transactions on Systems, Man, and Cybernetics, Volume 9, Issue 1, pp.62-66., 1979
Rafael C. Gonzalez, Richard E. Woods, Digital Image Processing(4th), Pearson, 2018
Sashank J. Reddi, Satyen Kale, Sanjiv Kumar, ON THE CONVERGENCE OF ADAM AND BEYOND, International Conference on Learning Representations, 2018
Sepp Hochreiter, Jurgen Schmidhuber, LONG SHORT-TERM MEMORY, Neural Computation 9(8):1735-1780, 1997
Timothy Dozat, Incorporating Nesterov Momentum into Adam, 2015
Tomasi, C; Manduchi, R. Bilateral filtering for gray and color images. Sixth International Conference on Computer Vision. Bombay. pp. 839-846., 1998
Yoshua Bengio, Patrice Simard, Paolo Frasconi, Learning long-term dependencies with gradient descent is difficult, IEEE Transactions on Neural Networks, Vol. 5, Issuse 2, 1994
Zack GW, Rogers WE, Latt SA, Automatic measurement of sister chromatid exchange frequency, J Histochem Cytochem, 25(7), pp. 741-753., 1977
Zivkovic, Z., van der Heijden, F.. Efficient adaptive density estimation per image pixel for the task of background subtraction. Pattern Recognition Letters, 27(7), 773-780., 2006
Zivkovic, Z. Improved adaptive Gausian mixture model for background subtraction. International Conference Pattern Recognition, 2, 28-31., 2004

파이썬과 OpenCV4를 활용한
컴퓨터 비전과 머신러닝

2021년 2월 20일 1판 1쇄 인 쇄
2021년 2월 25일 1판 1쇄 발 행

지 은 이 : 김찬수, 김형오

펴 낸 이 : 박 정 태

펴 낸 곳 : **광 문 각**

10881
파주시 파주출판문화도시 광인사길 161
광문각 B/D 4층
등 록 : 1991. 5. 31 제12 - 484호
전 화(代) : 031-955-8787
팩 스 : 031-955-3730
E - mail : kwangmk7@hanmail.net
홈페이지 : www.kwangmoonkag.co.kr

ISBN : 978-89-7093-477-8 93560

값 : 26,000원

※ 교재와 관련된 자료는 광문각 홈페이지(www.kwangmoonkag.co.kr)
자료실에서 다운로드 할 수 있습니다.